化学多媒体课件的设计、开发与制作

崔克宇　张伟娜　梁明慧　著

中国纺织出版社

内 容 提 要

随着计算机科学与技术的高速发展及其化学研究与化学教育的不断交叉、渗透和整合，现代计算机技术正在化学、化工专业的科研、生产、教学中起到日益重要的作用。本书主要论述了化学多媒体课件的设计、开发与制作，主要内容包括：Microsoft Office 软件基础、运用数学公式编辑器 MathType 编辑化学反应方程式、ChemBioDraw 软件的使用、ChemBio3D 软件的使用、Diamond 软件的使用、《高中化学——乙烯》课件的设计与制作、《无机化学实验教学系统》的设计与的制作等。本书结构合理，条理清晰，内容丰富新颖，是一本值得学习研究的著作。

图书在版编目(CIP)数据

化学多媒体课件的设计、开发与制作 / 崔克宇，张伟伟娜，梁明慧著. -- 北京 ：中国纺织出版社，2018.7 (2022.1 重印)

ISBN 978-7-5180-4324-8

Ⅰ. ①化… Ⅱ. ①崔… ②张… ③梁… Ⅲ. ①化学教学－多媒体课件－制作 Ⅳ. ①O6-39

中国版本图书馆 CIP 数据核字(2017)第 282577 号

责任编辑：姚 君　　　　责任印制：储志伟

中国纺织出版社出版发行

地址：北京市朝阳区百子湾东里 A407 号楼　邮政编码：100124

销售电话：010－67004422　传真：010－87155801

http://www.c-textilep.com

E-mail：faxing@e-textilep.com

中国纺织出版社天猫旗舰店

官方微博 http://www.weibo.com/2119887771

北京虎彩文化传播有限公司　各地新华书店经销

2018 年 7 月第 1 版　2022 年 1 月第 16 次印刷

开本：787×1092　1/16　印张：17

字数：413 千字　定价：79.00 元

前　言

随着计算机科学与技术的高速发展及其化学研究与化学教育的不断交叉、渗透和整合，现代计算机技术正在化学、化工专业的科研、生产、教学中起到日益重要的作用。但是目前专门针对化学多媒体课件的设计、开发与制作的书籍仍然很少，这就导致了很多化学多媒体课件并未体现出化学专业的核心内容。

由于化学专业的特殊性，所涉及的专业符号复杂多样，导致学生到进入实习或毕业论文阶段时还对化学工具软件知之甚少，对化学中的各种符号如结构式、方程式、离子式、电子式、晶体与材料空间结构、无机物和有机物的三维模型以及实验装置图等内容的创建无从下手。在化学研究与化学教育方面缺失了重要的应用手段和工具，为学生将来可能从事的化学相关工作如化学出版物的编辑、电子教案的录入、化学专业报告的书写和化学 CAI 课件制作、化学微课的设计和制作、化学慕课（MOOC）的开发和建设等都会造成不利影响，甚至影响其化学综合能力的发挥和就业前景。

本书的作者近年来关注并从事有关研究，有着《计算机在化学中的应用》《化学 CAI 课件的开发与研究》《现代教育技术在化学教学中的应用》等课程的教学实践，另外制作的《无机化学》自主学习系统和《无机化学实验教学系统》多次获得吉林省高等学校教育技术成果奖。

本书具有以下特点：

1.针对性强

本书针对化学专业的实际需要精选内容能使读者学习到常见化学专业软件的使用方法。并提高其化学多媒体课件的制作水平。同时本书也可以为大学和初高中化学教师服务，有助于提高他们的从教技能和水平。

2.结合实例进行讲解

本书的内容主要包括化学专业中涉及的专业符号、图形、三维结构模型的制作，并详细讲解《高中化学——乙烯》和《无机化学》自主学习系统（吉林省高等学校教育技术成果奖作品）的制作过程，让使用者在掌握化学软件的同时还能学习到具体的应用方法。

3.适用性强

本书的写作按照计算机软件学习的规律，从软件的结构、功能和具体应用顺序进行讲解，通过典型实例来说明各个软件在化学教育中的具体应用与实际操作。并且针对化学专业的学生和教师计算机水平普遍不高的特点，本书的论述深入浅出、循序渐进，以便读者掌握现代教育技术的手段。

本书由崔克宇、张伟娜和梁明慧共同写作完成，并由崔克宇负责最后统稿，具体分工如下：

第 4 章、第 5 章、第 7 章、第 8 章：崔克宇（吉林师范大学），共计 20.06 万字；

第 3 章、第 6 章：张伟娜（河南商丘医学高等专科学校），共计 13.22 万字；

第 1 章、第 2 章：梁明慧（河南商丘医学高等专科学校），共计 6.84 万字。

由于作者水平有限，本书难免存在错误、疏漏之处，恳请广大读者批评指正，不吝赐教。

编　者

2017 年 7 月

目　录

第1章 绪 论

1.1 化学多媒体课件的基本类型

由于化学学科自身的特点，初高中和大学化学知识当中往往都涉及很多化学符号、化学方程式、实验装置、化学物质的模型和各种反应的微观机理等。其中很多内容是很难理解的，在实际的教学过程中化学教育工作者需要制作各种类型的多媒体课件来满足教学的需要。目前信息技术的飞速发展，计算机在各阶段的化学教学中得到了越来越多的应用。使用多媒体课件辅助化学教学已经成了一种理想的现代化教学手段。

1.演示型课件

该类课件主要是针对那些抽象的概念和原理，这些内容学生不容易理解，通常使用多种图形、动画等多媒体手段来表现这些内容，从而提高教学的效果。这类课件在使用过程中是由授课者来控制课件的播放速度。例如，化学教学中的认识实验仪器、一些化学物质的制备方法等都可以归为这一类课件。

2.题库型课件

在实际的教学过程中经常需要对学生的学习效果进行检查和测试，以便根据学生的测试结果对教学过程进行改革，从而达到提高学生成绩的目的。一般的题库型课件内容包括单选题、多选题、判断题、填空题等，并且对于化学多媒体课件而言还有一些热区题、拖曳题、仪器组装题等。通过多种测试题的训练对于学生掌握知识、提高学生兴趣都有很大的帮助作用，也促进了学生的自主学习能力的提高。

3.资料型课件

这类课件主要是将教学过程中涉及的各种类型的大量资料进行有效的分类整理，并以各种多媒体素材进行展示，为使用者提供更加方便和有效的查阅方式。这类课件更多地用于使用者课后的复习。

4.教学游戏型课件

与前面几类课件明显不同的是，这类课件具有很强的交互性和趣味性，能充分调动使用者的学习兴趣、积极性和动手能力，使用者通过边玩边学的方式就可以学到相应的知识。当然这类课件的开发难度也是非常高的。

5.仿真模拟型课件

在物理、化学和生物等理科课程的教学过程中，往往要求使用者掌握很多的实验仪器操作方法和步骤，如果全部使用真实的仪器进行操作练习，有时会浪费很多的物力和财力。如果使用者可以采用仿真模拟型课件来模拟真实的实验过程，就可以解决上述的问题。

1.2 化学多媒体课件开发的常用工具

PowerPoint(简称 ppt)、Flash、Authorware、Director、Photoshop、思维导图和 Articulate Storyline 等都是比较优秀的化学多媒体课件开发和制作工具，这些软件各有各自的长处，在实际的教学过程中经常是将几种软件联合使用，这样制作出来的化学多媒体课件的效果往往更好。

1.PowerPoint

这是当下使用最多的一种制作幻灯片的软件，可以将各种多媒体素材(文字、图片、图形、图像、声音和视频)进行较好的组织，PowerPoint 制作的多媒体课件更便于系统性地展示授课的各种知识点。并且 PowerPoint 掌握起来也很容易，所以各科老师基本都能较好地掌握。近年来，随着 PowerPoint 版本的升级，PowerPoint 已经能制作出较为复杂和精美的多媒体课件了。

2.Flash

Flash 是一款简单易学的平面动画制作软件，适用于制作一些微粒运动的平面演示。这款软件也属于应用广泛的软件，而且功能也非常强大。这款软件的特点就是将一幅幅矢量图形分别绘制在一层层透明的图层上，比如说背景图层、文字图层、图形图层等，通过图层的透明叠加效果，展示出丰富多彩的视觉形象。制作者在绘制之前头脑中要有一个清晰的脉络，先处理好层与层之间的关系，否则事后修改起来就会比较费时费力。另外，如果学会编辑脚本，那么制作出的动态效果就会更佳。当然，教师先有一定的绘画技巧会更好。

3.Authorware

Authorware 是一款强大的媒体组合工具，能将文字、图像、声音、动画、视频等有机地组合起来，并具有丰富的交互功能，适用于各种素材准备好的后期组合。如果说 Flash 和 Photoshop 是制作编辑图形的工具，那么 Authorware 就是综合利用这两种工具的软件。它能将前几种软件制作出的素材依照编者的理念综合运用在一起，制作出功能强大的多媒体课件。

4.思维导图软件

思维导图就是利用文字、图画、符号等注释将知识聚合在一起，绘制成一幅图画，使其更结构化，更完整，更易懂的工具。帮助学生更清楚容易地了解相应的知识点，使知识的概括率更完整。把它应用到化学中的教学不管对学生还是老师，都有着极大的帮助。对老师来说，它有利于帮助老师们更好地对教学设计进行编写和组织教学。对学生来说，有利于学生们对自己的知识点进行概括，更好地整理笔记，同时增加知识点在脑海中的整体记忆，使知识点更加的结构化、整体化。所以说，思维导图在化学中的应用也是非常重要的。目前比较流行的思维导图软件有 MindManager、FreeMind 和 Xmind 等。

5.Articulate Storyline

Articulate Storyline 是一款非常好用且功能强大的专业课件制作软件，主要用于各类教学课程的制作，并且软件界面简洁，操作简单，即使是初学者也能够上手制作相应的课程，并拥有强大的互动功能，用户可以在课件上添加各类测试题、问题等内容，制作好的课件可以发布到网上，也可以在手机上播放。它足够简单，适合初学者；同时又足够强大，适合专家。

目前多媒体教学课件的开发工具的种类是非常多的，并且每种软件都有其独特之处，但是也有着一定的不足之处。

例如，PowerPoint 的应用比较广泛，使用者掌握起来也比较容易，但是使用 PowerPoint 制作的课件还很难达到 Flash 制作课件的水平。并且使用 PowerPoint 制作教学过程中需要的各种类型的测试题的难度很高，普通用户掌握起来较为困难。

Authorware 是一款采用图标导向式的多媒体课件制作工具，它有着非常强大的功能，它不需要使用者掌握传统的计算机语言编程，只通过对图标的调用来编辑一些控制程序走向的图标，将文字、图形、声音、动画、视频等各种多媒体项目数据汇在一起，就可达到多媒体软件制作的目的。使非专业人员快速开发多媒体软件成为现实。但是掌握这款软件也需要使用者进行系统的学习才可以。

Flash 软件是一款优秀的动画制作软件，使用它可以制作出优美的平面动画效果，它非常适合化学多媒体课件的制作和开发，例如，化学中的原子结构，溶液的颜色变化、气体的生成、电解质溶液的电离，分子或原子的无规则运动等内容。但是由于多数化学教育工作者的计算机水平有限，该软件在化学教师中的普及程度还要加强。

综上，在实际的化学多媒体课件的开发与制作中很少只使用一种软件完成，而往往是综合利用多种软件来完成，以充分发挥每种软件的最强功能，以达到最优化的结果。

第 1 篇

Microsoft Office 软件在化学中的应用

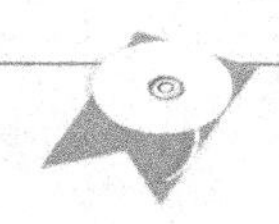

第2章　Microsoft Office 软件基础

2.1　Word 的基本功能

Word 是微软公司的一个文字处理器应用程序。作为 Office 套件的核心程序，Word 提供了许多易于使用的文档创建工具，同时也提供了丰富的功能集供创建复杂的文档使用。Word 的功能十分强大，目前已有很多相关的书籍和教程，由于本书的篇幅有限，Word 的详细使用说明就不在这里介绍了，使用者可以自己查阅一下相关资料。

Word 的基本使用方法：

文本基本编辑功能：

(a)设置字体、字形、字号和颜色。

(b)给文本加下划线、着重号、边框和底纹。

(c)改变字间距，文字效果。

(d)格式的复制和清除。

段落的排版：

(a)段落的左右边界的设置。

(b)设置段落对齐方式。

(c)行间距与段间距的设定。

(d)给段落添加边框和底纹。

(e)设置项目符号和编号。

(f)制表位的设定。

版面编辑：

(a)页面设置。

(b)插入页眉页脚。

(c)插入页码。

(d)插入分隔符。

表格的制作：

(a)创建表格。

(b)表格编辑。

(c)修饰表格。

2.2　PowerPoint 的基本功能

PowerPoint 是微软公司的演示文稿软件。用户可以在投影仪或者计算机上进行演示，也可以将演示文稿打印出来制作成胶片，以便应用到更广泛的领域中。利用 PowerPoint 不仅可以创建演示文稿，还可以在互联网上召开面对面会议、远程会议或在网上给观众展示演示文稿。PowerPoint 在各行业中均广泛的应用，使用者可以快速创建极具感染力的动态演示文稿。

PowerPoint 的基本使用方法：

(a)添加文字。

(b)新幻灯片的插入。

(c)插入图片。

(d)在幻灯片中插入图表及表格。

(e)幻灯片的背景。

(f)幻灯片的调整。

(g)幻灯片切换。

(h)幻灯片动画设置。

(i)幻灯片放映。

2.3　如何在 ppt 中插入 swf 文件

swf 的文件是一种多媒体文件，它是由 Flash 动画设计软件设计出来的动画文件，最终保存的文件就是 swf 格式文件，统称为 Flash 动画文件。Office 给使用者都提供了更人性化的界面及更强大的功能，但是要插入 swf 文件，却还是有点复杂。

(a)把 ppt 文件和要插入的 swf 文件放在同一个文件夹里。

(b)因为 ppt 中默认是不显示开发工具选项卡的，所以选择让它显示出来。用鼠标右击 ppt 任一选项卡的空白处，选择其中的“自定义功能区”命令(图 2-1)，会弹出“PowerPoint 选项”窗口，选中“开发工具”选项卡(图 2-2)。

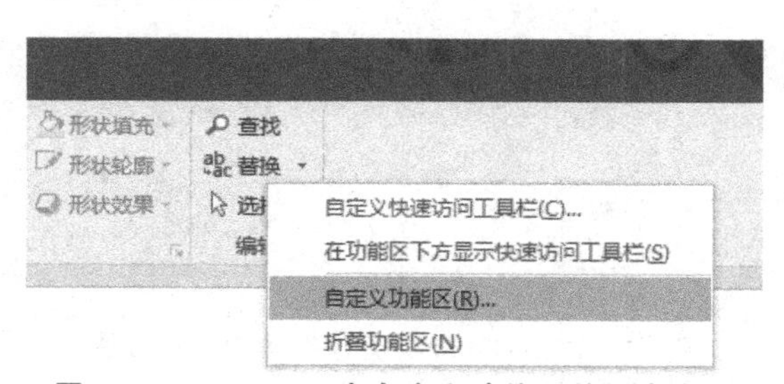

图 2-1　PowerPoint 中自定义功能区的调出方法

图 2-2　PowerPoint 选项对话框

(c)点击“开发工具→控件→其他控件”(图 2-3),调出对话框(图 2-4)。

图 2-3　PowerPoint 中其他控件的调出方法

(d)点下拉箭头,在对话框中找到"Shockwave Flash Object",选择它后再点击确定按钮。

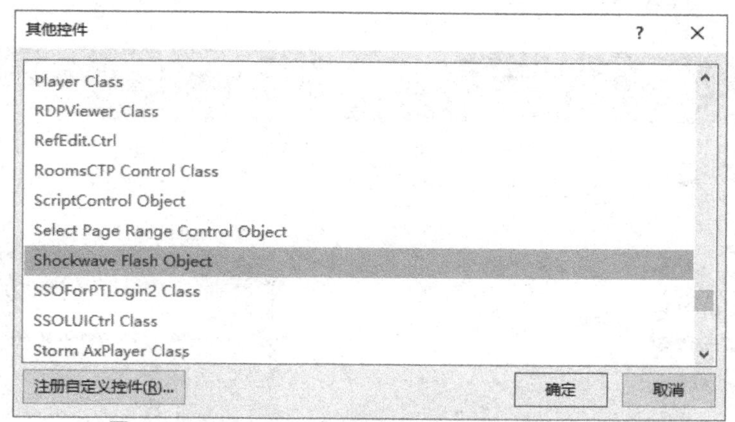

图 2-4 PowerPoint 中 Shockwave Flash Object 控件

(e)此时鼠标变成"+"形状,拉出一个信封样的图标,这就是你要插入的 swf 文件的大小,如图 2-5 所示。

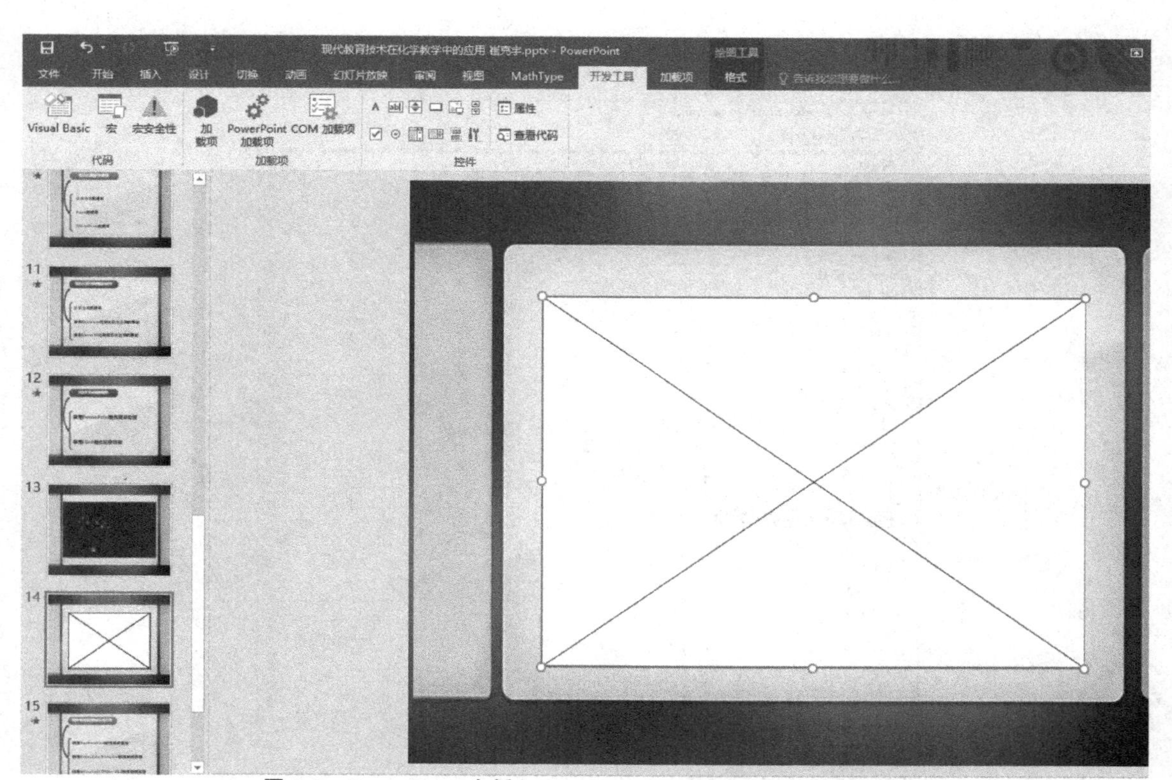

图 2-5 PowerPoint 中插入 Shockwave Flash Object 控件的方法

(f)在保证"信封样的图标"被选择的条件下,单击控件选项卡的属性按钮(图 2-6),会弹出"Shockwave Flash Object"控件的属性窗口(图 2-7),在其中的 movie 后面填上 swf 的地址和名称(本例中已将该 ppt 和一个名为 22.swf 的文件放置在同一个目录当中),如果使用相对地址的写法可以写为“.\22.swf”或“22.swf”。

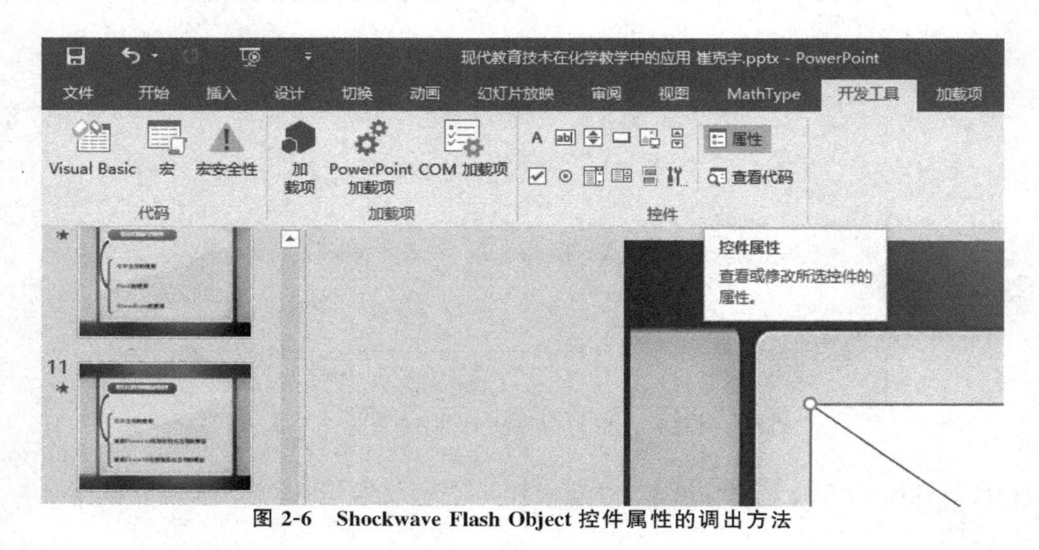

图 2-6 Shockwave Flash Object 控件属性的调出方法

属性

ShockwaveFlash1 ShockwaveFlash

按字母序 | 按分类序

(名称)	ShockwaveFlash1
AlignMode	0
AllowFullScreen	false
AllowFullScreenInteractive	false
AllowNetworking	all
AllowScriptAccess	
BackgroundColor	-1
Base	
BGColor	
BrowserZoom	scale
DeviceFont	False
EmbedMovie	True
FlashVars	
FrameNum	0
Height	340.125
IsDependent	False
left	87.87504
Loop	True
Menu	True
Movie	.\22.swf
MovieData	
Playing	False
Profile	False
ProfileAddress	
ProfilePort	0
Quality	1
Quality2	High
SAlign	
Scale	ShowAll
ScaleMode	0
SeamlessTabbing	True
SWRemote	
top	100
Visible	True

图 2-7 Shockwave Flash Object 控件的属性窗口

(g)关闭属性对话框,放映幻灯试试看,你的 swf 文件已插入到幻灯中了(图 2-8)。

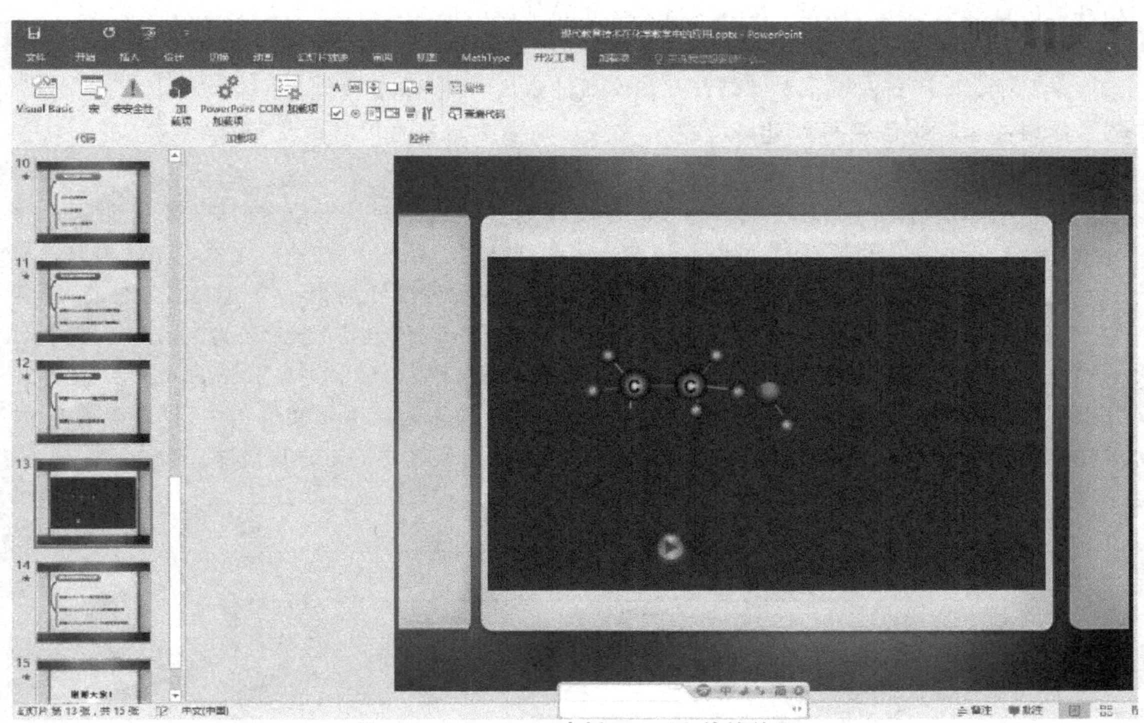

图 2-8　PowerPoint 中插入 swf 文件的效果

附:绝对地址和相对地址

例如,将本例中的两个文件“现代教育技术在化学教学中的应用.pptx”和“22.swf”保存了电脑中的 D 盘下面一个名为 abc 的目录当中(图 2-9)。

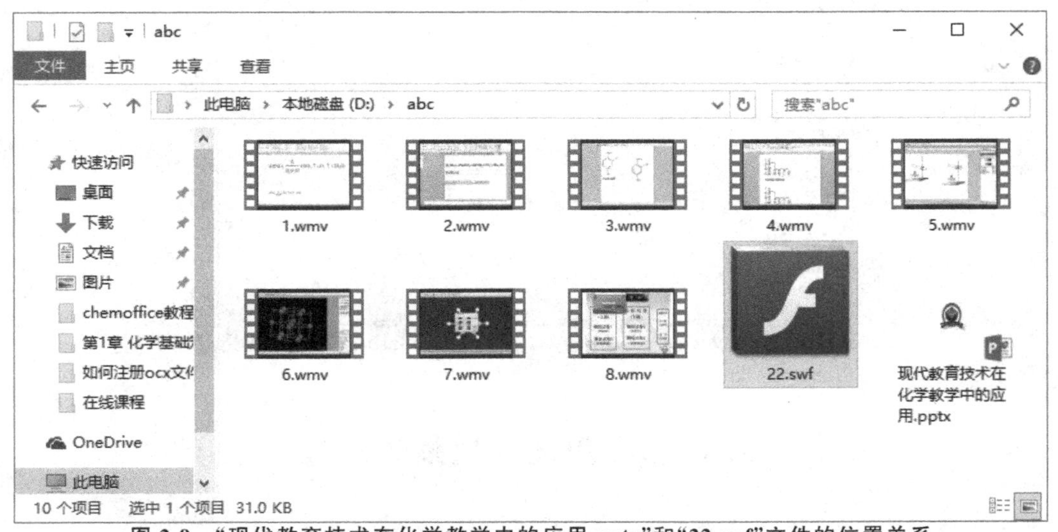

图 2-9　“现代教育技术在化学教学中的应用.pptx”和“22.swf”文件的位置关系

则该 Flash 文件的绝对地址应为:“D:\abc\22.swf”,如果使用绝对地址的话,当文件夹移动其他位置或电脑时会出现 Flash 文件无法正常播放的情况。

因为要将此 Flash 文件插入到该 ppt 文件中,并且由于这两个文件位于同一个文件中,所以该 Flash 文件相对此 ppt 文件而言其相对地址应为“.\22.swf”或“22.swf”。

如果在 abc 的目录再新建一个文件夹 xy,则该 Flash 的相对地址可以写为:“.\xy\22.swf”或“xy\22.swf”。

使用相对地址的好用在于如果将 abc 目录改变名称或移动其他位置时,只要保证原来的 ppt 和 swf 文件的位置不变,都可以保证该 ppt 文件能正确播放。

使用相对地址的另一个优点在于如果要将 22.swf 文件改变为另一个 Flash 文件,只需要将 22.swf 文件删除后,将另一个 Flash 复制到原来 Flash 的位置,并重命名为“22.swf”即可。

另外,在“Shockwave Flash Object”控件的属性窗口中,还可以将 Embedmovie 选项由“false”调整为“true”(图 2-10),则可将这个 Flash 文件嵌入到该 ppt 文件当中,这样处理的优点在于即使将 Flash 文件删除后,ppt 文件仍然能正确播放其中的 Flash 文件。

属性

ShockwaveFlash1 ShockwaveFlash

按字母序 | 按分类序

(名称)	ShockwaveFlash1
AlignMode	0
AllowFullScreen	false
AllowFullScreenInteractive	false
AllowNetworking	all
AllowScriptAccess	
BackgroundColor	-1
Base	
BGColor	
BrowserZoom	scale
DeviceFont	False
EmbedMovie	True
FlashVars	True
FrameNum	False
Height	340.125
IsDependent	False
left	87.87504
Loop	True
Menu	True
Movie	xy\22.swf
MovieData	
Playing	False
Profile	False
ProfileAddress	
ProfilePort	0
Quality	1
Quality2	High
SAlign	
Scale	ShowAll
ScaleMode	0
SeamlessTabbing	True
SWRemote	
top	100
Visible	True

图 2-10 Shockwave Flash Object 控件中的 Flash 文件的嵌入选项

2.4 ppt 里插入视频的方法

采用 PowerPoint 制作多媒体课件的时候,加入视频,可以在教学过程中增强课件的表现力，起到很好的教学效果。目前 PowerPoint 可以支持插入的视频文件格式主要有以下几种：avi、asf、asx、mlv、mpg，对于像 rm 或 flv 等特殊格式的视频文件却是不支持的。这说明 PowerPoint 中对视频文件支持的具有一定的局限性。

2.4.1　直接插入法

在 PowerPoint 中可以执行“插入/视频/PC 上的视频”（图 2-11），则会打开“插入影片文件”窗口。

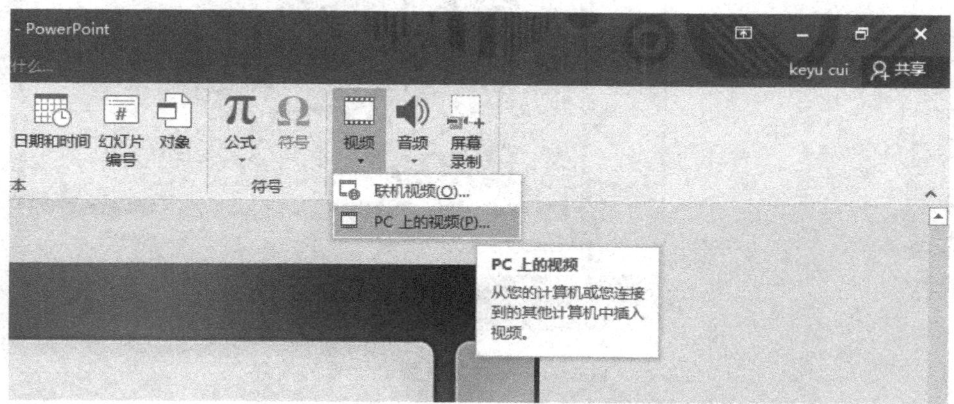

图 2-11　PowerPoint 中插入 PC 上视频的方法

例如，选择“6.wmv”文件（图 2-12），点击“插入”按钮后则该视频文件出现在这页幻灯片中并且可正常播放（图 2-13）。

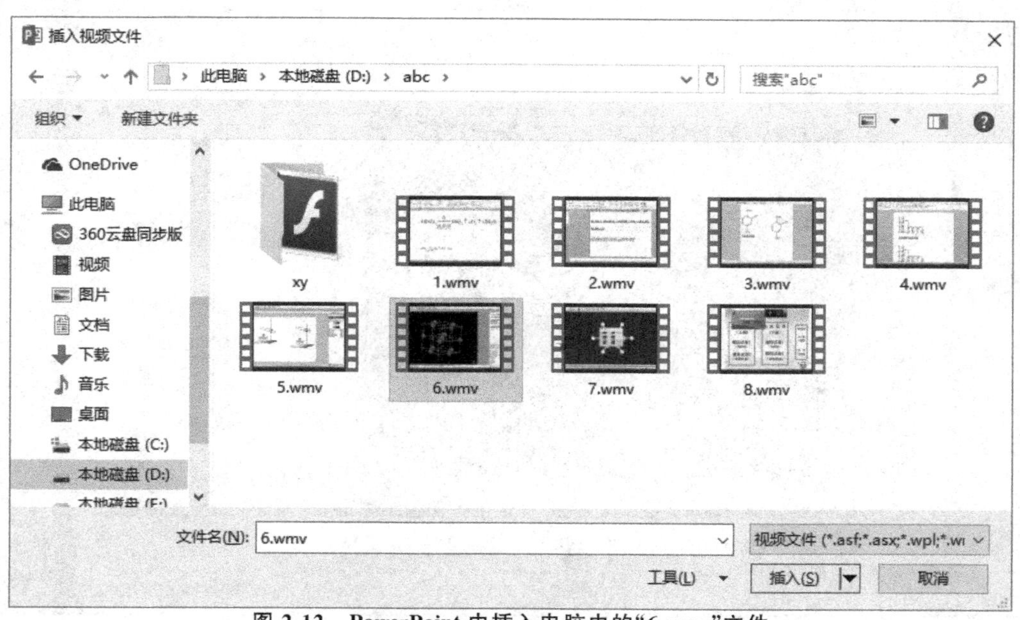

图 2-12　PowerPoint 中插入电脑中的“6.wmv”文件

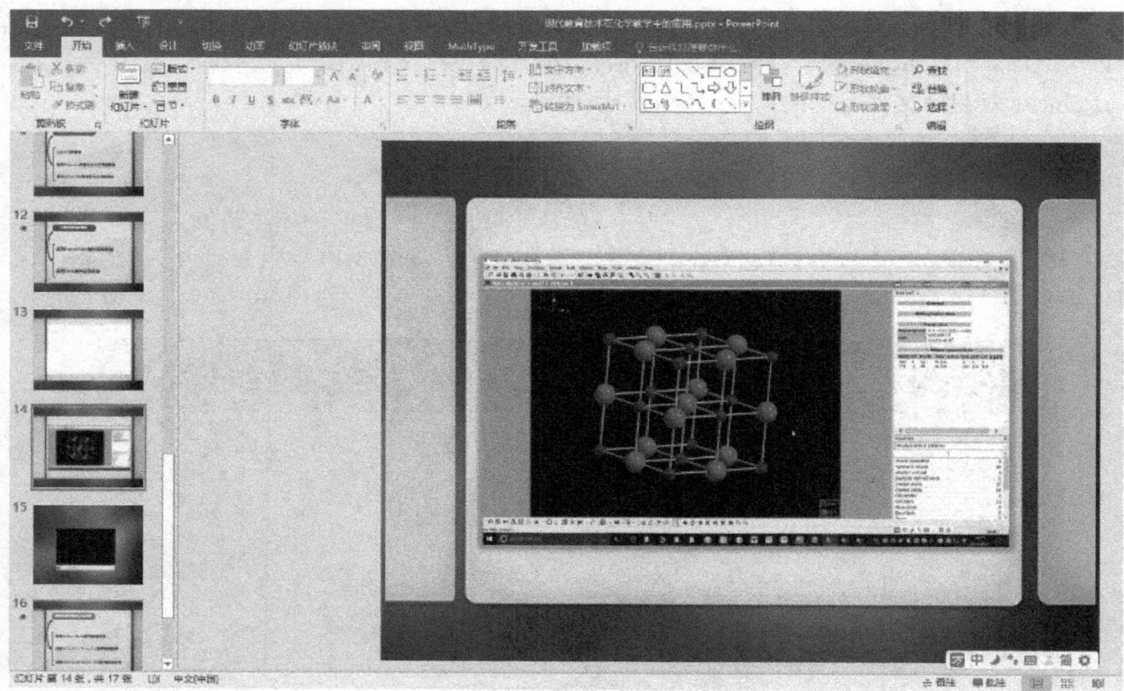

图 2-13　PowerPoint 中插入视频文件的效果

在演示过程中可以拖动进度条来选择视频的播放时间，还可以调节视频文件中的声音大小(图 2-14)。

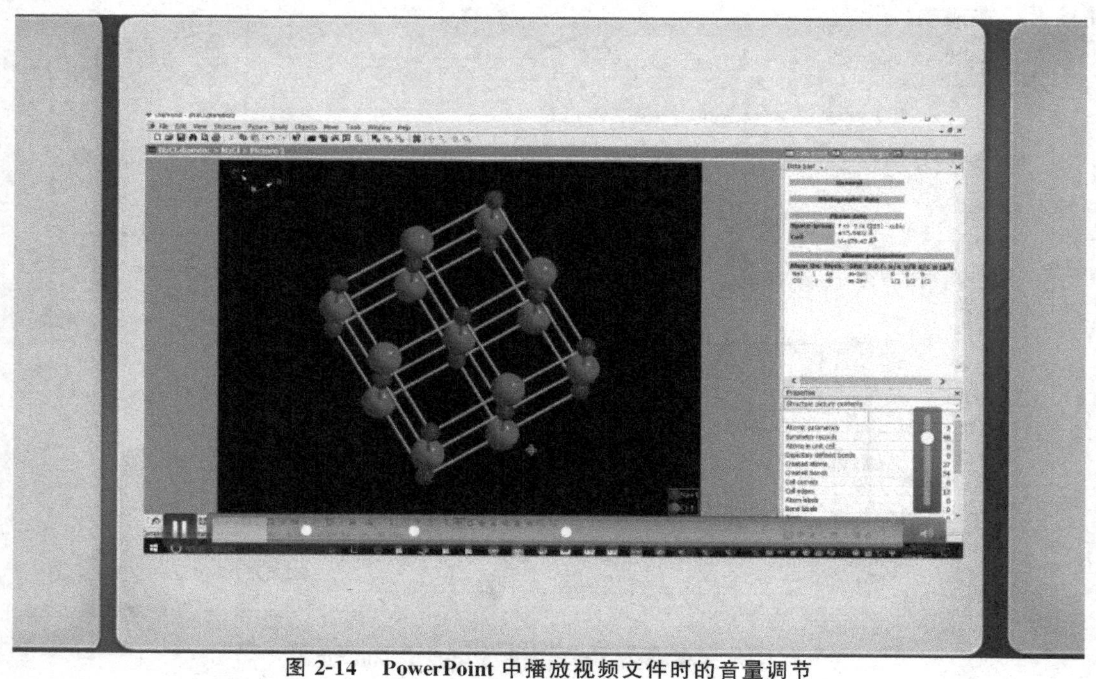

图 2-14　PowerPoint 中播放视频文件时的音量调节

在 PowerPoint 2010 及以上版本当中还可以对视频进行一些其他设置：

1.书签功能

本例中的“6.wmv”视频文件中包括有“NaCl”“C_{60}”和“石墨”三种化学物质的模型动画，可以设置书签功能来实现这三部分动画的快速定位。

首先选中幻灯片中的视频文件，执行“视频工具/播放”命令，播放幻灯片中的视频文件到大约 28 秒时，视频文件开始播放第二段关于“C_{60}”的动画，这时暂停文件的播放，用鼠标单击选项卡中的“添加书签”命令，则会增加一个书签(图 2-15)。再次播放该视频文件到大约 45 秒时，视频文件开始播放第三段关于“石墨”的动画，再次单击“添加书签”命令则会得到第二个书签(图 2-16)。这样当幻灯片播放到该视频时就可以用鼠标快速准确地将视频定位到相应的位置。另外，如果添加书签的时间不对时，可以在选择该书签时单击“删除书签”命令即可。

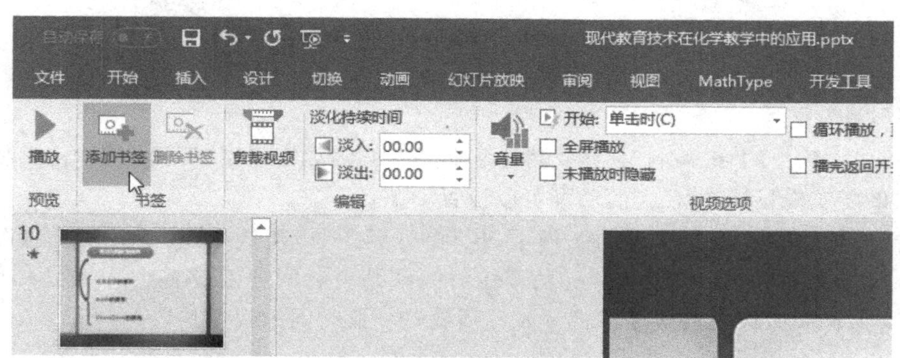

图 2-15　为 PowerPoint 中视频文件添加书签(1)

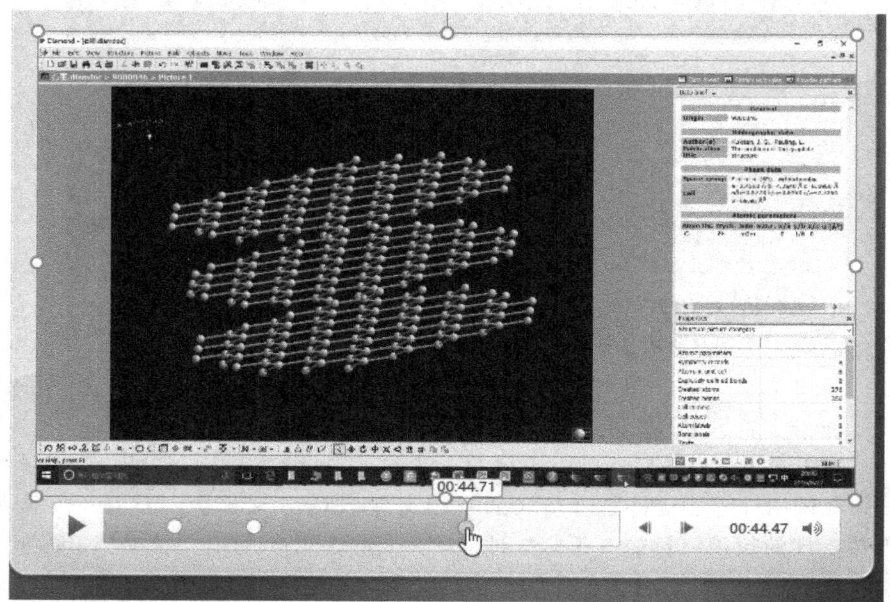

图 2-16　为 PowerPoint 中视频文件添加书签(2)

2.视频的淡入淡出功能

在选择视频文件的前提下，将“视频工具/播放/编辑/淡化持续时间”选项中的“淡入”和“淡出”的时间均填写为5秒。在播放该幻灯片时此视频便具有了淡入淡出的功能(图2-17)。

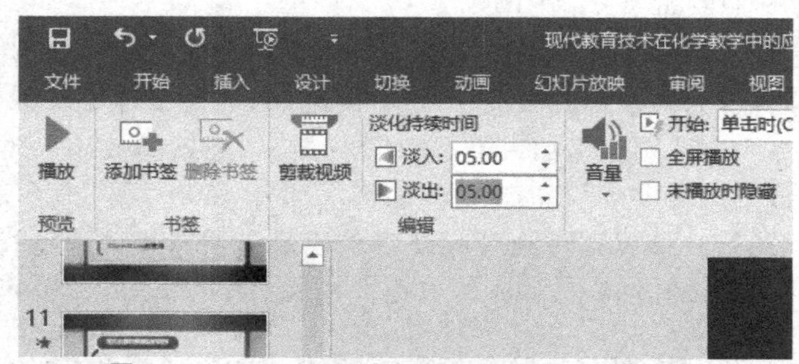

图2-17 PowerPoint中视频文件的淡入淡出设置

3.剪裁视频功能

如前所述本例中的“6.wmv”视频文件中包括有“NaCl”“C_{60}”和“石墨”三种化学物质的模型动画，如果要实现只播放“C_{60}”的动画可以设置如下：

在选择幻灯片中的视频文件的条件下，执行“视频工具/播放/剪裁视频”功能(图2-18)，将会弹出“剪裁视频”窗口，可以将视频的开始时间和结束时间分别设置为28秒和44秒左右(图2-19)。这样就可以在播放至该视频时只播放这一段时间的视频片段。

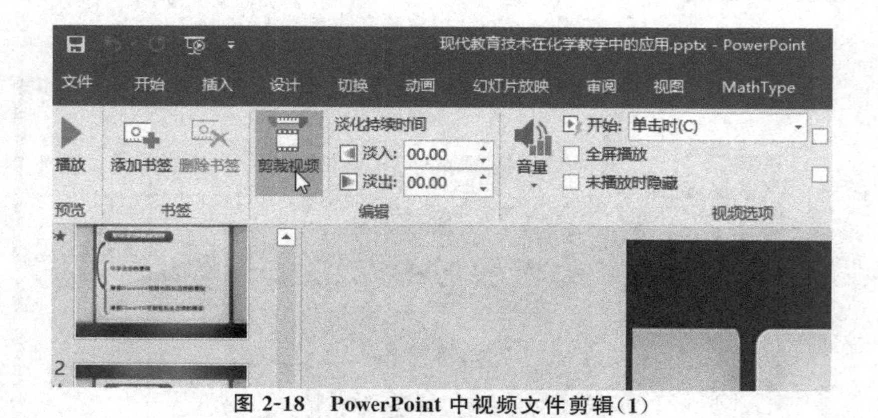

图2-18 PowerPoint中视频文件剪辑(1)

2.4.2 视频格式的转换——格式工厂的使用

由于ppt文件中并不能支持所有格式的视频文件(如rm文件等)，这在一定程度上限制了对一些视频文件的使用。目前有很多软件能够进行视频文件的格式转换。下面就介绍一种比较常用的软件“格式工厂FormatFactory 3.8”的使用方法，该软件可以非常方便地将视频和图片转换成其他格式。

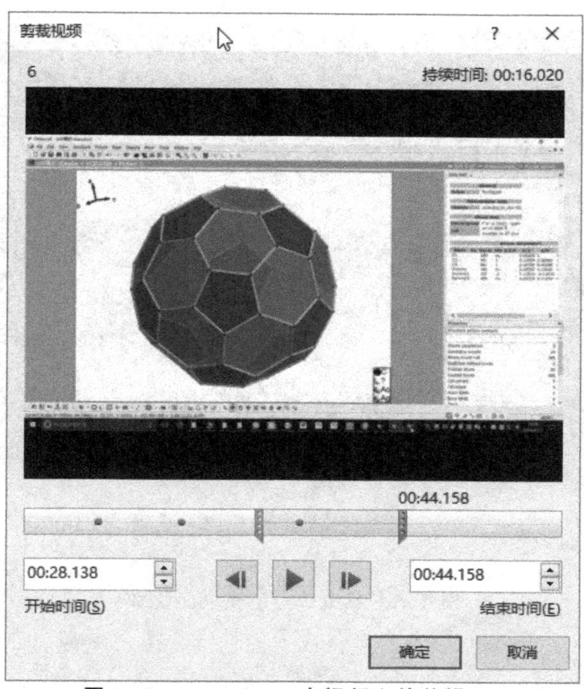

图 2-19　PowerPoint 中视频文件剪辑(2)

1.格式工厂的安装

在网上下载该软件的免费安装包后，双击即可以进行安装，具体安装过程如下(图 2-20 至图 2-23)。

图 2-20　格式工厂的安装步骤(1)

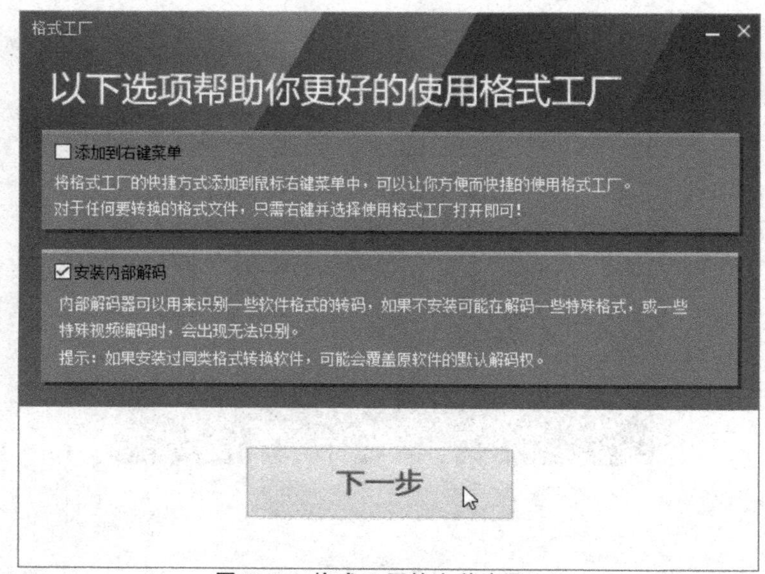

图 2-21　格式工厂的安装步骤(2)

图 2-22　格式工厂的安装步骤(3)

2.视频格式的转换

如果将一个扩展名为 rm 的文件插入到 ppt 文件当中会出现不能播放视频的提示(图 2-24)。下面演示使用格式工厂软件如何进行视频格式的转换。

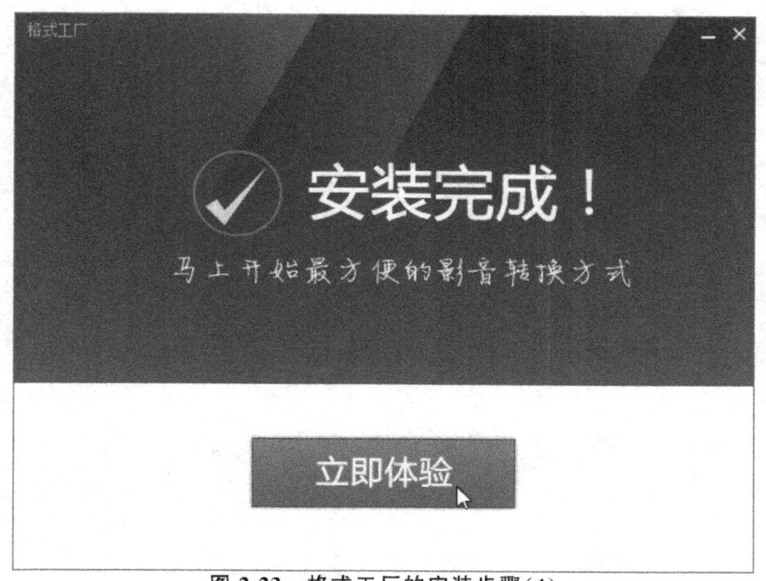

图 2-23　格式工厂的安装步骤(4)

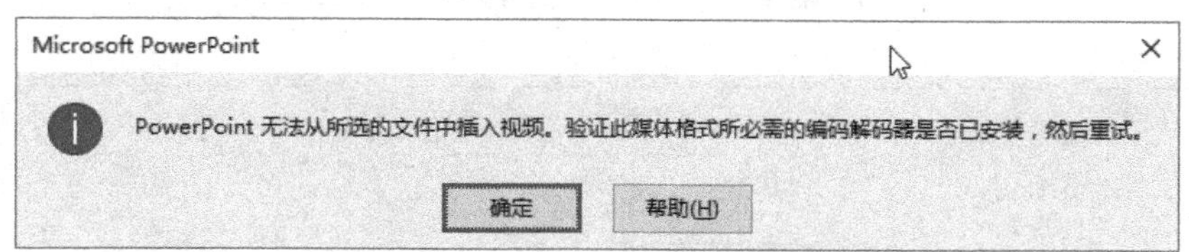

图 2-24　PowerPoint 中插入 rm 文件时出现的错误提示

运行格式工厂程序后，选择视频选项的按钮 

(图 2-25)，在弹出的窗口中点击添加文件按钮，导入一个 rm 文件后按下确定按钮(图 2-26)。点击格式工厂程序主界面中的“开始”按钮开始转换过程(图 2-27)。转化的文件存储路径为：“D:\FFOutput\火山喷发.wmv”。

3.视频的旋转

格式工厂程序还有一个比较实用的功能：视频的旋转。

目前人们可以使用各种设备来拍摄视频，但是当用手机横拍得到的视频在电脑上播放时就会出现视频向左或向右旋转的问题(图 2-28)。

这个问题也可以通过格式工厂来解决，类似上面的操作过程选择将原来的视频文件转化为一种其他格式的视频，点击窗口中的“输出配置”按钮，将高级选项当中的旋转项设置为向右旋转(图 2-29)。转换完成后原来的视频文件就成功地向右旋转 90 度了(图 2-30)。

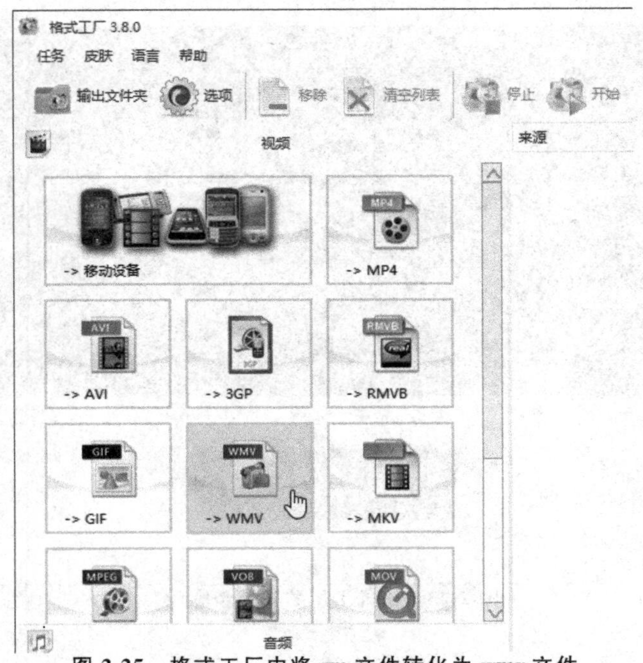

图 2-25　格式工厂中将 rm 文件转化为 wmv 文件

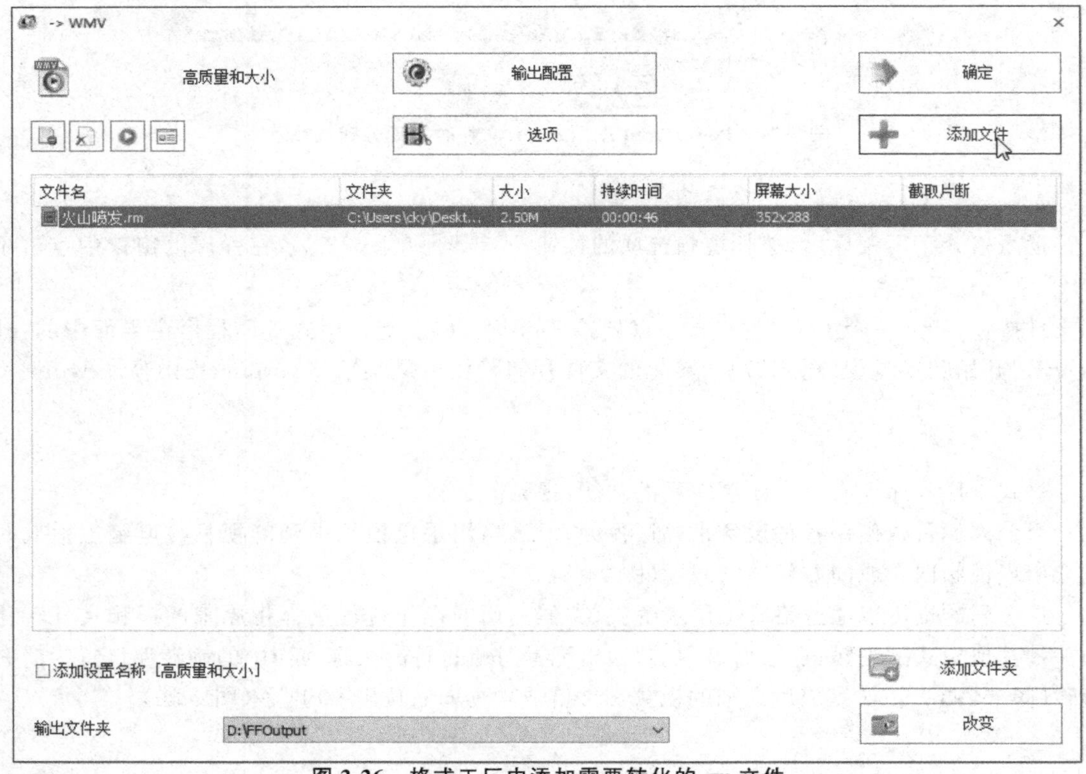

图 2-26　格式工厂中添加需要转化的 rm 文件

图 2-27　格式工厂中的开始按钮

图 2-28　视频向左或向右旋转的问题

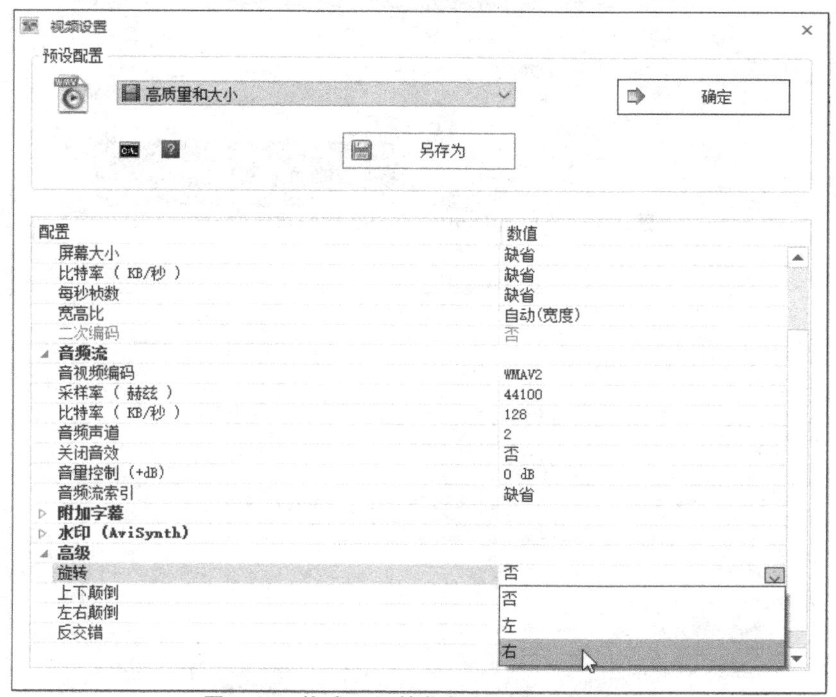

图 2-29　格式工厂转化视频时的旋转操作

图 2-30　恢复正常视角的视频

4.Windows Media Player 控件法

除了使用“插入/视频/PC 上的视频”插入视频的方法外，还可以使用 Windows Media Player 控件法来插入视频。

执行“开发工具/控件其他控件”(图 2-31)，在弹出的调出如图对话框选择“Windows Media Player”控件(图 2-32)，点击确定以后鼠标变为十字箭头的形状，在幻灯片中拖动出一

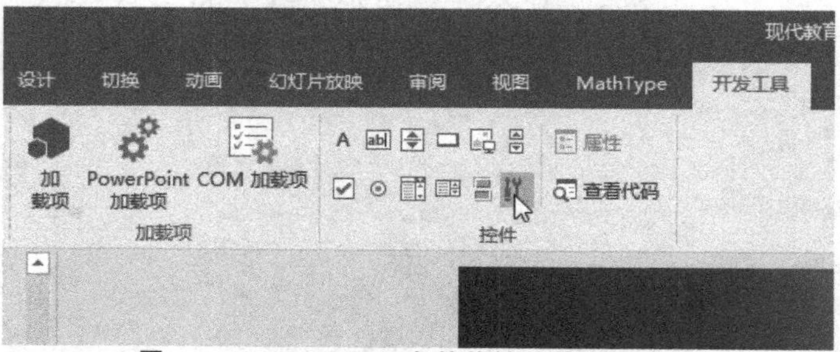

图 2-31　PowerPoint 中其他控件的调出方法

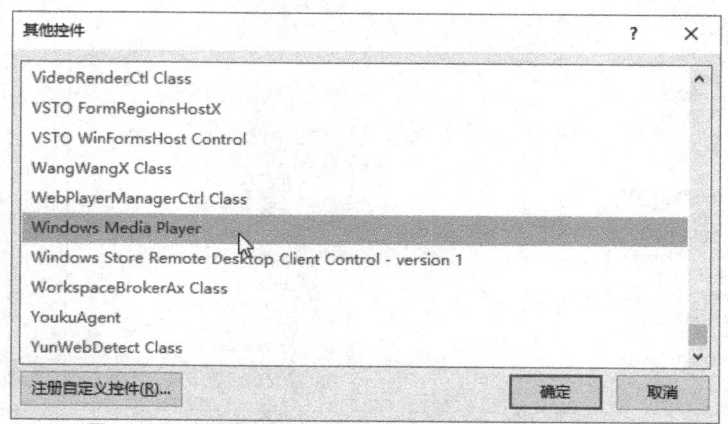

图 2-32　PowerPoint 中的“Windows Media Player”控件

个矩形区域作为视频的窗口(图 2-33),在用鼠标选择的“Windows Media Player”控件的条件下,执行“开发工具/属性”命令(图 2-34),在弹出的控件属性窗口的“URL”栏中输入视频文件的相对路径和名称“6.wmv”(图 2-35)。这样在幻灯片播放到此视频时就可以采用“Windows Media Player”来播放了,并且在播放过程中可以通过双击来进行正常与全屏播放的切换。

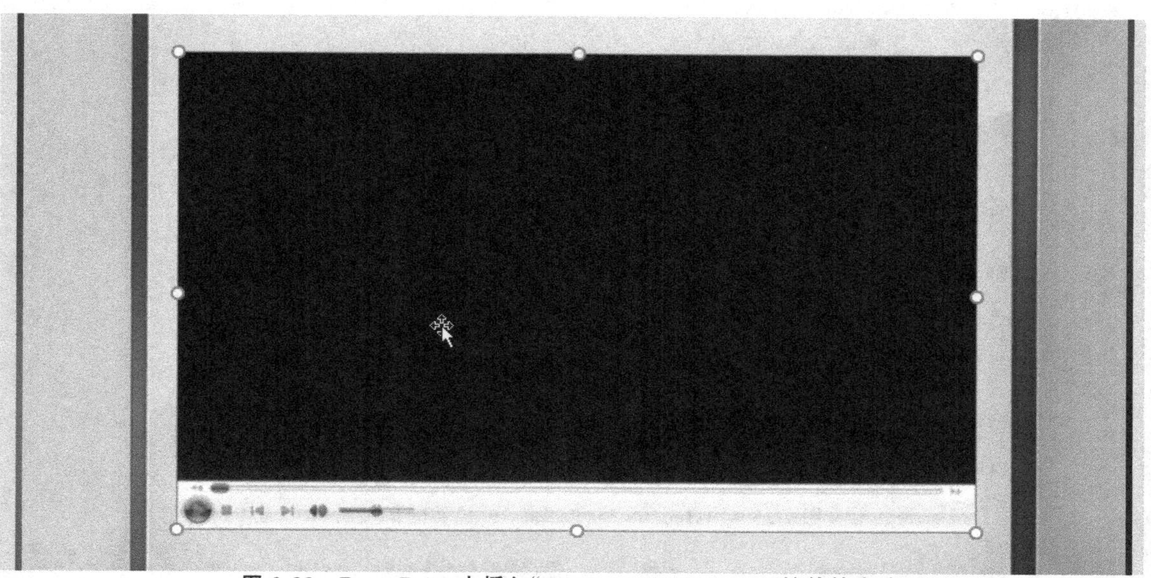

图 2-33　PowerPoint 中插入“Windows Media Player”控件的方法

图 2-34　“Windows Media Player”控件的属性的调出方法

播放幻灯片中会出现 Windows Media Player 的简易播放界面,利用播放器的控制栏,可自由控制视频的进度、声音的大小等。双击还可自动切换到全屏播放状态,和用 Windows Media Player 观看影片没什么区别。并且 ppt 文件和视频文件保存为同一路径下,以后当要将 ppt 移到另一台电脑上播放时,就可将 ppt 和视频文件同时移动到另一台电脑的同一路径下即可。

属性

WindowsMediaPlayer1 WindowsMediaPlayer

按字母序 | 按分类序

(名称)	WindowsMediaPlayer1
(自定义)	
enableContextMenu	True
enabled	True
fullScreen	False
Height	311.8457
Left	110.5235
stretchToFit	False
Top	116.9121
uiMode	full
URL	6.wmv
Visible	True
Width	510.2929
windowlessVideo	False

图 2-35 “Windows Media Player”控件的属性窗口

2.5 ppt 里嵌入字体的方法

有些使用者在将 ppt 文件移至其电脑中进行演示时，有时会发生虽然 ppt 文件内容是正确的，但是字体却不是当时设计时所使用的。出现这种情况的解决方法有以下两种：

2.5.1 安装字体

例如，使用者在编辑 ppt 文件时使用了一种“迷你简竹节”字体，可以先复制此种字体文件后将其粘贴到电脑系统的字体目录当中即可(图 2-36)。一般字体目录位于 c:\windows\fonts 当中。

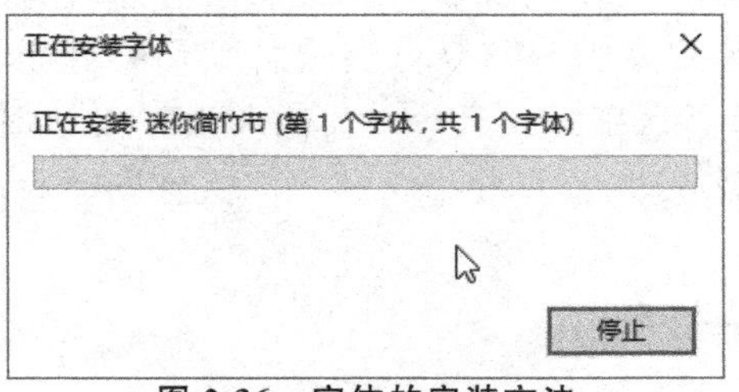

图 2-36 字体的安装方法

2.5.2 嵌入字体

首先打开 ppt 文档后执行“文件/选项”命令，在弹出的对话框中切换到“保存”选项卡，勾选“将字体嵌入文件”选项，并根据需要选择“仅嵌入演示中使用的字符（适用于减小文件大小）”或“嵌入所有字符（适用其他人编辑）”。采用嵌入字体以后演示文稿的体积会变得很大，每次编辑时保存文件的时间都会变长，建议在演示文稿内容最后确定以后再将字体嵌入（图 2-37）。

图 2-37 PowerPoint 中嵌入字体的方法

2.6 ppt 文件播放器的使用

当将一份演示文稿 ppt 在其他电脑上进行播放时，如果其 PowerPoint 的版本比较低的话则可能会出现有些内容不能正常播放，一般可以使用下面的方法进行解决。

2.6.1 pptx格式转化ppt格式

使用者可以在一份pptx文件中执行“文件/另存为”命令，将其另存为ppt格式的文件，但是可能会出现“PowerPoint兼容性检查器”(图2-38)，提示这样操作的结果会导致有些功能将会丢失或降级，所以最好不要采用这种方法。

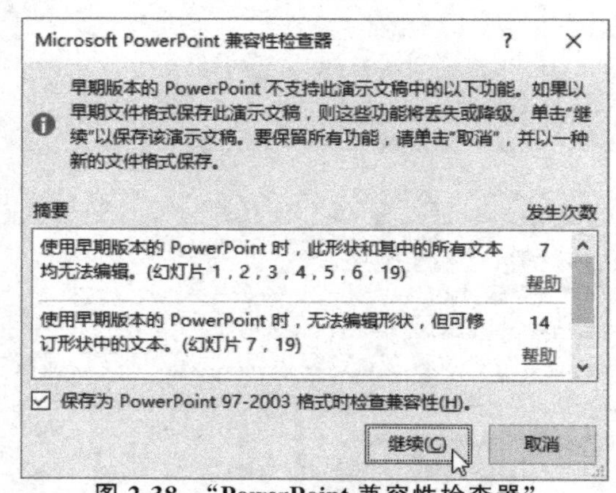

图2-38 “PowerPoint兼容性检查器”

2.6.2 安装office 2007文件格式兼容包

由于在office 2007以后版本的PowerPoint程序的文件扩展名由ppt升级为pptx，为了解决在低版本的PowerPoint程序中能播放pptx文件，需要安装“office2007文件格式兼容包”(图2-39)。

2.6.3 使用PowerPoint Viewer播放器

使用者可以下载并安装PowerPoint Viewer播放器，这样即使需要演示ppt的电脑当中没有安装PowerPoint程序或版本不相符，也可保证ppt文件能够正常播放。

使用者可以在网上搜索并下载PowerPoint Viewer的安装文件，用鼠标双击以后进行安装，安装过程如图2-40～图2-44所示。安装完成以后可以在开始菜单中找到并运行Microsoft PowerPoint Viewer程序，在程序弹出打个文件的窗口中打到需要打开的文件就可以进行正常播放了。并且在Microsoft PowerPoint Viewer程序运行过程中还可以点击鼠标右键，在弹出的菜单中选择“全屏显示”或“结束放映”等操作(图2-45)。

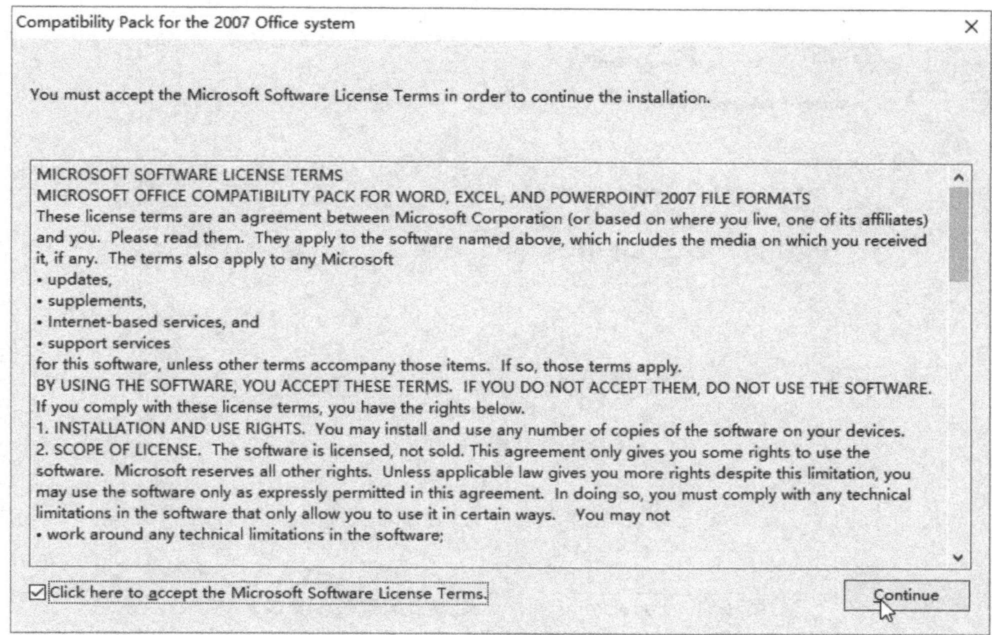

图 2-39　office 2007 文件格式兼容包的安装

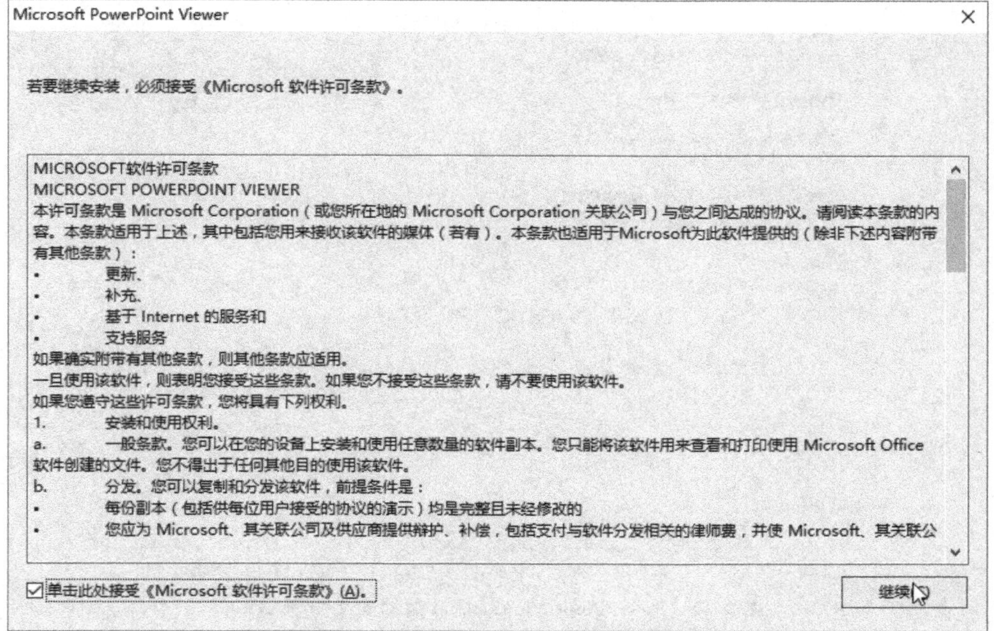

图 2-40　PowerPoint Viewer 播放器的安装步骤(1)

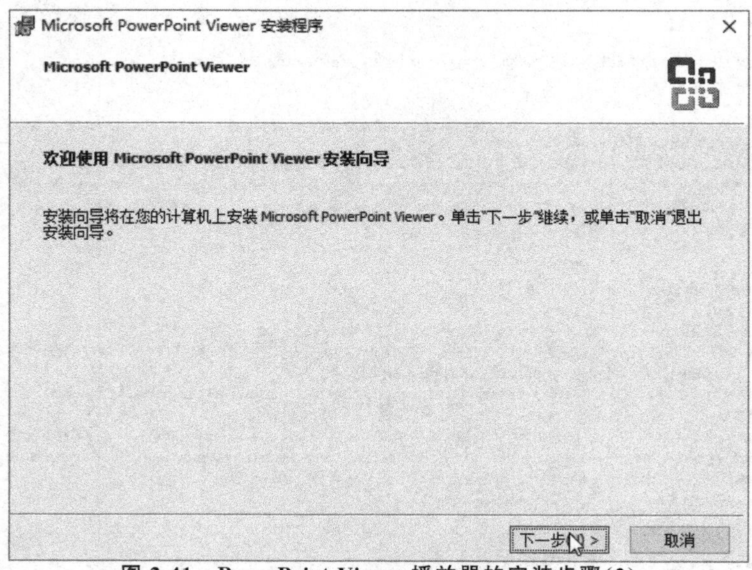

图 2-41 PowerPoint Viewer 播放器的安装步骤(2)

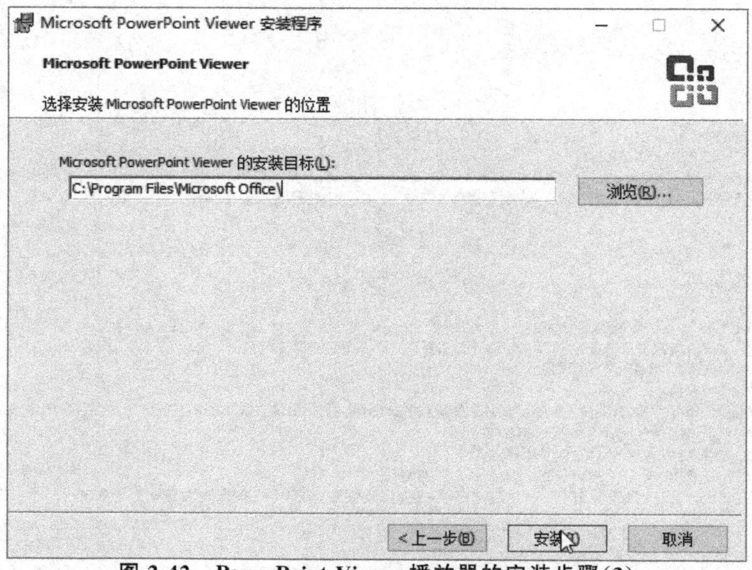

图 2-42 PowerPoint Viewer 播放器的安装步骤(3)

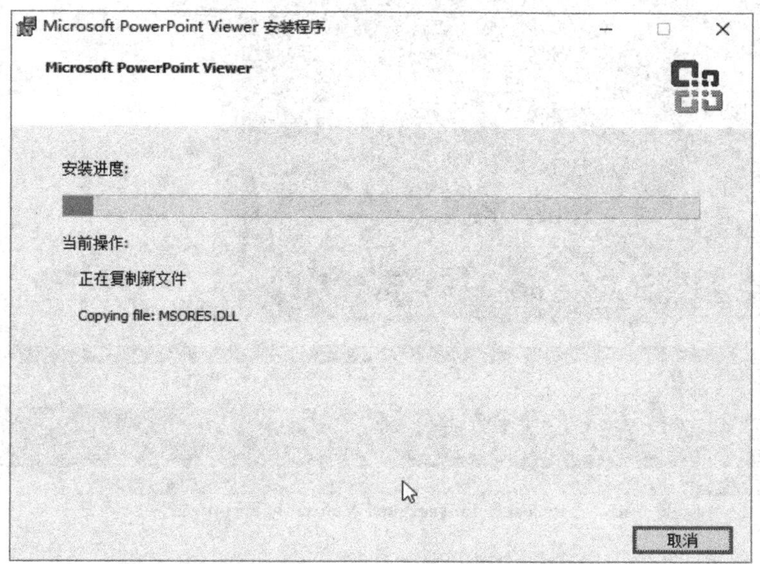

图 2-43　PowerPoint Viewer 播放器的安装步骤(4)

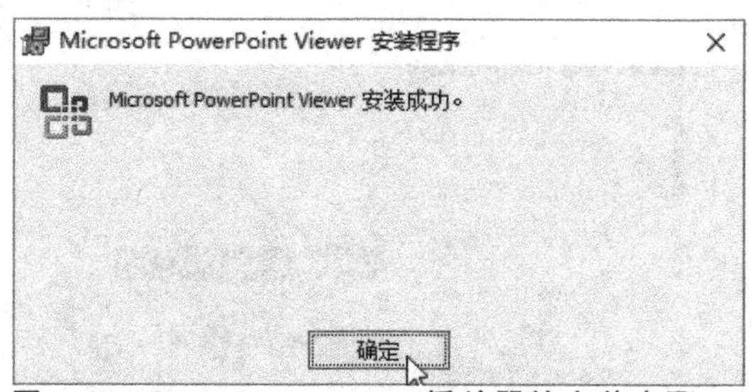

图 2-44　PowerPoint Viewer 播放器的安装步骤(5)

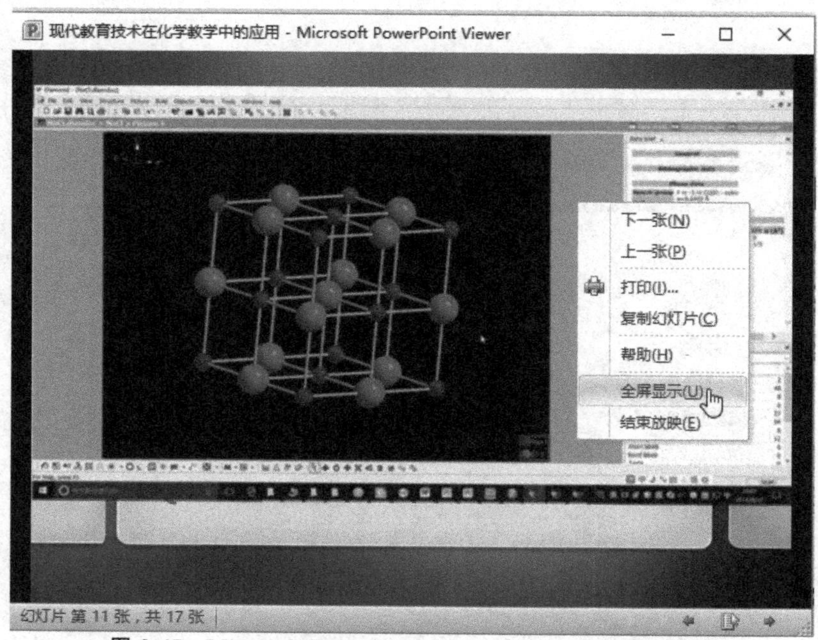

图 2-45　Microsoft PowerPoint Viewer 打开 ppt 文件的界面

2.7　ppt 演示时的标注功能

在播放 ppt 的过程中有时还需要进行适当的标注，可以在 ppt 播放过程中单击鼠标右键，在弹出的菜单选择“屏幕”命令其中的黑屏或白屏(图 2-46)，可以将屏幕切换为黑屏或白屏，另外 ppt 播放过程中也可以按相应的快捷键，按“W/w”键变为白屏，按“B/b”键变为黑屏，并且继续按两次“W/w”键或“B/b”键则恢复正常 ppt 文件的播放。另外在 ppt 播放过程中单击

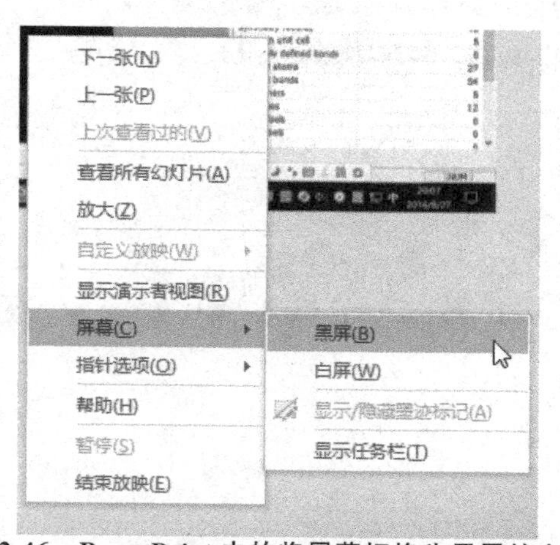

图 2-46　PowerPoint 中的将屏幕切换为黑屏的方法

鼠标右键，可以在其中的指针选项当中将鼠标切换为“激光指针”“笔”或“荧光笔”并可以设置不同的颜色(图 2-47)。

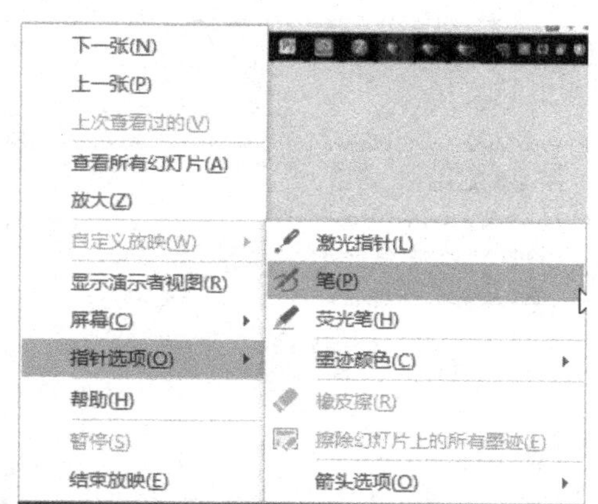

图 2-47 PowerPoint 中将鼠标切换为“激光指针”“笔”或“荧光笔”

如果在文件播放过程中使用了“笔”或“荧光笔”作为标注，当结束文件的播放后会有提示是否将这些墨迹注释保留(图 2-48)，使用者可以根据需要进行选择。

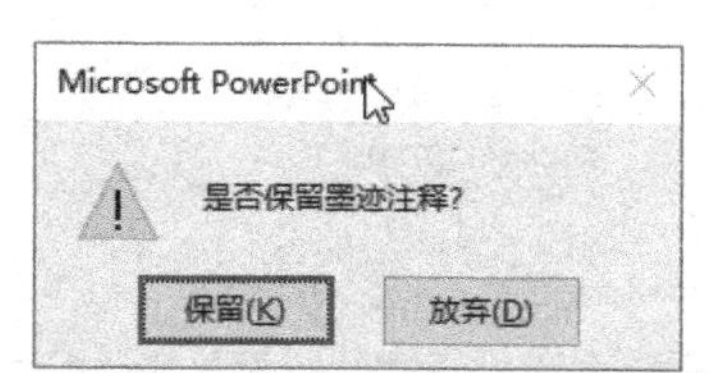

图 2-48 PowerPoint 播放结束时提示是否保留墨迹注释的窗口

下面介绍一款在 ppt 演示过程中经常使用的另一种辅助工具 ZoomIt 的使用方法：

ZoomIt 是一款免费安装的软件并且功能强大，它主要包括屏幕放大、屏幕标注和计时器等功能；这些功能不仅可用于 ppt 演示过程中，还可以用于使用电脑的任何过程当中。下面就着重介绍一下屏幕放大、屏幕标注和计时器这三个功能。

运行 ZoomIt 程序以后，可以双击电脑任务栏中的图标，便可以打开 ZoomIt 程序设置窗口(图 2-49)。

在 Zoom 选项卡中可以设定屏幕的放大效果，当按下“Ctrl＋1”键时屏幕中的内容将会默认放大 2 倍以便于观看，并且还可以向上或向下滑动鼠标中间的滑轮来进一步放大或缩小屏幕中的内容。可以点击 Esc 或单击鼠标右键退出即可屏幕放大的效果以恢复正常显示。使用者可以在 Zoom 选项卡拖动下面的滑块来设定默认放大的倍数。

在 Draw 选项卡(图 2-50)中可以设置屏幕标注的效果。有两种方式可以启动屏幕标注效果：

当屏幕未放大时，按下“Ctrl＋2”键。

当屏幕已经放大时，点击鼠标左键。

ZoomIt - Sysinternals: www.sysinternals.com

ZoomIt v4.5

Copyright © 2006-2013 Mark Russinovich

Sysinternals -

Zoom LiveZoom Draw Type Break

After toggling ZoomIt you can zoom in with the mouse wheel or up and down arrow keys. Exit zoom mode with Escape or by pressing the right mouse button.

Zoom Toggle: Ctrl + 1

Animate zoom in and zoom out:

Specify the initial level of magnification when zooming in:

1.25 1.5 1.75 2.0 3.0 4.0

Show tray icon

Run ZoomIt when Windows starts

OK Cancel

图 2-49 ZoomIt 程序设置窗口

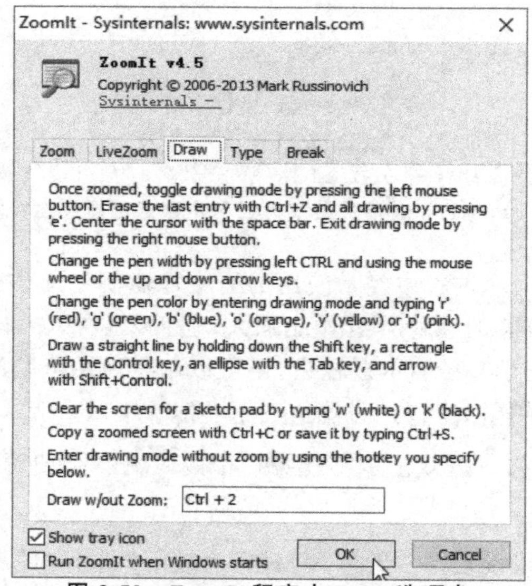

图 2-50 ZoomIt 程序中 Draw 选项卡

在进入到屏幕标注效果中时，可以按住鼠标左键不放进行滑动和标注。而且，按住不同的键会得到不同的标注图形（图 2-51）。

按住“Shift 键”＋滑动鼠标左键，标注为直线。

按住“Ctrl 键”＋滑动鼠标左键，标注为长方形。

按住“Tab 键”＋滑动鼠标左键，标注为椭圆形。

按住“Shift＋Ctrl 键”＋滑动鼠标左键，标注为有箭头的直线。

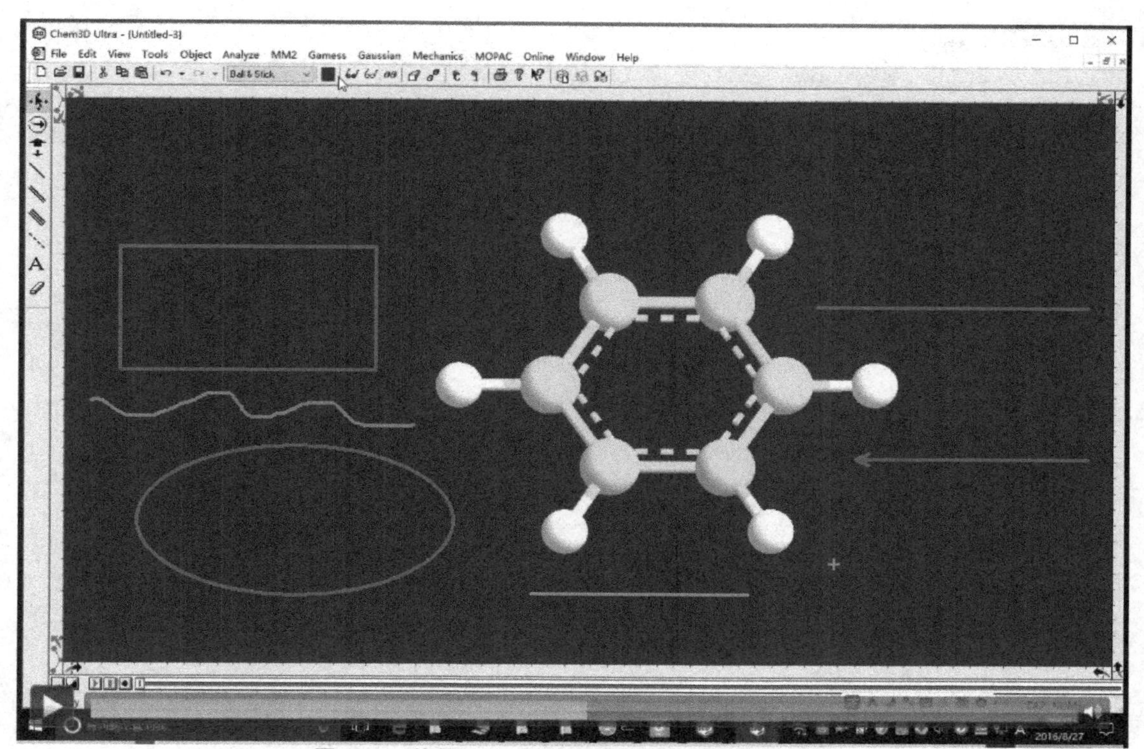

图 2-51 使用 ZoomIt 程序的各种形状的标注效果

另外在进行屏幕标注的过程中，还可以按不同的字母来切换笔的颜色(表 2-1)。

表 2-1 按不同的字母对应的不同笔的颜色

按键	颜色	按键	颜色	按键	颜色
B	蓝色	Y	黄色	R	红色
O	橘色	G	绿色	P	粉色

当屏幕未放大时若已进行了标注操作，按下“Esc 键”可以退出标注操作。

当屏幕已经放大时，点击鼠标左键可以进入标注操作，点击鼠标右键退出标注操作而并不退出屏幕放大，再次点击鼠标左键可再次进入标注操作。

另外在标注过程中按下“W/w 键”可以显示白屏效果，或按下“K/k 键”可以显示黑屏效果，以便于进行标注操作。按下“Esc”则可以退出白屏或黑屏的标注操作。

在以下的两种标注过程中可以按下“空格键”将鼠标移至屏幕的最中间位置。

按下“Ctrl＋Z 键”可以取消最后一步的标注操作。

按下“E 键”则可以取消屏幕上的所有标注操作。

当使用者完成屏幕操作以后，可以按下“Ctrl＋S 键”将当前屏幕中的标注效果以图片的形式保存下来以便查看(图 2-52)。

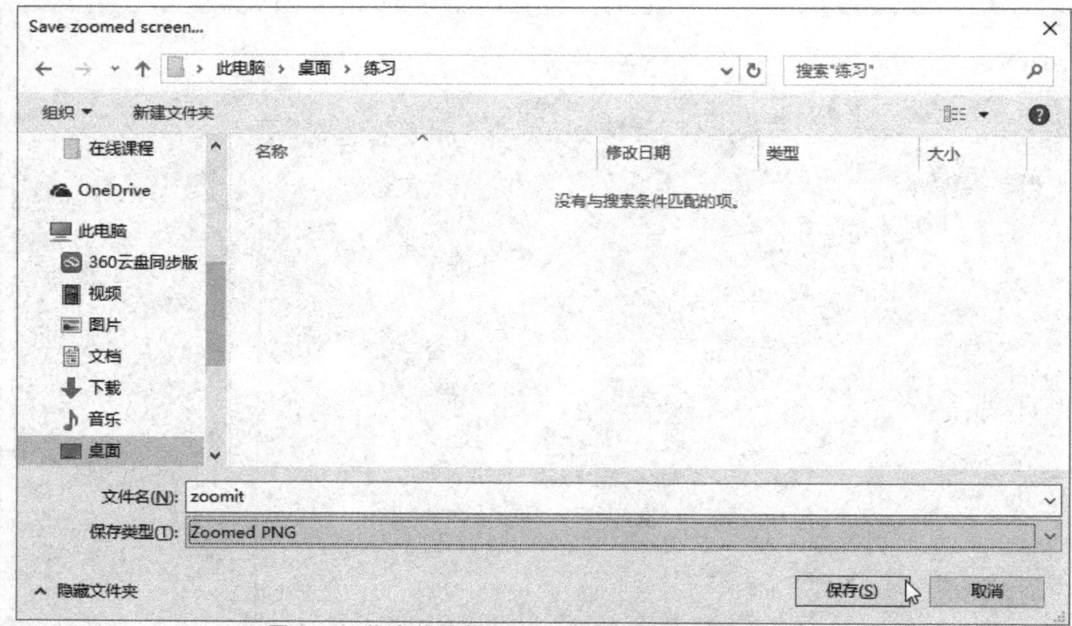

图 2-52　将当前屏幕中的标注效果以图片的形式保存

在 Break 选项卡中可以设置计时器的效果(图 2-53),当使用者按下"Ctrl+3"则可以启动计时器,并且在倒计时过程中还可以滑动鼠标中间滑块来增加或减少时间。

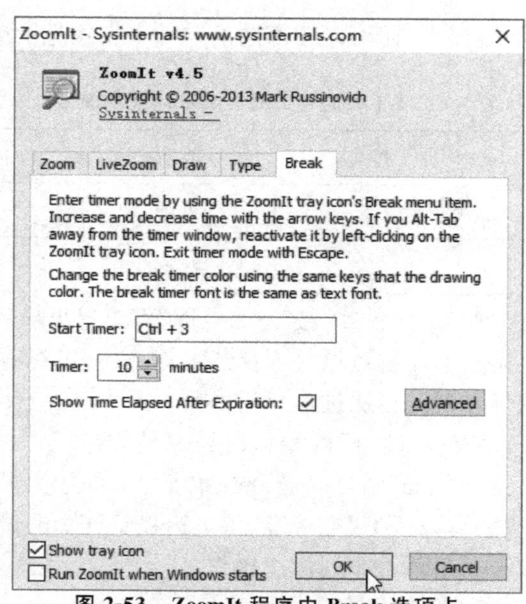

图 2-53　ZoomIt 程序中 Break 选项卡

2.8 化学分子式中的上下标的录入方法

在化学教学的日常工作当中经常需要在 Word 或 ppt 文件中输入物质的分子式，需要设置上标或下标，如：H_2SO_4 或 C_2H_5OH 等。下面就通过具体的例子演示如何在 Word 和 ppt 中输入化学分子式当中上标或下标。

2.8.1 在 Word 中录入上下标

1.方法 1：通过菜单栏录入下标

(a)首先正常输入需要修订的字符(包括要进行下标的字符)，如：H2SO4 和[Fe(CN)6]3－。

(b)选中数字 2，点击开始选项卡中的“x_2”图标，即可将数字 2 设置为下标(图 2-54)。

图 2-54 Word 中设置下标效果的方法

2.方法 2：通过快捷菜单录入上下标

也可以在选择数字 2 后，点击鼠标右键选择其中的字体命令后，在弹出的字体窗口中效果项勾选下选择下标选项(图 2-55)。

同理也可以应用这种方法设置上标。

附：快速设置上标或下标-格式刷的使用

如果有较多的化学分子式需要设置上标或下标，可以通过上面的方法设置一个下标，再双击格式刷工具后(图 2-56)，再依次选择其他需要下标的数字或字母即可完成下标的设置工作

(图 2-57),最后可以按“Esc”键退出格式刷模式。

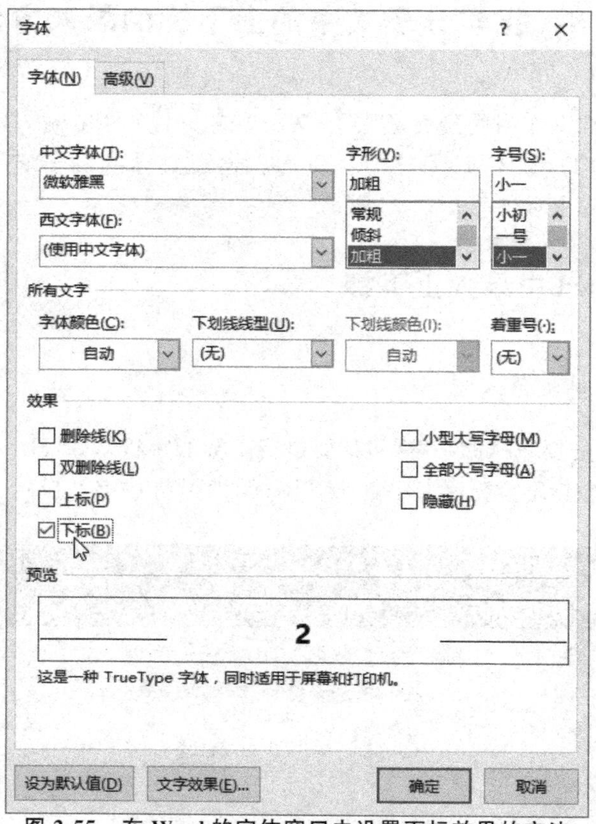

图 2-55　在 Word 的字体窗口中设置下标效果的方法

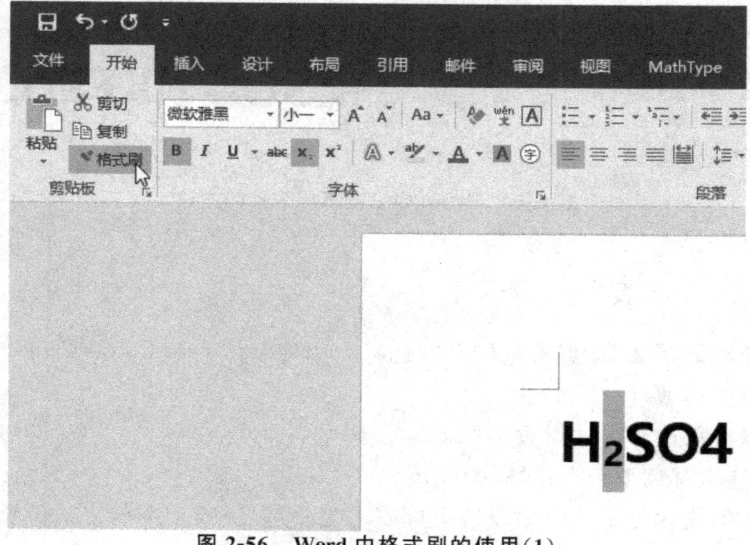

图 2-56　Word 中格式刷的使用(1)

H_2SO_4和$[Fe(CN)_6]3-$

图 2-57 Word 中格式刷的使用(2)

3.方法 3:通过快捷键录入上下标

选中需要设置的数字或字母后,同时按住键盘的“Ctrl”和“+”键,可以快速地设置下标,再按一次则可以恢复正常。

同时按住键盘的“Ctrl”+“Shift”和“+”键,可以快速地设置上标,再按一次则可以恢复正常。

2.8.2 在 ppt 中录入上下标

上述 Word 中的方法 2 和方法 3 在 ppt 中也是同样适用的。但是在 ppt 的开始选项卡中没有设置上标“x^2”图标和下标“x_2”图标按钮的。

将上标“x^2”和下标“x_2”图标按钮加入到选项卡中:

用鼠标右击 ppt 任一选项卡的空白处,选择其中的“自定义功能区”命令(图 2-58),会弹出“PowerPoint 选项”窗口,用鼠标单击以展开“开始”选项卡,点击“新建组”命令(图 2-59),并将此组重命名为“化学工具”(图 2-60),之后将左侧的“从下列位置选择命令”的选项更改为“不在功能区的命令”,将下面出现的列表中的上标“x^2”图标和下标“x_2”图标按钮添加到“化学工具”组中(图 2-61),点击确定以后就可以在“开始”选项卡的最右侧,这样就可以像在 Word 中一样使用这两个按钮快速设置化学分子式中的上下标了(图 2-62)。

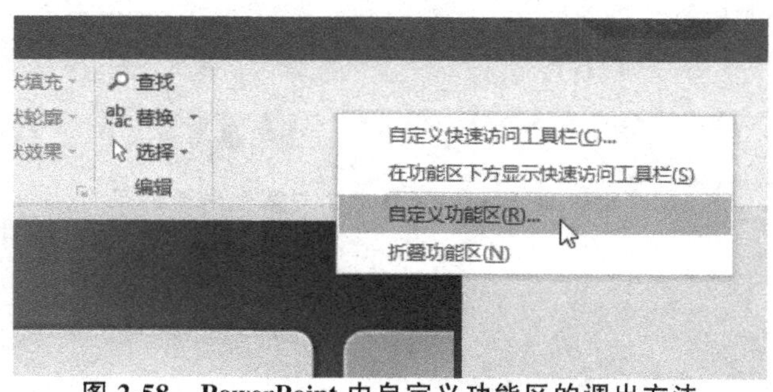

图 2-58 PowerPoint 中自定义功能区的调出方法

图 2-59　在 PowerPoint 选项对话框中新建组

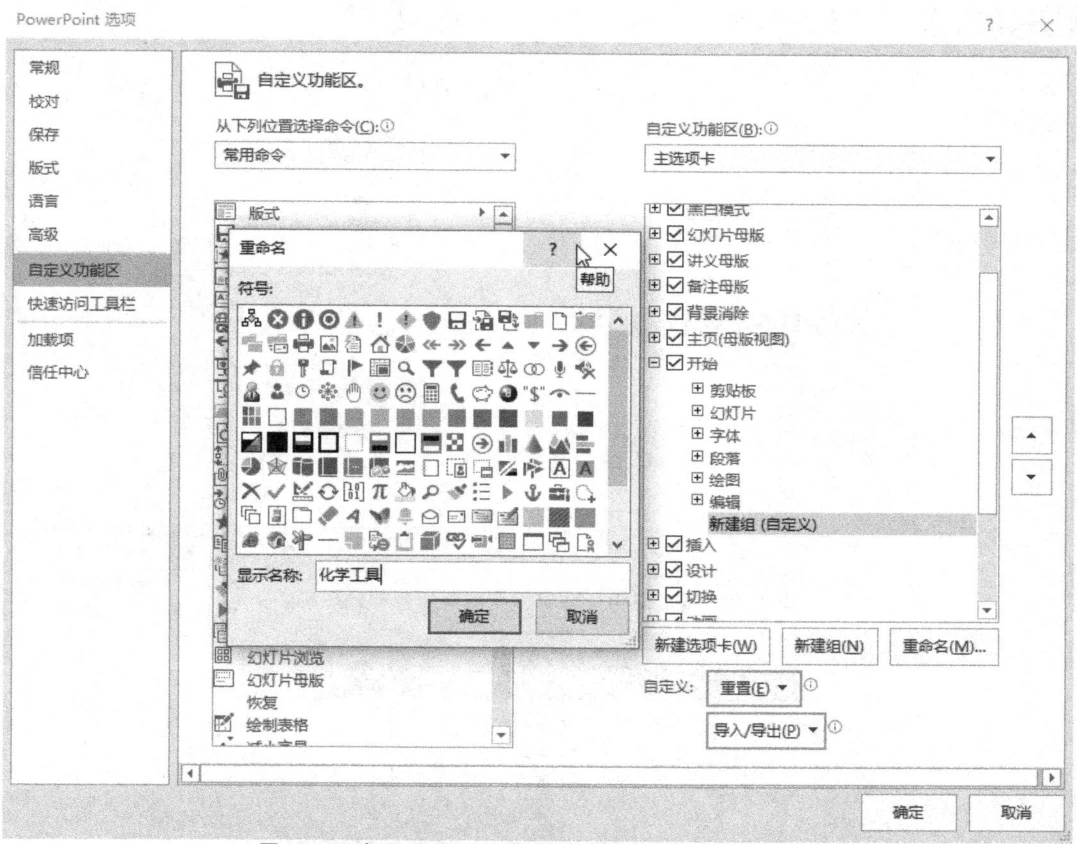

图 2-60　在 PowerPoint 选项对话框中对新建组重命名

图 2-61　将上标和下标命令添加到新建的分组中

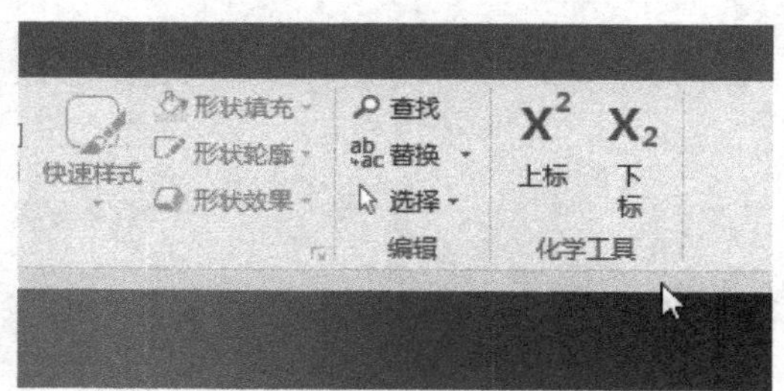

图 2-62　PowerPoint 中新建化学工具组

2.9　利用 office 插件输入常见的化学分子式

“文字效果自动纠正”一款基于 Word 程序的文字效果自动纠正的免费插件，它通过内建数据库自动修正文本中的大小写、上下角标等文字效果的错误，还支持自定义数据库功能（表 2-2）。

表 2-2 “文字效果自动纠正”插件修正前后对比

原文	cod	H2O	m3/d	PO43-	dn300	5KW	CODMn	iphone	Escherichia coli
修正后	COD	H_2O	m^3/d	PO_4^{3-}	DN300	5kW	COD_{Mn}	iPhone	*Escherichia coli*

使用者可以到 office 应用商店(https://store.office.com/zh-cn/appshome.aspx? ui=zh-CN&rs=zh-CN&ad=CN)中搜索并安装(图 2-63)。目前此插件只支持在 Word 2016 以上的版本才能使用。

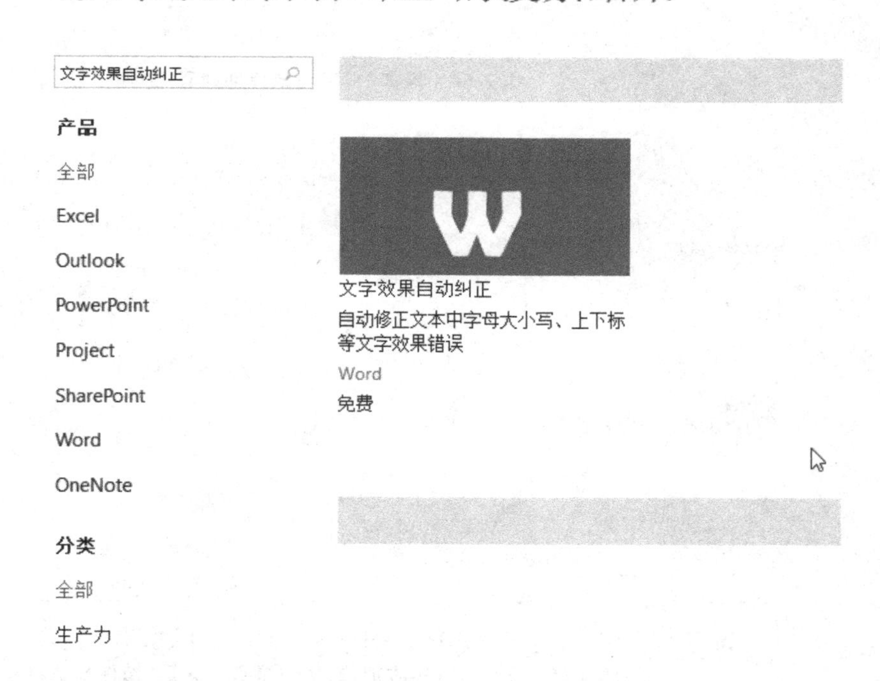

图 2-63 在 office 应用商店中搜索“文字效果自动纠正”插件

使用者可以点击网页中的“添加”按钮(图 2-64),网页中就会显示添加的此插件的步骤。点击第一步中的“在 Word 中打开”后 Word 程序便会启动(图 2-65)。由于这是网页中发出的请求,所以浏览器会弹出一个允许窗口,点击“启动应用”按钮后,Word 2016 就可以启动了(图 2-66)。

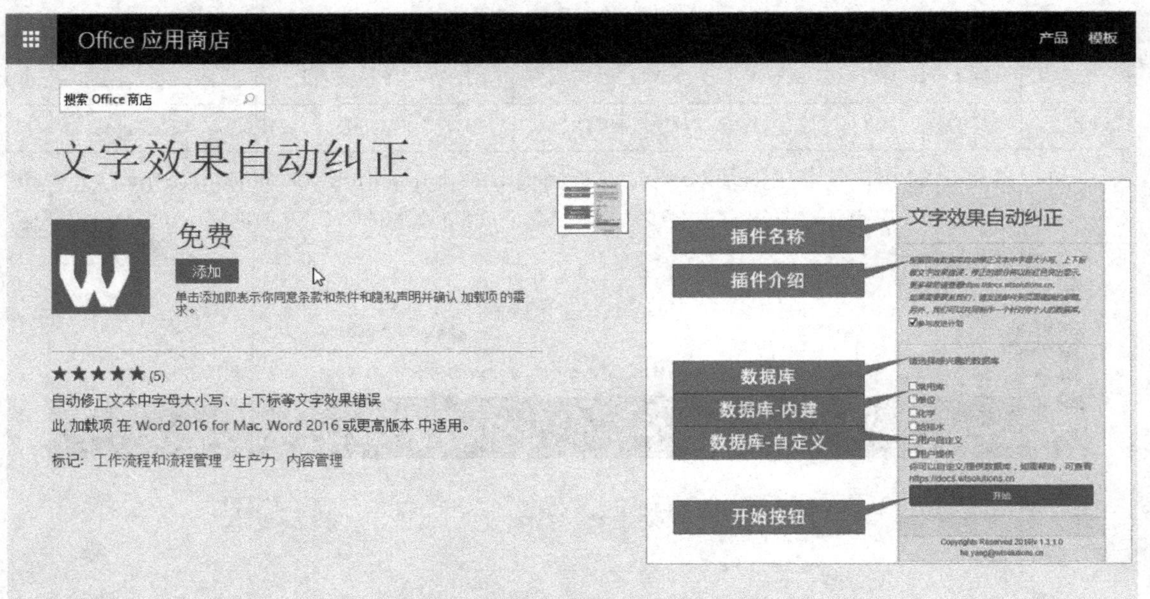

图 2-64　添加“文字效果自动纠正”插件

https://store.office.com/addinstemplateinstallpage.aspx?rs=zh-CN&assetid=WA104379996

搜索 Office 商店

第 1 步: 单击以启动具有 文字效果自动纠正 的 Office

在 Word 中打开

第 2 步: 启动外接程序　显示▼

如何直接在 Microsoft Office 内启动外接程序　显示▼

图 2-65　在 Word 中添加“文字效果自动纠正”插件步骤(1)

在 Word 2016 启动以后需要用户点击“启用编辑”按钮才能继续安装(图 2-67),并单击外接程序面板上的“信任此加载项”或“信任此外接程序”(图 2-68)。

目前该插件中包含了标准库、常用单位库、化学库、烷烃类库、环保库、水和废水工程库、环保等数据库以供使用,并且还支持使用者的自定义的数据库。使用者可以根据需要选择不同的数据进行使用。

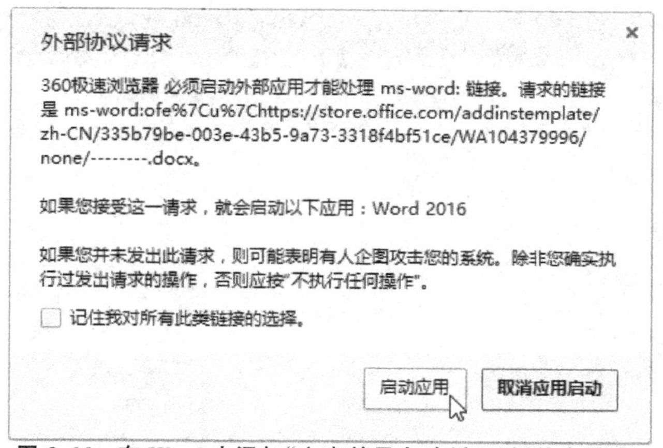

图 2-66　在 Word 中添加"文字效果自动纠正"插件步骤(2)

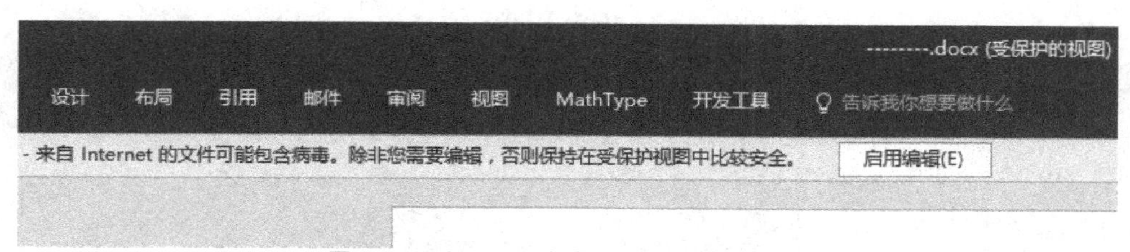

图 2-67　在 Word 中点击"启用编辑"按钮

图 2-68　在 Word 中点击"信任此加载项"按钮

下面介绍一下该插件的使用方法：

由于 Word 2016 以上的版本才能使用，所以对于扩展名为 doc 的文档中的内容是不能使用此插件的。例如，当在 Word 中输入了如下的内容：H2O、SO42－和 C3H8。然后执行"插入/加载项/我的加载项/查看全部"命令(图 2-69)，在弹出的窗口选择"文字效果自动纠正"插件并确定(图 2-70)。然后选择"文字效果自动纠正"插件中的"化学"和"烷烃类"数据库后点击开始按钮(图 2-71)，可以发现刚才输入的文字已经自动修正为 H_2O、SO_4^{2-} 和 C_3H_8，并且被自动纠正的部分用粉色做出了标注(图 2-72)，方便使用者进行核对或修改。

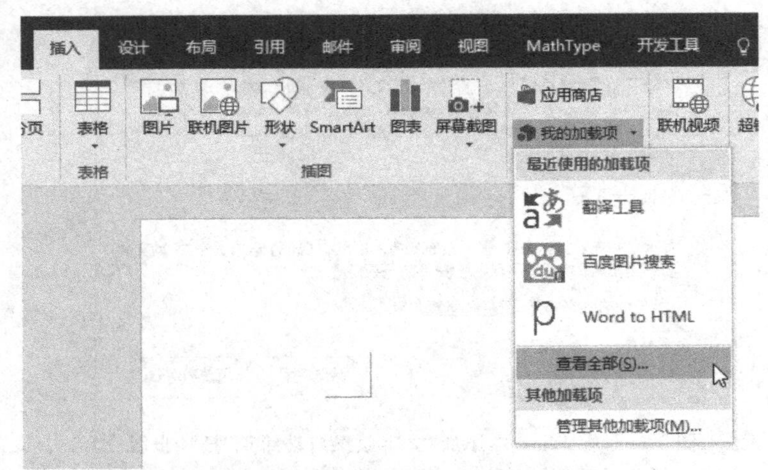

图 2-69 “文字效果自动纠正”插件使用步骤(1)

图 2-70 “文字效果自动纠正”插件使用步骤(2)

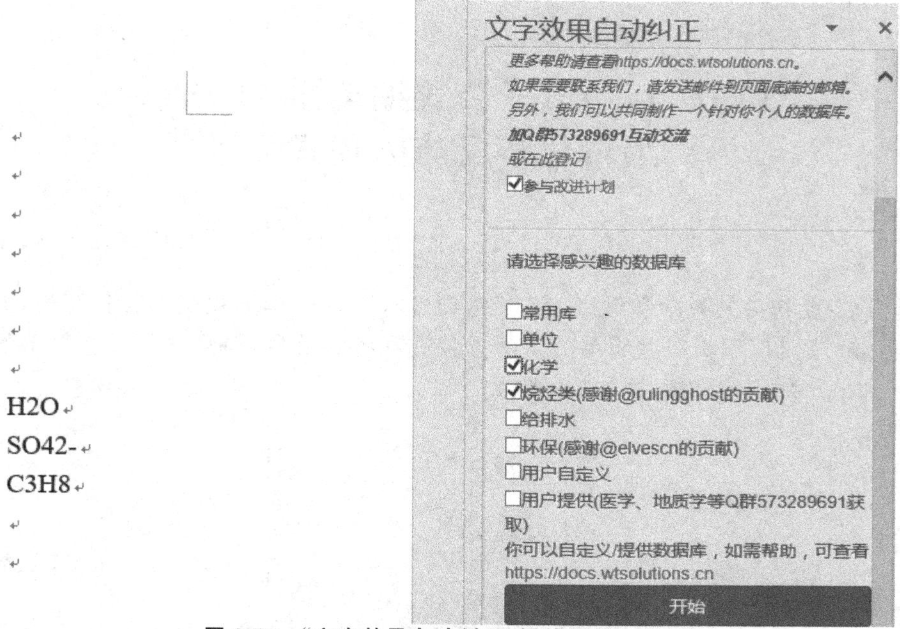

图 2-71 “文字效果自动纠正”插件使用步骤(3)

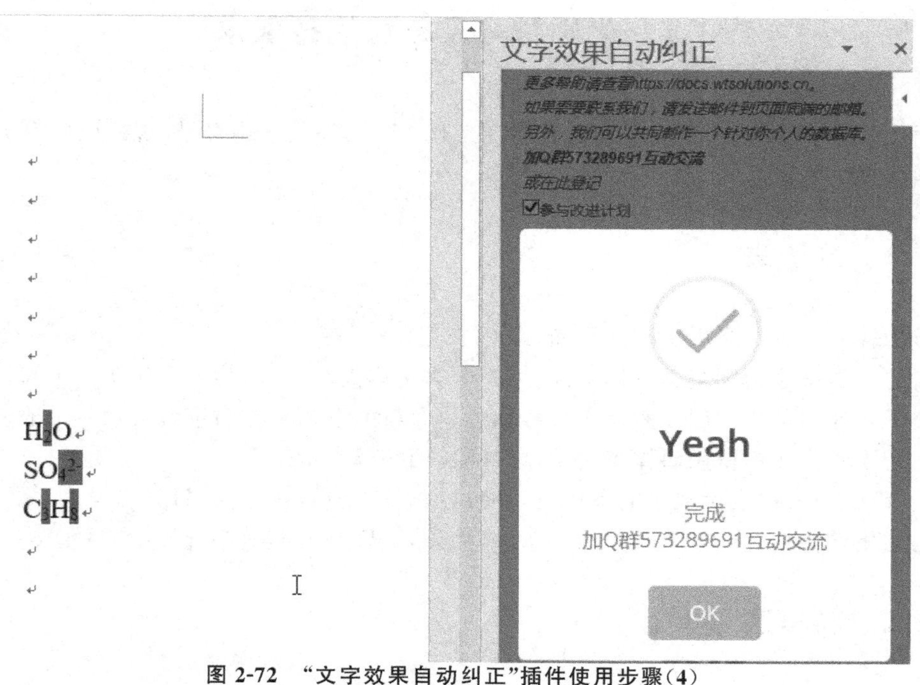

图 2-72 “文字效果自动纠正”插件使用步骤(4)

第3章　运用数学公式编辑器 MathType 编辑化学反应方程式

从事化学专业相关的教学和科研工作经常要输入各种化学方程式和各种符号，虽然直接在 Word 或 ppt 中可以编辑一些简单的化学方程式和各种符号，但是对于一些复杂的化学方程式 Word 和 ppt 则比较麻烦(图 3-1)，如：

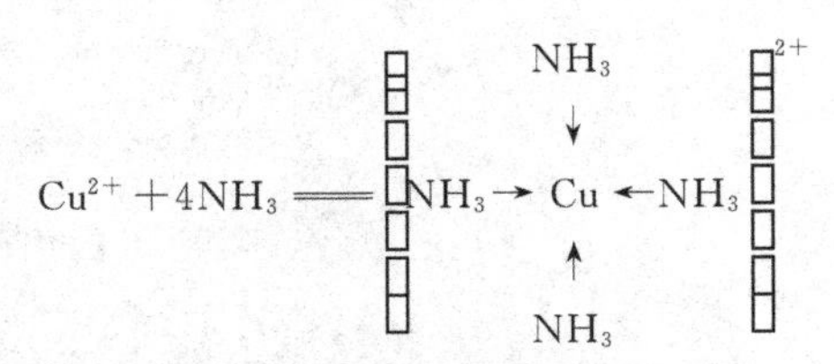

图 3-1　四氨合铜(Ⅱ)配离子生成的离子方程式

3.1　化学符号及单位规范要求

对于化学、化工类学科等专业在工作中要使用 SI 单位制，印刷符号、规格应按有关单位与符号的国标规定执行。

3.1.1　分子式

化学物种的分子式要用正体。例如，NaCl、$C_6H_{12}O_6$ 等。

元素的化学符号均用英文正体字母，第一个为正体大写字母，第二个为正体小写字母。化合物的分子式或结构式均用元素化学符号和表示数量的下标阿拉伯字母表示。一般表示化合物、单质、元素的组成不得用斜体英文字母或阿拉伯字母表示。

写化合物通式时，表示数量的下标英文字母用斜体表示，例如，C_nH_{2n+2}。

常用的化学符号有关于负对数的表示法，例如，pH、pK 等，其中“p”为小写正体字母。

3.1.2　物理量

在化学相关的论文或教材中的行文、公式、图表中，物理量的符号一律用斜体英文字母或斜体希腊字母表示。表示压力或压差用小写英文字母 p、ρ。

在表达物理量大小时，它应等于数值乘单位。对无因次物理量单位为 1，则物理量等于数

字乘 1，即物理量等于数字。例如，

$$m=10.05\ \mathrm{g} \quad x=10.12\ \mathrm{mV}$$

表示物理量的符号常用角标，一般下标表示注释、条件或编号。用英文词字头表示注释应用正体字母，用字母表示条件或编号代号时用斜体字母，用阿拉伯数字表示编号时，一律为正体。例如，$C_{p,\mathrm{m}}$表示恒压摩尔热容，下标 p 表示恒压条件，故用斜体；下标 m 表示摩尔量，是 molar 的字头，用正体。比热用斜体小写字母 c 表示。

3.1.3 公式、计算式的表达

在数学表达式中，按规定函数、数学符号应用正体表示。例如，

$$_{\mathrm{vap}}H_{\mathrm{m}},\sin\quad,\ln x,k=k_0\mathrm{e}^{-E/RT},y=\exp(\cos x),\ln z=\frac{\mathrm{d}y}{\mathrm{d}x}=\frac{\partial S}{\square\partial t}\square$$

上述函数及方程式中，vap、sin、cos、ln、e、exp、d、∂等均为数学符号，因此使用正体。

数学式中的变量、物理量用斜体。其中一些普适物理常数，例如，Boltzmann 常数 k、通用气体常数 R、Blanck 常数 h、Faraday 常数 F 等，均用斜体字母表示。

当公式与计算式连写时，要注意物理量等于数值乘单位的规则。例如，用理想气体状态方程计算体积的计算式应写为：

$$V=\frac{mRT}{Mp}=\frac{0.0150\mathrm{g}\times 8.314\mathrm{J}\cdot\mathrm{mol}^{-1}\cdot\mathrm{K}^{-1}\times 298.15\mathrm{K}}{18.016\mathrm{g}\cdot\mathrm{mol}^{-1}\times 101325\mathrm{Pa}}=2.04\times 10^{-5}\mathrm{m}^3$$

或

$$V=\frac{mRT}{Mp}=\frac{0.0150\times 8.314\times 298.15}{18.016\times 101325}=2.04\times 10^{-5}\mathrm{m}^3$$

3.1.4 单位的名称及符号

按 SI 单位制规定，只有七个物理量的单位为基本单位，即长度(m)、质量(kg)、时间(s)、电流(A)、热力学温度(K)、物质的量(mol)及发光强度(cd)的单位。辅助单位为平面角(rad)、立体角(sr)两个单位。有专门名称的导出单位有频率(Hz)、力(N)、压力(Pa)、能量(J)、功率(W)、电荷量(C)、电位(V)、电阻(Ω)、电导(S)、摄氏温度(℃)等 19 个物理量的单位。

上述单位符号中来自人名字头的，第一个字母大写，如安培(A)、开尔文(K)、帕斯卡(Pa)、牛顿(N)、焦耳(J)等。其他不来自人名的单位符号，一般用小写字母。只有“升”用 L 表示是一个例外。

所有单位表示一律使用正体字母。数字与单位符号间应有半角空格，如，298.15K。

由于单位的大小有限，为各种情况下表达物理量的方便，单位常用幂符号与单位符号组合表示。幂符号表示单位的十进制的倍数和分数单位的词头(表 3-1)。

用于表示十进制倍数和分数单位的词头一律用正体字母表示。这些词头字母的大小写是不可改变的。例如，表示压力的单位 kPa，而不能写为 Kpa。

表 3-1　用于构成十进制倍数和分数单位的词头表

倍数	10^{18}	10^{15}	10^{12}	10^{9}	10^{6}	10^{3}	10^{2}	10^{1}
名称	艾	拍	太	吉	兆	千	百	十
符号	E	P	T	G	M	k	h	da
分数	10^{-1}	10^{-2}	10^{-3}	10^{-6}	10^{-9}	10^{-12}	10^{-15}	10^{-18}
名称	分	厘	毫	微	纳	皮	飞	阿
符号	d	c	m	μ	n	p	f	a

3.1.5　行文中的表达

1.英文字母的输入

阿拉伯字母、英文字母与汉字穿插输入时，由于默认方式的存在，阿拉伯字母、英文字母常同时出现多种字体，影响了全文的规范性。一般应使用 Times New Roman 字体，而不应使用宋体的阿拉伯数字、英文字母。

2.连接符的输入

汉字标点符号中破折号“——”，占两个全角格，用于表示说明注释。全角连接号“—”，占一个全角格，用于表示数字范围。例如，“实验温度为 30—40℃”。半角连接号“－”或“-”，占一个半角格的长度，用于表示两词的组合关系。例如，“下图为压力－组成图”，或表示为“下图为压力-组成图”。

论文中常遇到比例的表示，在字母或数字间应用英文符号“∶”，而不应用汉字冒号“:”。如“a∶b”，“10∶1”。

3.2　MathType 的介绍、下载与安装

3.2.1　MathType 介绍

MathType 是一款专门用来编辑数学公式的公式编辑器，它里面包含有超过 1000 种的符号与模板，完全能够满足你的使用需要。特别是对于专业人士非常的方便。MathType 与 Microsoft Office 自带的公式编辑器相比，在编辑公式方面更有优势，利用它可以制作出非常专业的化学方程式。MathType 使用人群主要集中在学生、教师以及理科专业工作者，可应用于教育教学、科研机构、工程学、论文写作、期刊排版、编辑理科试卷等。并且可以支持手写输入公式，智能识别手写内容，轻触鼠标编写即可完成。

3.2.2　MathType 下载与安装

MathType 目前最新的版本为 6.9b，支持各版本的 Office 软件如 Microsoft Office 2016、Softmaker Office、WPS Office 等。

用户可以在 http://www.mathtype.cn/网站下载这款软件。

安装过程：安装软件前一定要将 office 软件关闭，否则安装时会弹出如下的提示窗口(图 3-2)，必须将 Word 或 ppt 等程序关闭后才能继续安装。

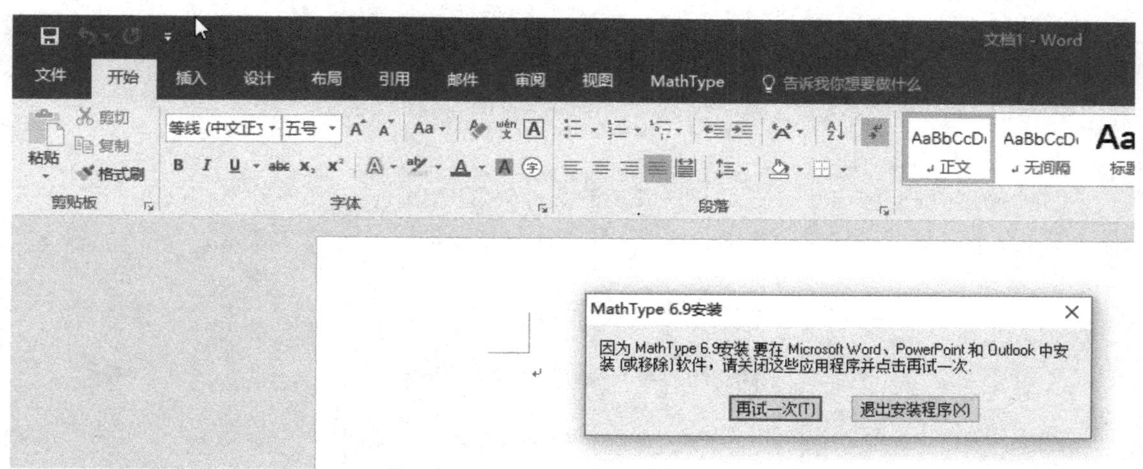

图 3-2　Office 软件未关闭时弹出的提示窗口

将安装程序下载后用鼠标右键单击，选择“以管理员身份运行”后会弹出如下安装窗口(图 3-3)，可以选择 30 天试用或者到网站中购买该软件。

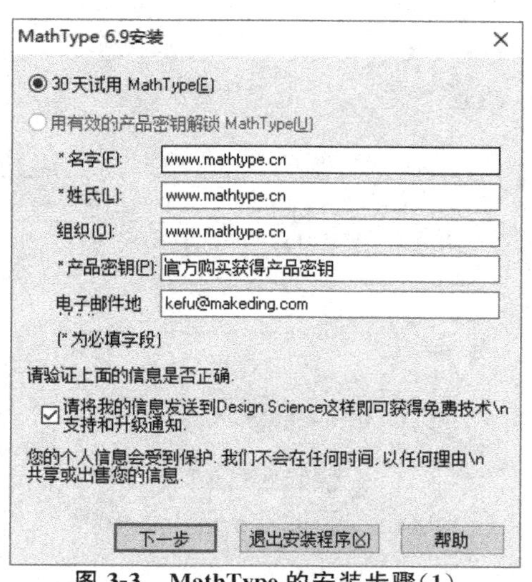

图 3-3　MathType 的安装步骤(1)

点击“下一步”，在弹出的窗口中可以选择软件的安装路径（图 3-4），默认的安装位置为“C:\Program Files\MathType”，用户可以根据个人习惯进行修改。

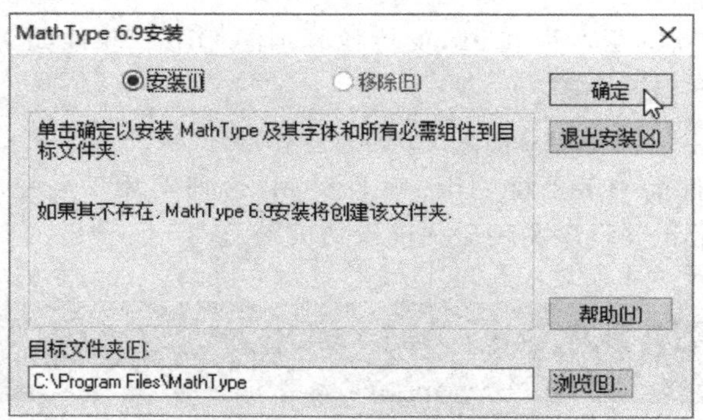

图 3-4　MathType 的安装步骤（2）

点击“确定”则会弹出窗口提示程序安装的文件夹“C:\Program Files\MathType 不存在”（图 3-5），点击以后就可以继续安装直至完成（图 3-6 至图 3-7）。

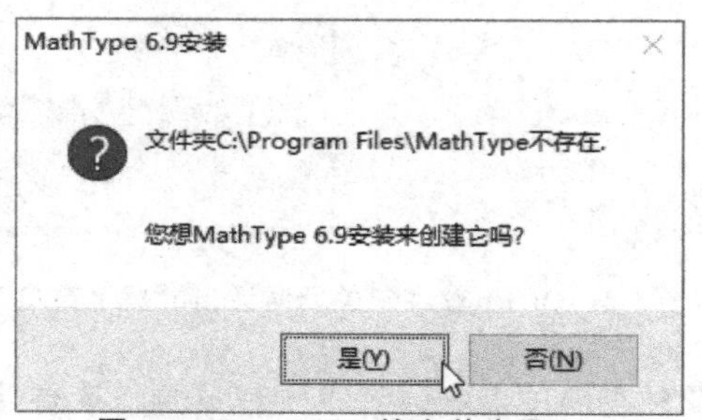

图 3-5　MathType 的安装步骤（3）

图 3-6　MathType 的安装步骤（4）

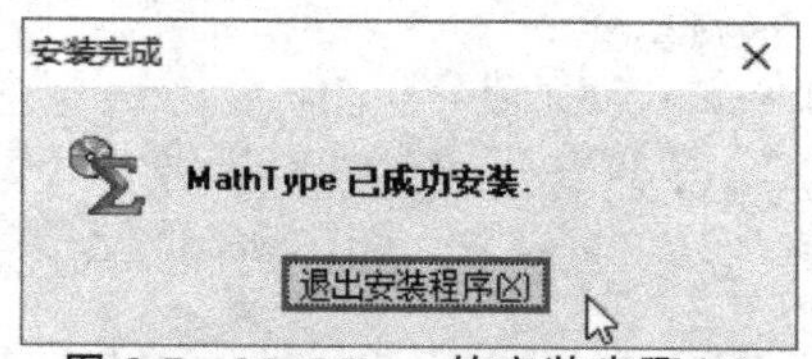

图 3-7　MathType 的安装步骤（5）

3.2.3　MathType 启动与界面介绍

1.启动方法

启动方法一：在 Windows 开始菜单中找到 MathType 以启动该软件(图 3-8)。

图 3-8　在开始菜单中启动 MathType

启动方法二：软件安装完成以后在 Word 和 ppt 中会创建 MathType 选项卡，如点击 ppt 中 MathType 按钮也同样会启动该程序(图 3-9)，这也是最经常使用的方法。

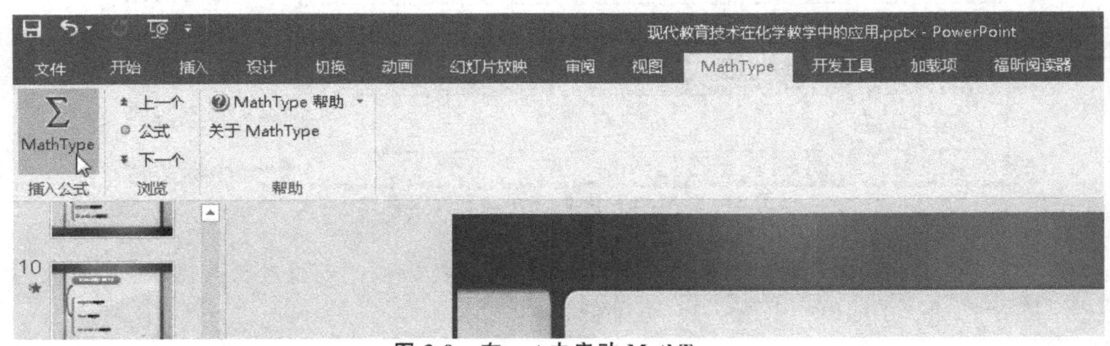

图 3-9　在 ppt 中启动 MathType

2.界面介绍

和其他类似 MathType 程序的窗口包含菜单栏、工具栏和编辑区三部分(图 3-10),可以一目了然地看到符号面板中的一些符号与模板(图 3-11),并且 MathType 是所见即所得的工作模式,只要点击 MathType 工具栏中的符号或者模板,就可以在编辑区域中看到这些符号和模板是否符合。

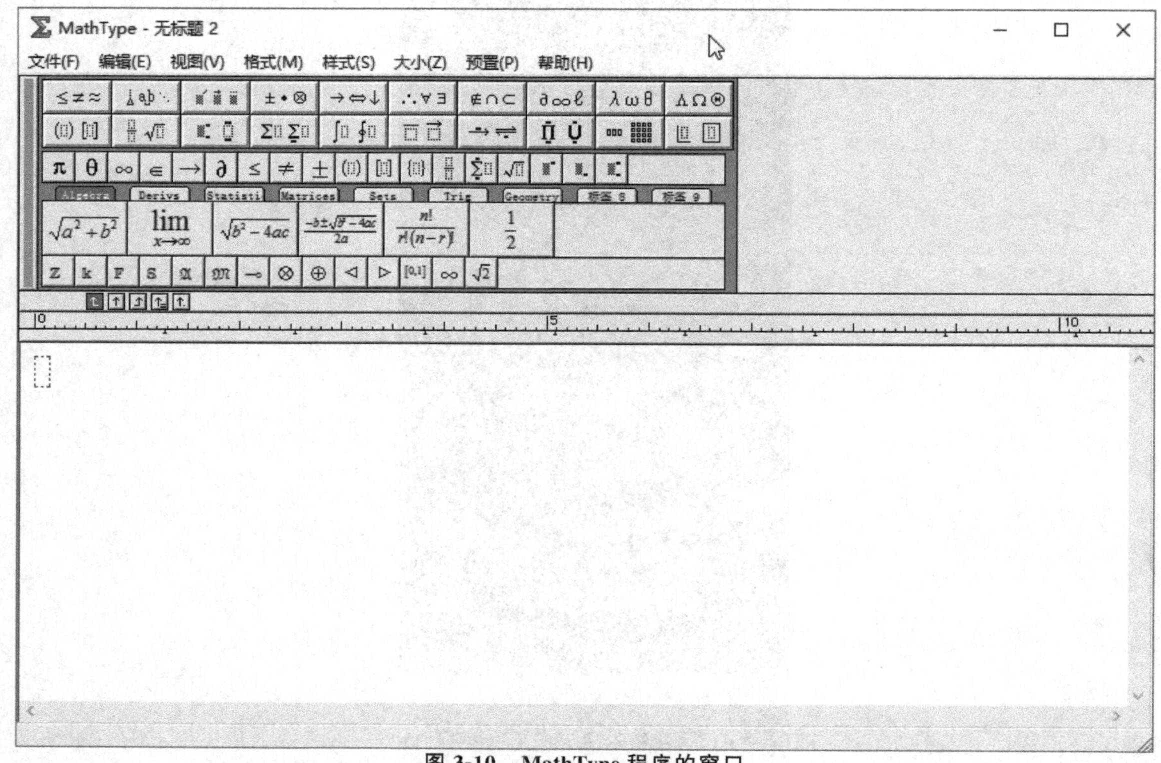

图 3-10 MathType 程序的窗口

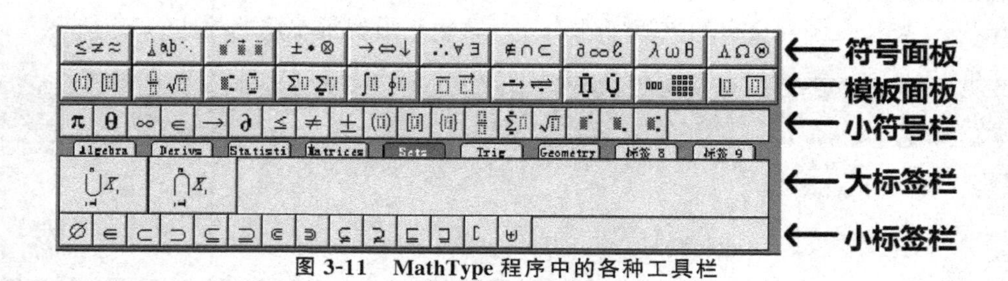

图 3-11 MathType 程序中的各种工具栏

其中工具栏包括“符号面板”(表 3-2),“模板面板”(表 3-3),“小符号栏”(图 3-12),“大标签栏”(图 3-13)和“小标签栏”(图 3-14)五部分。

表 3-2 MathType 中的符号面板

	类别	功能
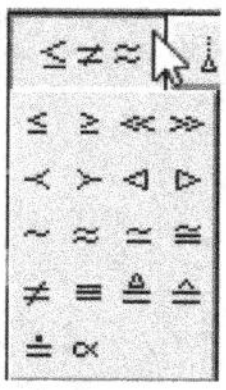	“关系符号”模板	包括≤,≥,≪,≫,≈,≅,≠,≡等多种关系符号,点击相应的符号就可以输入
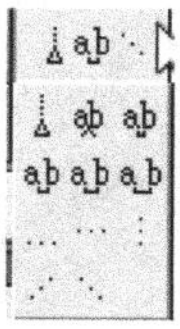	“间距和省略符号”模板	可以输入各种大小不同的间距和省略号
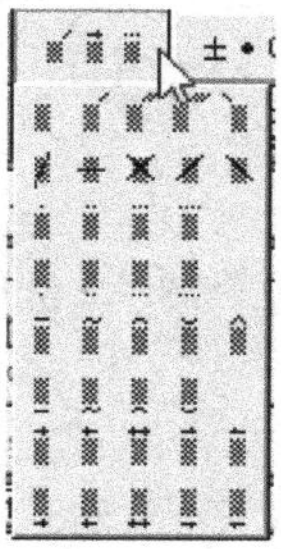	“修饰符号”模板	可以给选定的字符或数字的上方或下方加入各种修饰符号,如能加点或各种箭头
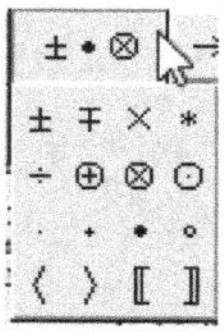	“运算符号”模板	可以输入各种运算符号,并且可以输入各种点号,如 $CuSO_4 \cdot 5H_2O$
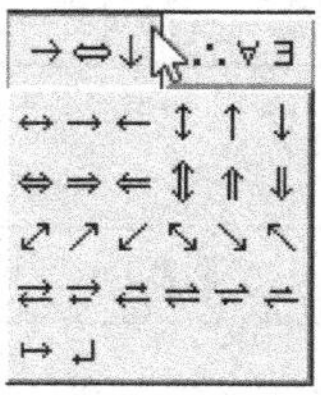	“箭头符号”模板	可以输入各种箭头,如化学方程式中的沉淀和气体符号
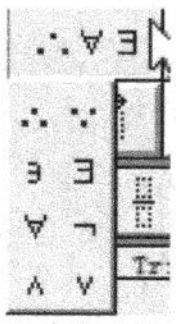	“逻辑符号”模板	可以输入∵、∴等各种逻辑符号

续表

	类别	功能
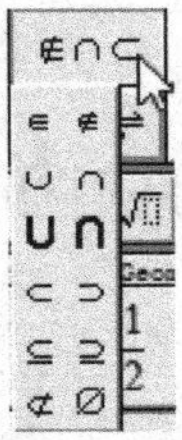	“集合论符号”模板	可以输入表示各种集合关系的符号
	“其他符号”模板	可以输入一些特殊符号，在化学专业中使用相对较少
	“希腊字母小写”模板	可以输入各种小写的希腊字母，在化学专业中使用较多
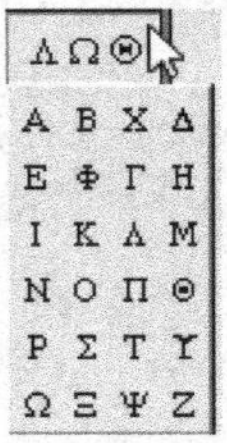	“希腊字母大写”模板	可以输入各种大写的希腊字母

表 3-3 MathType 中的模板面板

	类别	功能
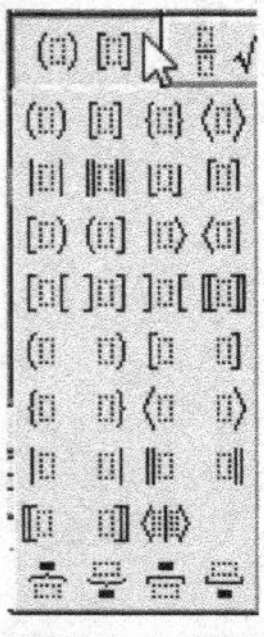	“围栏和括号”模板	可以输入各种围栏和括号，如：$\left[\begin{array}{ccc} & NH_3 & \\ & \downarrow & \\ NH_3 \rightarrow & Cu & \leftarrow NH_3 \\ & \uparrow & \\ & NH_3 & \end{array}\right]^{2+}$ 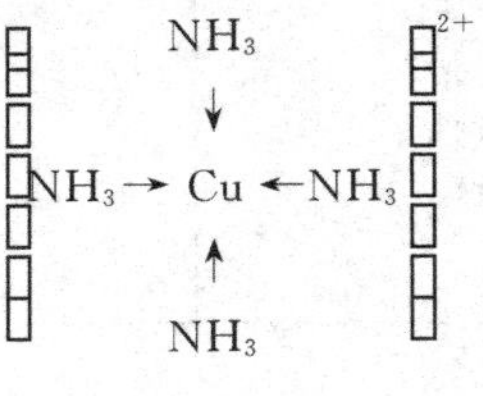

续表

	类别	功能
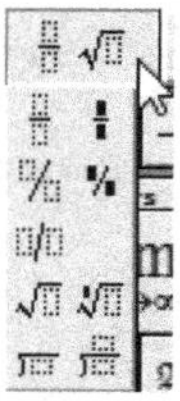	“分式和根式”模板	可以输入各种分式和根式，如：$S=\sqrt[m+n]{\frac{K_{sp}^{\ominus}}{m^m\cdot n^n}}$
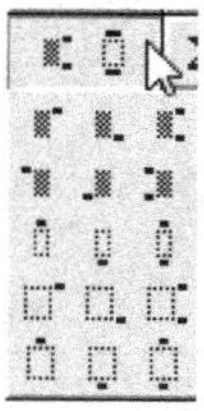	“上标和下标”模板	可以输入各种上标和下标，如：SO_4^{2-}　${}_{6}^{12}C$
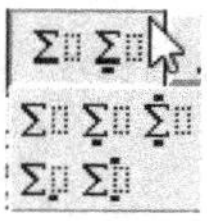	“求和”模板	可以输入各种类型的求和符号，如：$\sum\nu_i\ \Delta_f G_m^{\ominus}$(生成物)
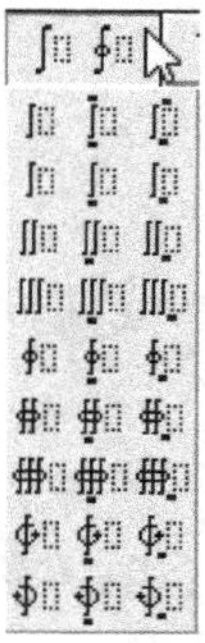	“积分”模板	可以输入各类积分符号
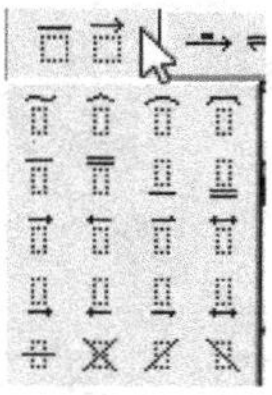	“顶线和底线”模板	可以为字符或数字加入顶线或底线效果，如：$4HNO_3\xlongequal{\Delta}4NO_2\uparrow+O_2\uparrow+2H_2O$
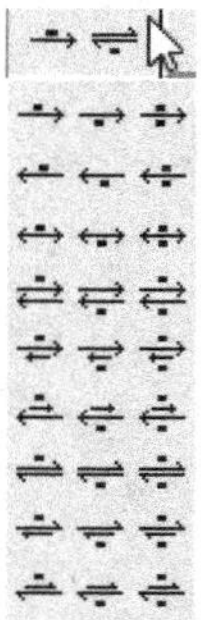	“箭头”模板	可以输入各种类型的箭头符号，如：$aA+bB\rightleftharpoons gG+hH$

续表

	类别	功能
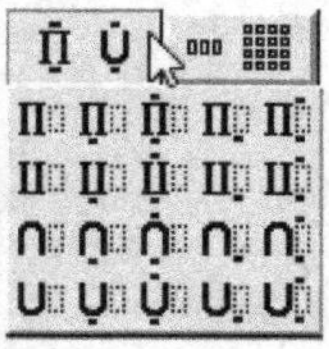	“乘积和集合论”模板	可以输入各种类型的乘积和集合论符号
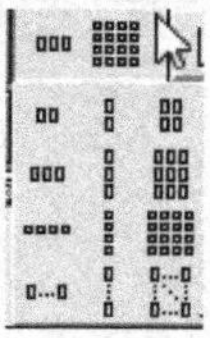	“矩阵”模板	可以输入数学中的矩阵
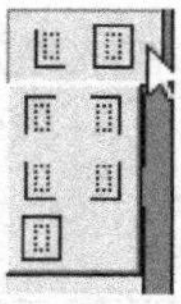	“框模板”模板	可以为字符或数字加上连框效果

“小符号栏”：

这里主要包括一些常用的符号或模板，也可以自定义为其他符号。

图 3-12　MathType 中的小符号栏

“大标签栏”：

这里主要包括一些数学中常用的公式，也可以将其自定义化学相关的工具栏，方法将在后面进行介绍。

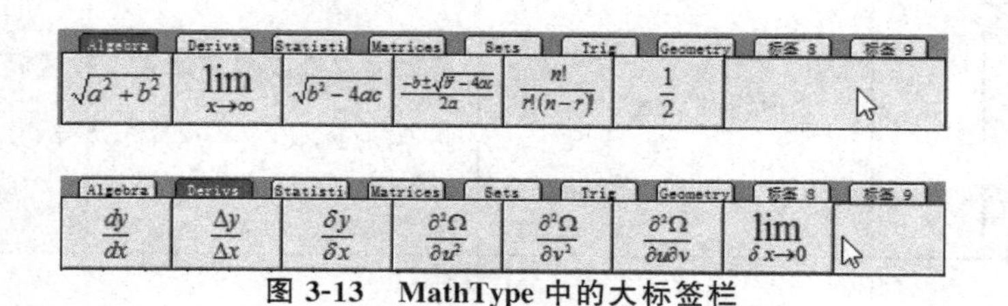

图 3-13　MathType 中的大标签栏

“小标签栏”：

这里主要包括一些常用的数学符号，也可以自定义为其他符号。

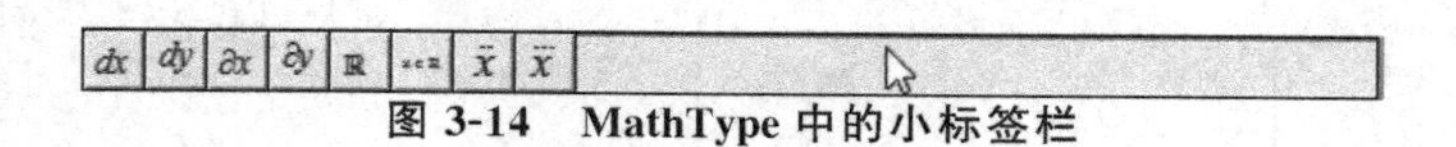

图 3-14　MathType 中的小标签栏

3.2.4　MathType 的相关设置

如前所述化学分子式要使用正体，而物理量要使用斜体英文字母或斜体希腊字母表示，而在数学表达式中，按规定函数、数学符号应用正体表示。例如，在公式编辑器中输入水的分子式 H_2O，会发现其为斜体，可以通过以下的方法进行修改：

方法一：选择 H_2O 以后执行“样式/文本”命令（图 3-15，或者执行“样式/函数”），就能实现由数学样式到文本样式 $\mathrm{H_2O}$ 的转变。

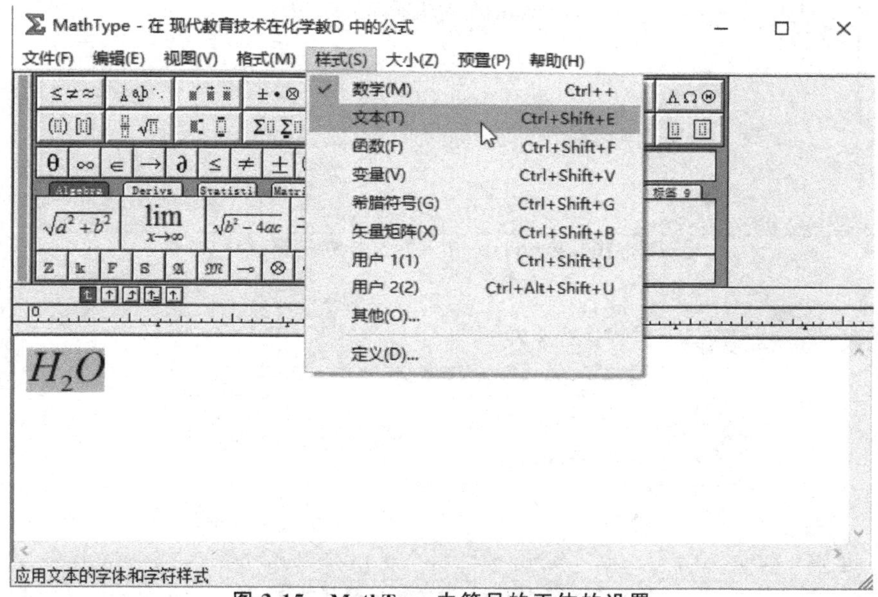

图 3-15　MathType 中符号的正体的设置

方法二：选择 H_2O 以后执行“样式/定义”命令（图 3-16），在弹出的“定义样式”窗口中的“斜体变量”选项取消即可（图 3-17）。

另外还可以点击“定义窗口”的高级选项（图 3-18），会有更多的设置选项，可以对文本、函数功能、变量、希腊字母等类型进行详细的设置，可以改变这些类型的字体，以及是否采用粗体或斜体效果。在公式编辑器中，小写希腊字母常默认定义为斜体，作为物理量符号方便，而大写希腊字母默认定义为正体，作为数学符号方便。另外还可以出“定义窗口”中的“出厂设置”按钮将这些类型的选项恢复到软件安装时的默认设置。

但有时需要在一个式中同时出现正体、斜体，例如，将 $\mathrm{H_2O}$ 中的 H 原子需要加粗，则要用鼠标选择 H 原子符号，执行“样式/其他”命令（图 3-19），在弹出的“其他样式”窗口选择“粗体”选项（图 3-20），点击确定即可实现。

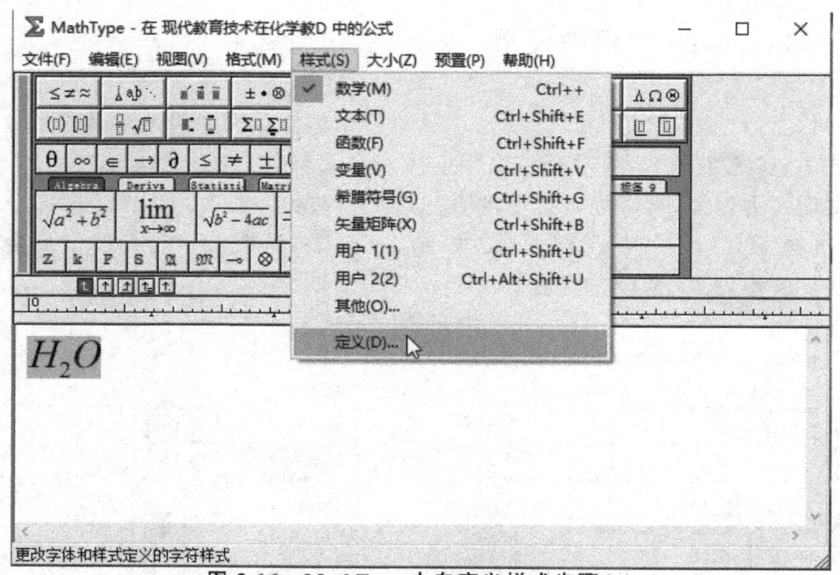

图 3-16　MathType 中自定义样式步骤(1)

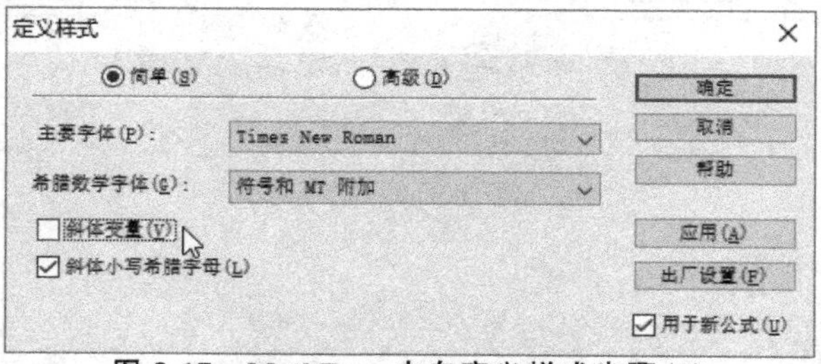

图 3-17　MathType 中自定义样式步骤(2)

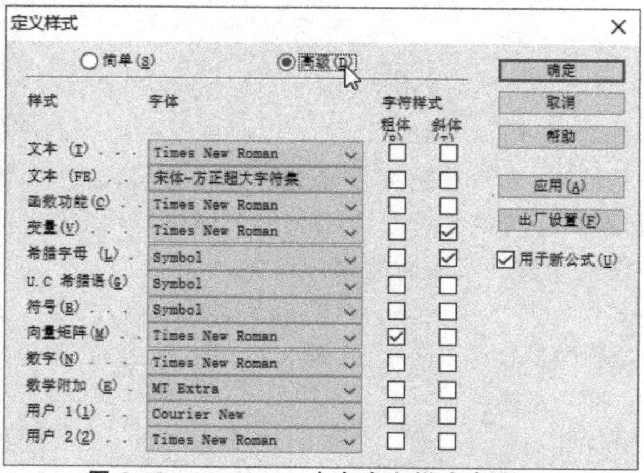

图 3-18　MathType 中自定义样式步骤(3)

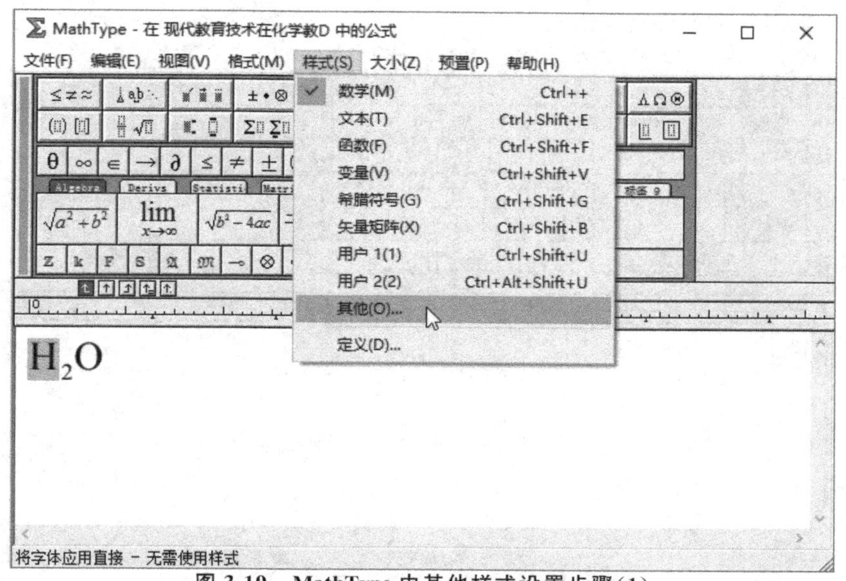

图 3-19　MathType 中其他样式设置步骤(1)

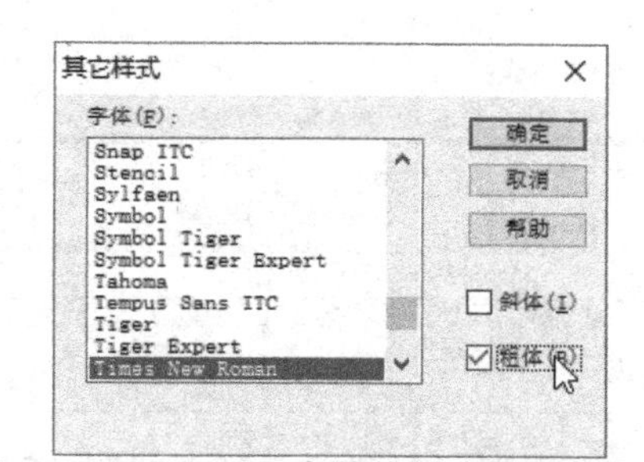

图 3-20　MathType 中其他样式设置步骤(2)

3.2.5　采用 MathType 编辑化学符号和方程式

1.实例 1

Fe^{3+}、SO_4^{2-}、${}^{12}_{6}C$ 等符号的输入：

Fe^{3+}：执行“样式/文本”命令(或者执行“样式/函数”)命令后接着输入 Fe,再执行“上标和下标”模板中的右侧上标命令(图 3-21),接着在右上标的输入框中输入 3+即可(图 3-22)。

SO_4^{2-}：执行“样式/文本”命令(或者执行“样式/函数”)命令后接着输入 SO(图 3-23),然后执行“上标和下标”模板中的同时右侧上标下标命令,接着在下标输入框中输入 4。然后用鼠标点击上标输入框或者用向上箭头(↑)切换至上标输入框并输入 2－,即可实现(图 3-24)。

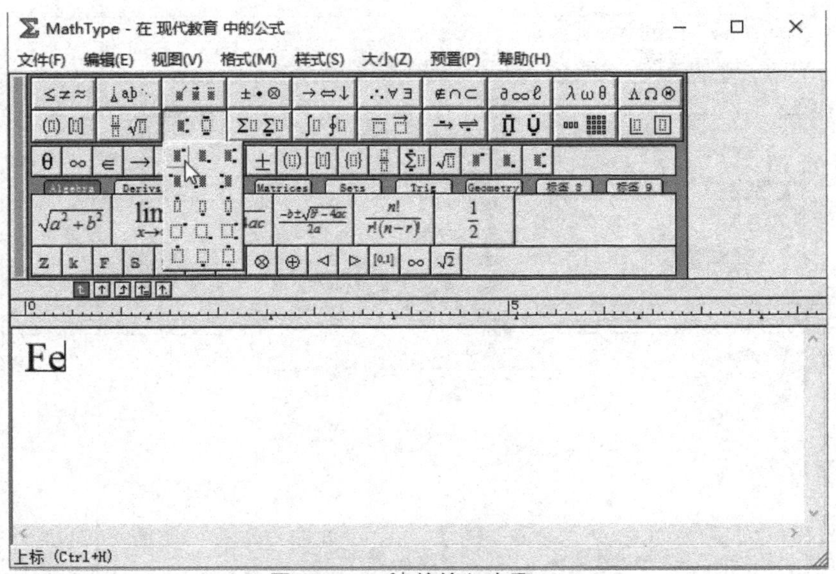

图 3-21　Fe^{3+} 的输入步骤(1)

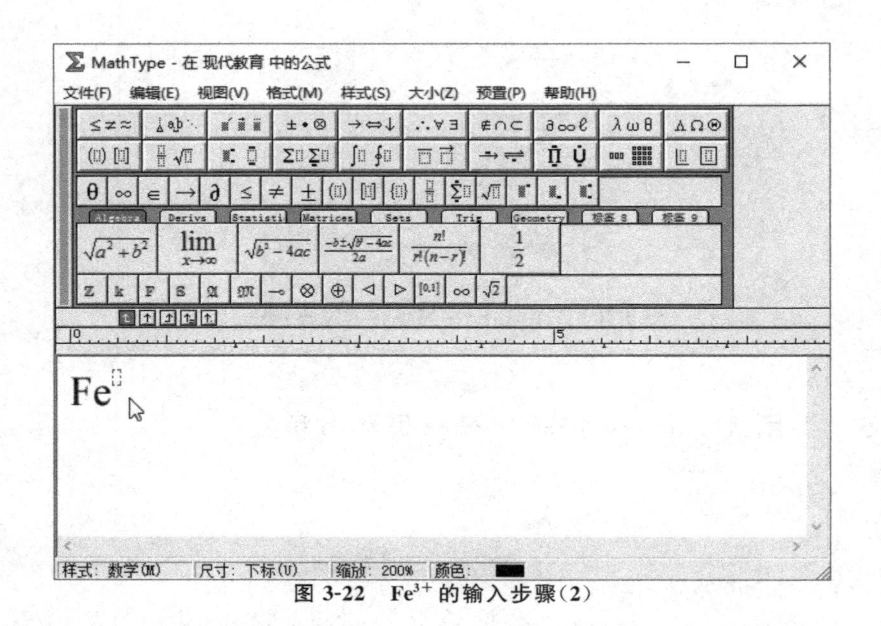

图 3-22　Fe^{3+} 的输入步骤(2)

$^{12}_{6}C$：执行“样式/文本”命令(或者执行“样式/函数”)命令后，执行“上标和下标”模板中的同时左侧上标下标命令(图 3-25)，接着在下标输入框中输入 6。然后用鼠标点击上标输入框或者用向上箭头(↑)切换至上标输入框并输入 12(图 3-26)，然后用鼠标单击最右侧或用向右箭头(→)切换至正常输入状态后输入大写字母 C 即可(图 3-27)。

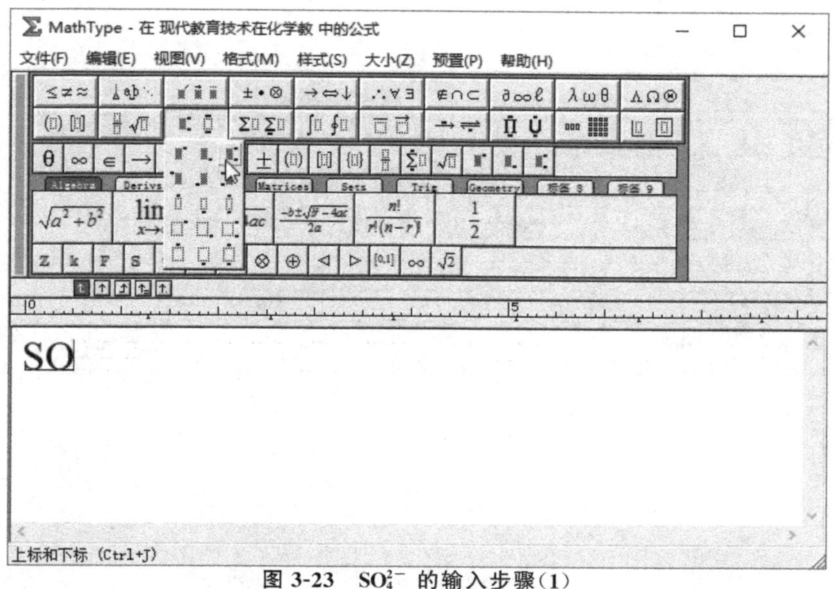

图 3-23 SO_4^{2-} 的输入步骤(1)

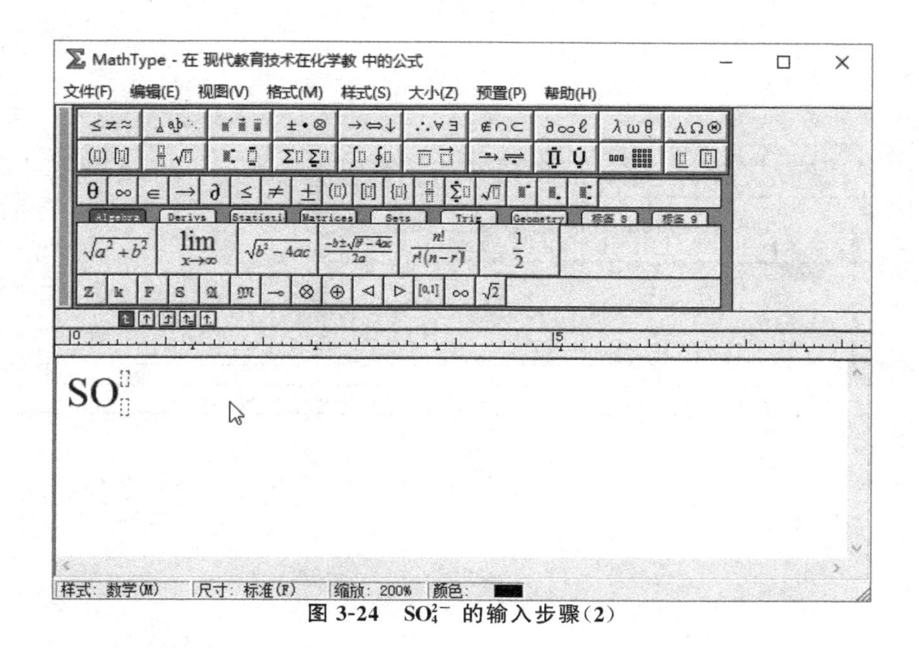

图 3-24 SO_4^{2-} 的输入步骤(2)

提示:在输入过程中可以采用鼠标或箭头来改变输入位置,并可以通过光标的大小来判断当前的输入位置。

2.实例 2

$4HNO_3 \xlongequal[光或热]{\Delta} 4NO_2\uparrow + O_2\uparrow + 2H_2O$ 的输入:

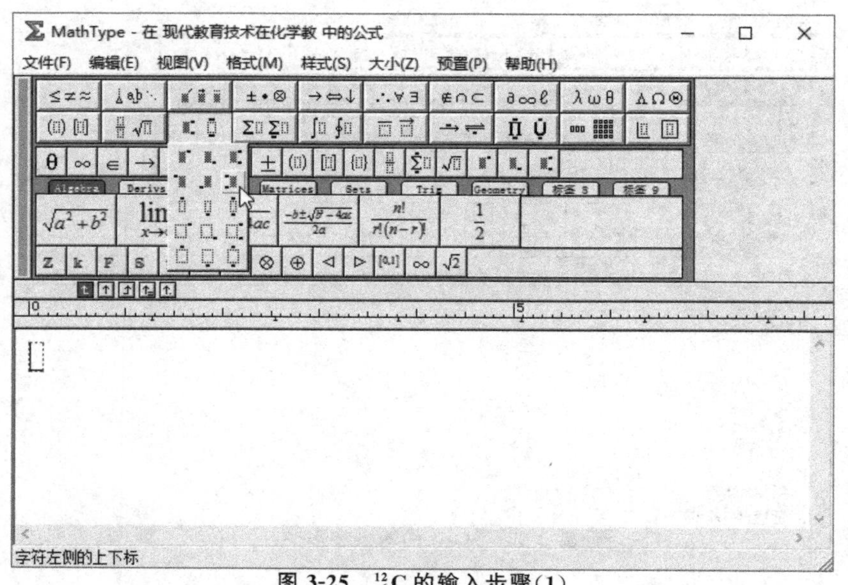

图 3-25　$^{12}_{6}$C 的输入步骤(1)

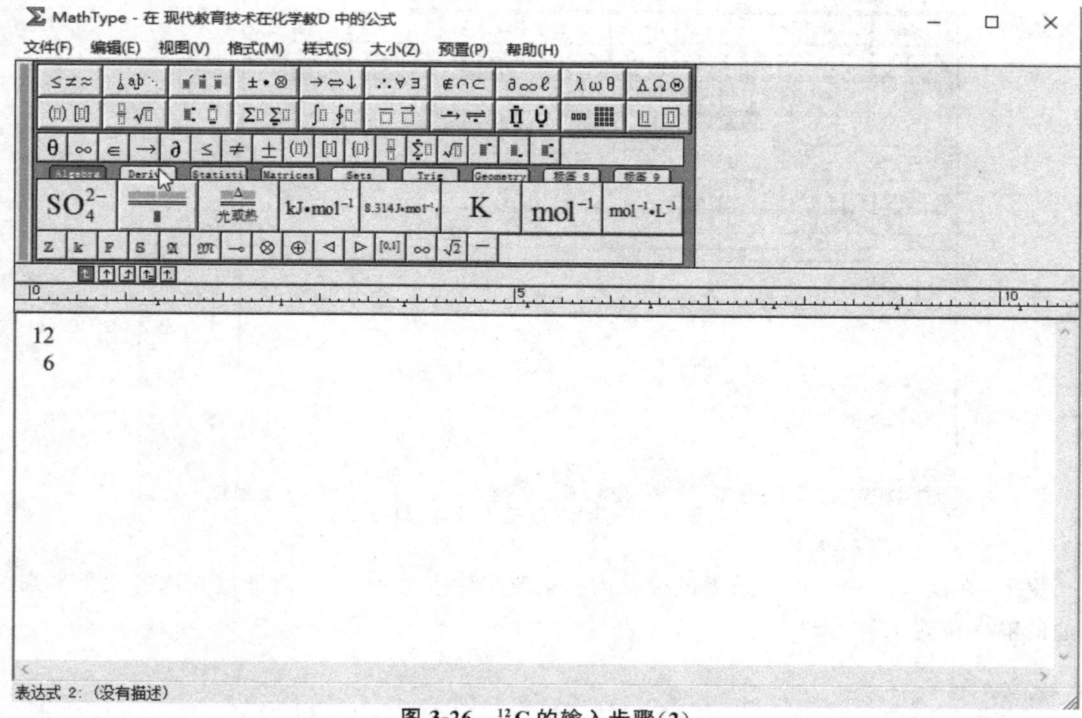

图 3-26　$^{12}_{6}$C 的输入步骤(2)

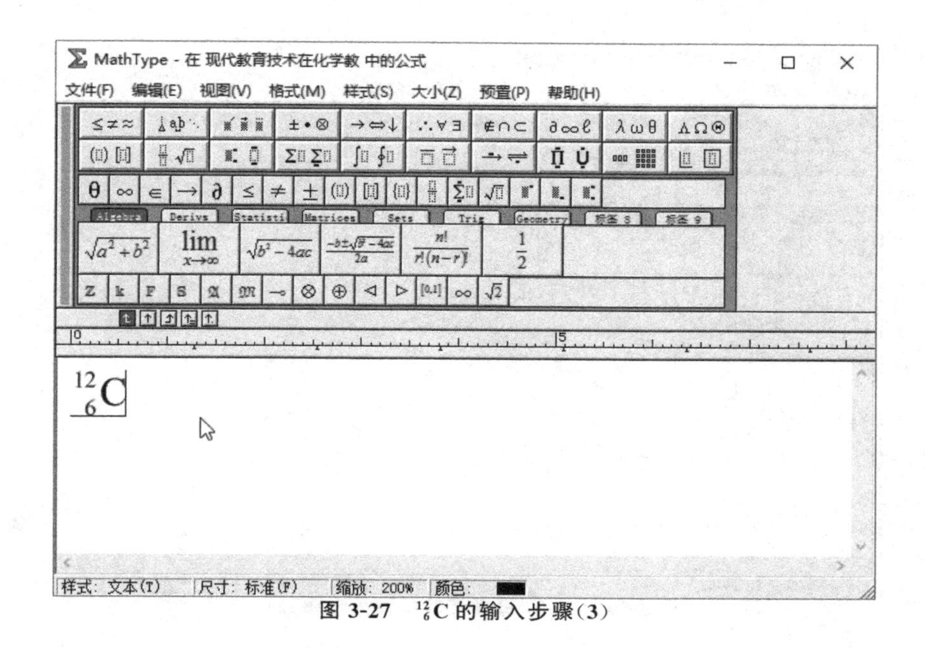

图 3-27 $^{12}_{6}$C 的输入步骤(3)

采用前面类似的方法输入 $4HNO_3$(图 3-28),但是在公式编辑器中没有化学方程式中要使用的长等号模板,但是可以通过以下的方法实现。

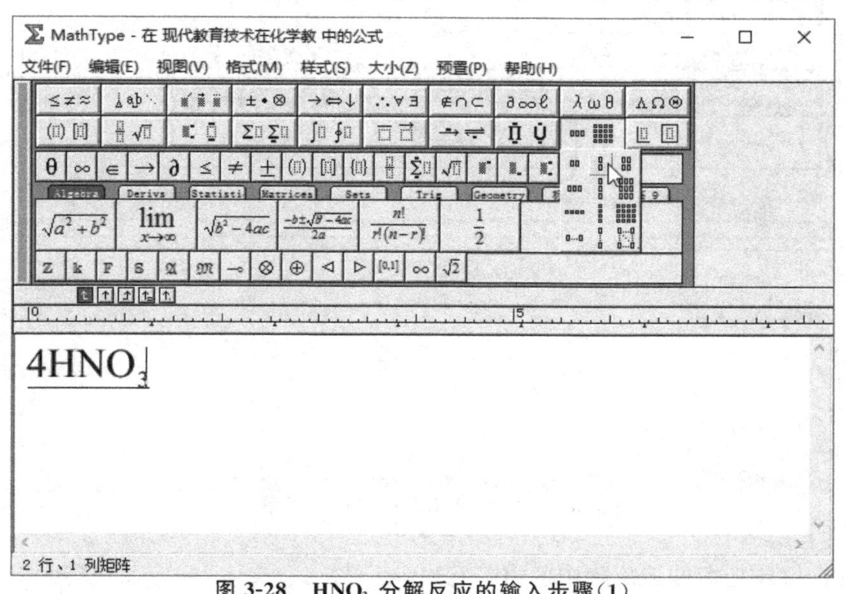

图 3-28 HNO_3 分解反应的输入步骤(1)

用鼠标点击“矩阵”模板中的两行一列矩阵(图 3-29),并在光标处于矩阵中的第一行时执行“顶线和底线”模板中的双底线模板命令(图 3-30)。

下面要做的是将此双底线进行延长,但是采用输入空格的办法却不能使用双底线变长。有两种方法可以实现较长的双底线:

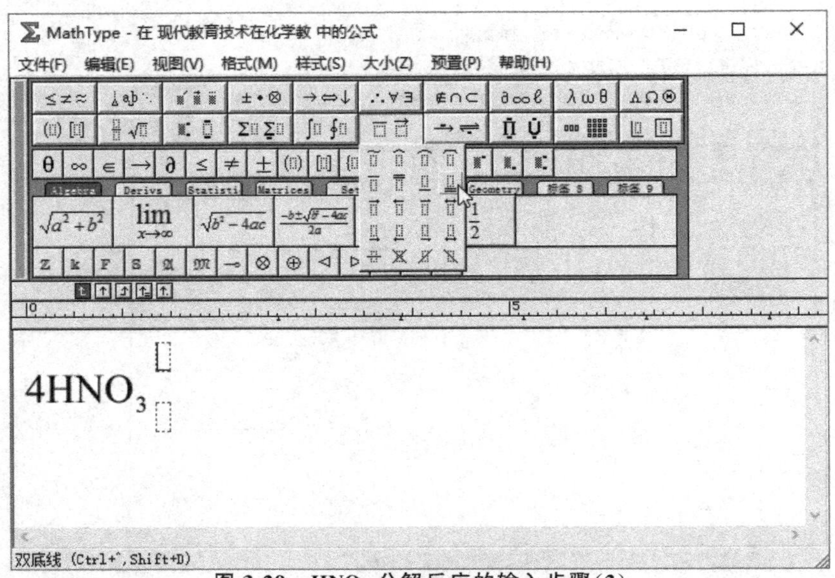

图 3-29 HNO$_3$ 分解反应的输入步骤(2)

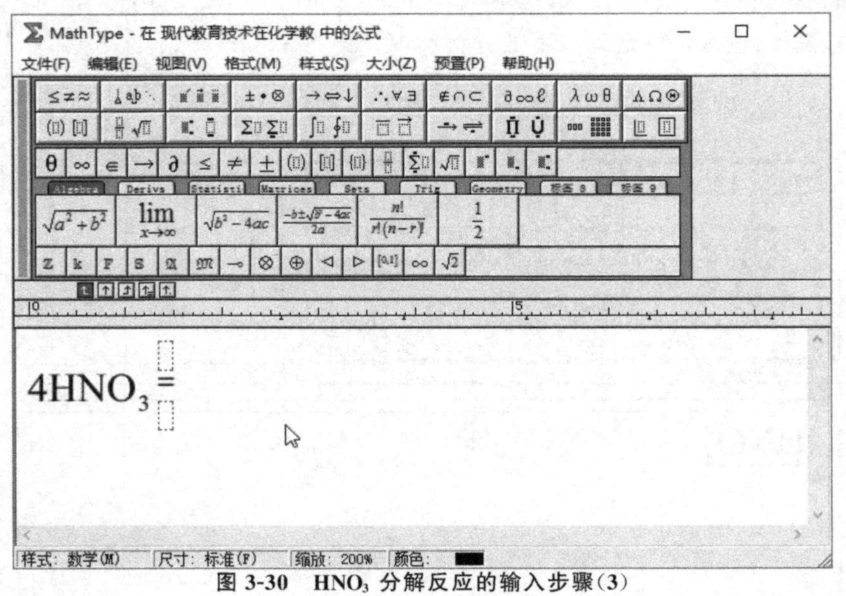

图 3-30 HNO$_3$ 分解反应的输入步骤(3)

方法一:在保证光标处于矩阵中的第一行时执行“样式/文本”命令后,就可以使用空格键来输入 3～4 个空格(图 3-31),再输入“希腊字母大写”模板中的字母 Δ,并为了使用方程式中的长等号对称还有用空格键输入 3～4 个空格。之后用鼠标单击矩阵中的第二行或用向下箭头(↓)移动到矩阵中的第二行,并输入汉字“光或热”(图 3-32)。

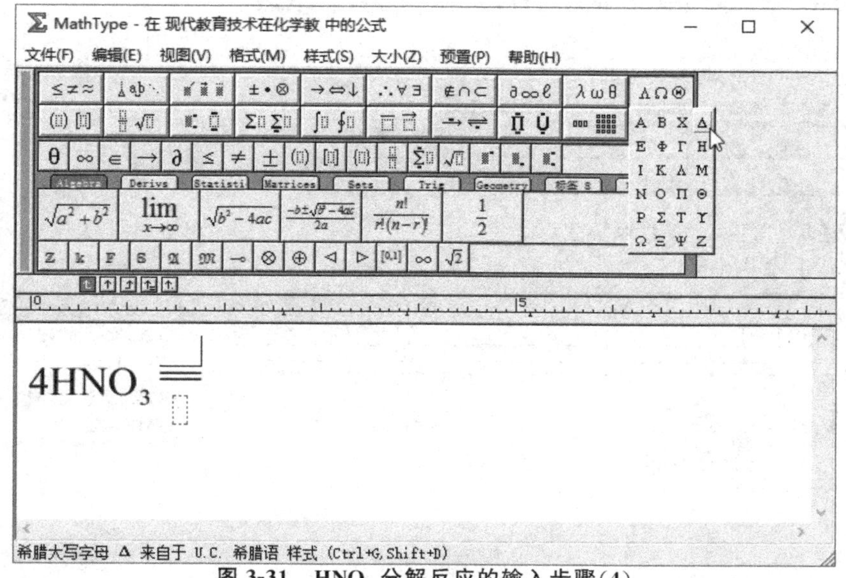

图 3-31　HNO_3 分解反应的输入步骤(4)

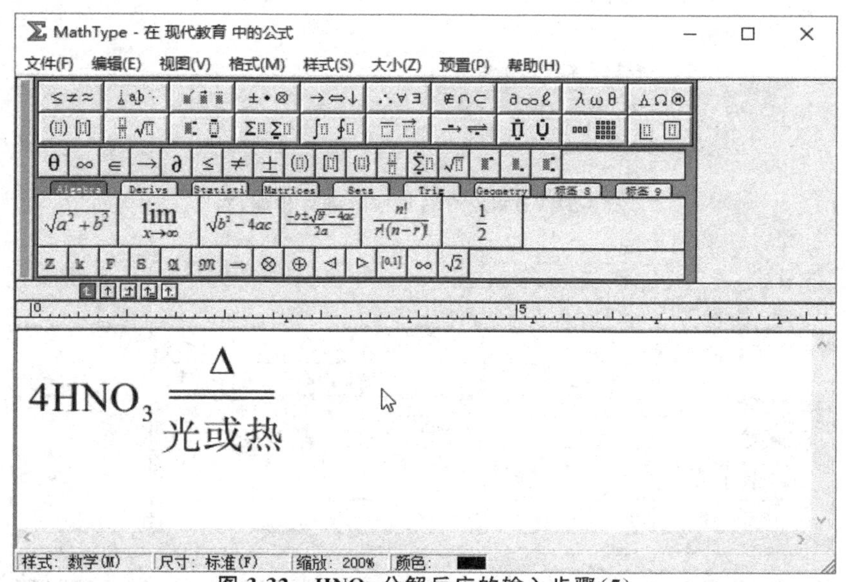

图 3-32　HNO_3 分解反应的输入步骤(5)

提示：有时在公式编辑器中输入汉字有些汉字无法输入，解决的办法为执行"预置/公式预置/从出厂设置加载"(图 3-33)，在弹出的窗口中点击确定按钮即可(图 3-34)。之后用鼠标单击矩阵中的第二行或用向下箭头(↓)移动到矩阵中的第二行，并输入汉字"光或热"。

方法二：在保证光标处于矩阵中的第一行时，插入"间距和省略符号"模板中的一个全长间距(图 3-35)，再输入"希腊字母大写"模板中的字母 Δ，并且再次插入"间距和省略符号"模板中的一个全长间距，这样化学方程式中的长等号保持对称。之后用鼠标单击矩阵中的第二行或用向下箭头(↓)移动到矩阵中的第二行,并输入汉字“光或热”。

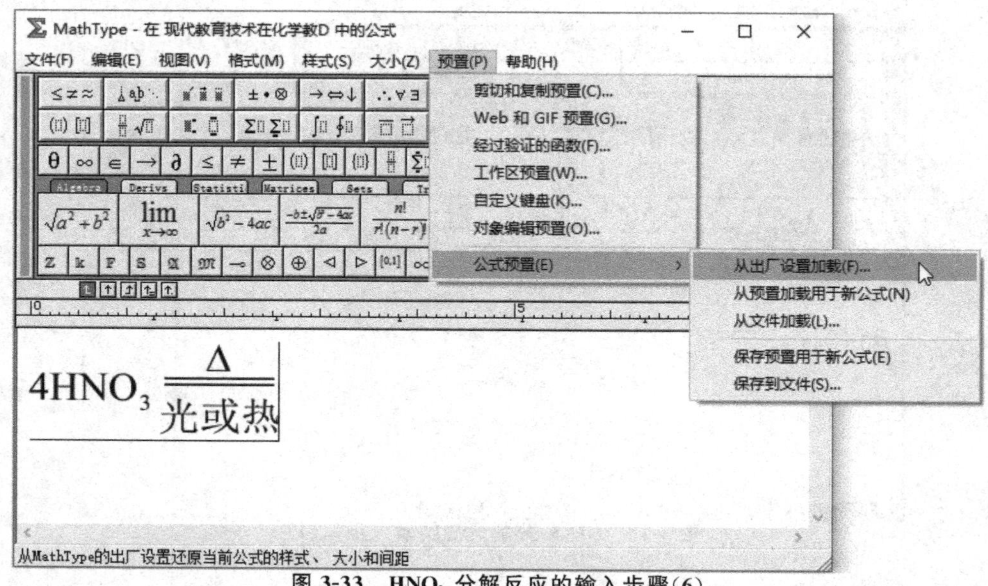

图 3-33　HNO_3 分解反应的输入步骤(6)

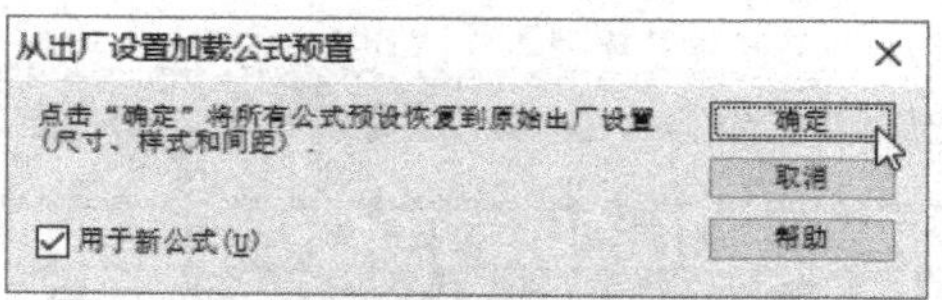

图 3-34　HNO_3 分解反应的输入步骤(7)

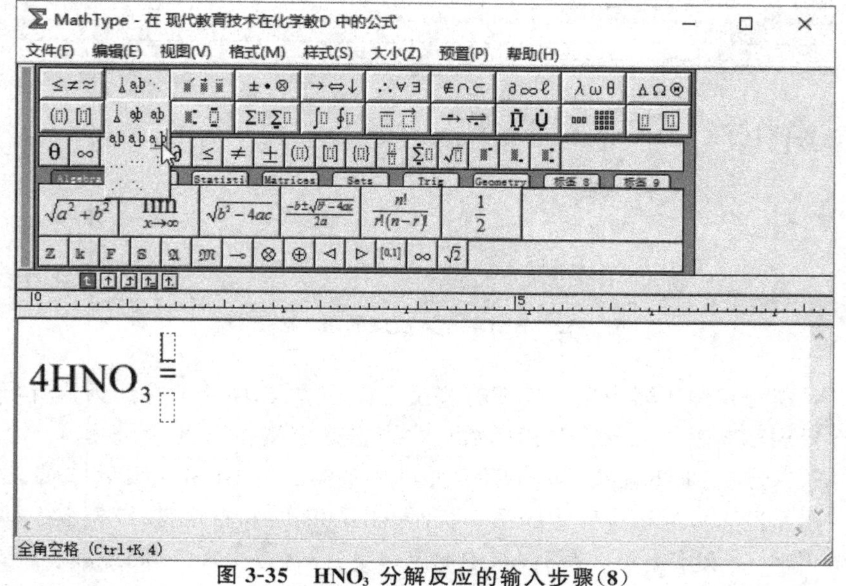

图 3-35　HNO_3 分解反应的输入步骤(8)

"间距和省略符号"模板中的各按钮的功能介绍(图 3-36)。

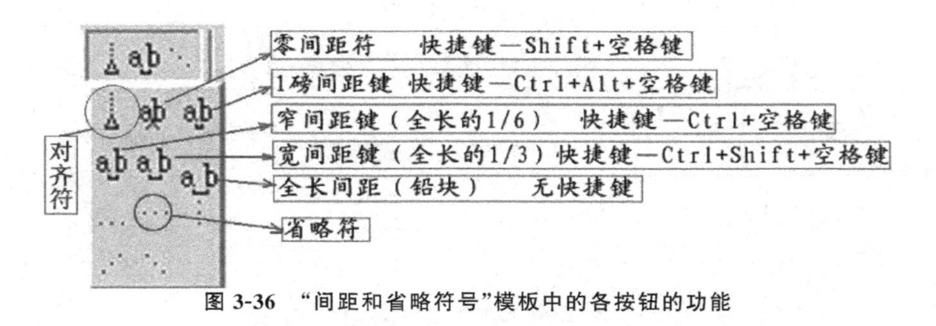

图 3-36　"间距和省略符号"模板中的各按钮的功能

采用以上两种方法输入该方程式的等号信息以后，再输入：$4NO_2\uparrow+O_2\uparrow+2H_2O$。其中的气体符号在"箭头符号"模板中可以找到(图 3-37)。

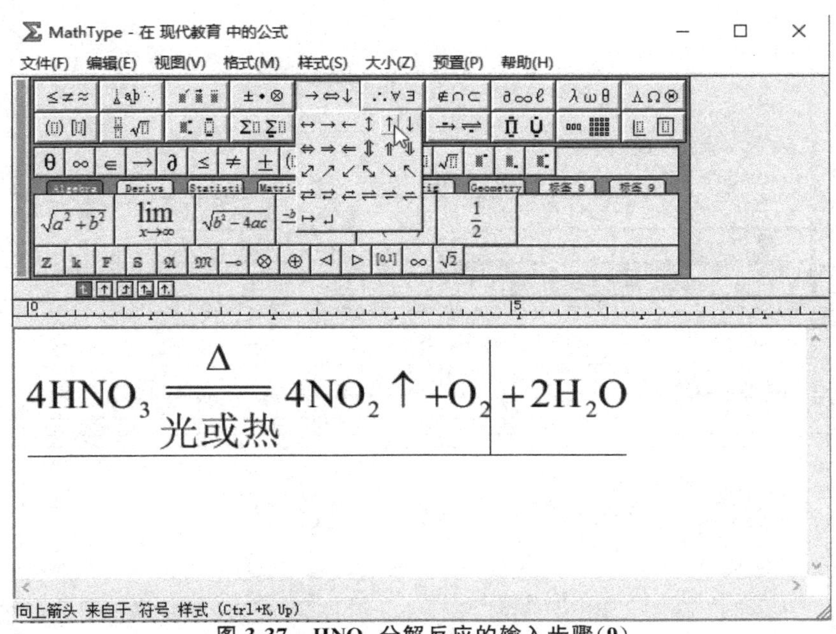

图 3-37　HNO_3 分解反应的输入步骤(9)

提示：有些同学开始没有执行"样式/文本"命令，而是直接输入包含斜体化学物质的方程式：

$$4HNO_3 \xlongequal[\text{光或热}]{\Delta} 4NO_2\uparrow+O_2\uparrow+2H_2O$$

之后用鼠标选择全部的内容，执行"样式/文本"命令以后(图 3-38)，会发现虽然物质的化学不是斜体了，但是一些气体符号却变成了乱码(图 3-39)。所以建议在输入化学符号或方程式时首先就要执行"样式/文本"命令。

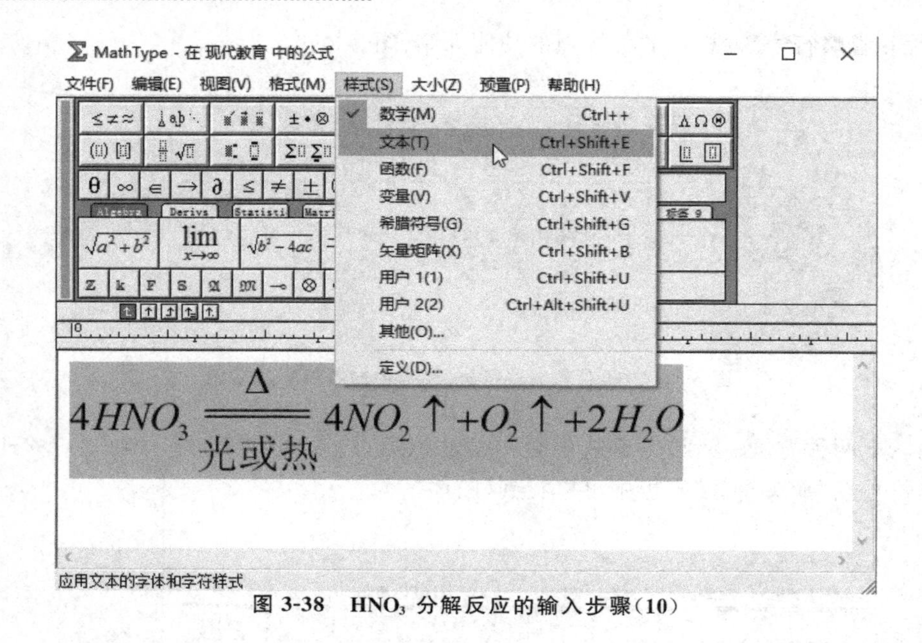

图 3-38　HNO_3 分解反应的输入步骤(10)

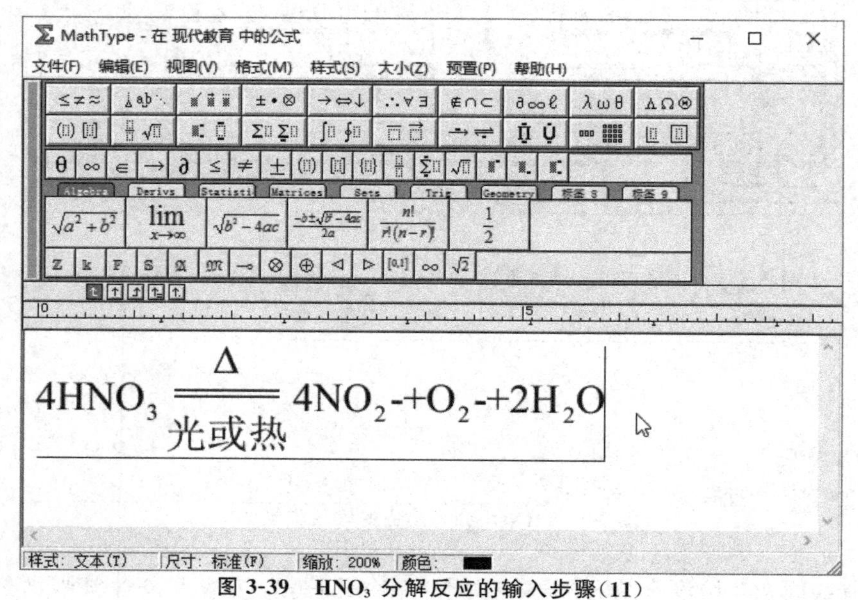

图 3-39　HNO_3 分解反应的输入步骤(11)

3.实例 3

$$Cu^{2+} + 4NH_3 = \left[\begin{array}{c} NH_3 \\ \downarrow \\ NH_3 \rightarrow Cu \leftarrow NH_3 \\ \uparrow \\ NH_3 \end{array}\right]^{2+}$$ 的输入：

执行“样式/文本”命令(或者执行“样式/函数”)后接着输入 Cu2＋＋4NH3，之后用鼠标选择 2＋，再执行“上标和下标”模板中的同时右侧上标命令(图 3-40)，类似的选择数字 3，再执行“上标和下标”模板中的同时右侧下标命令。

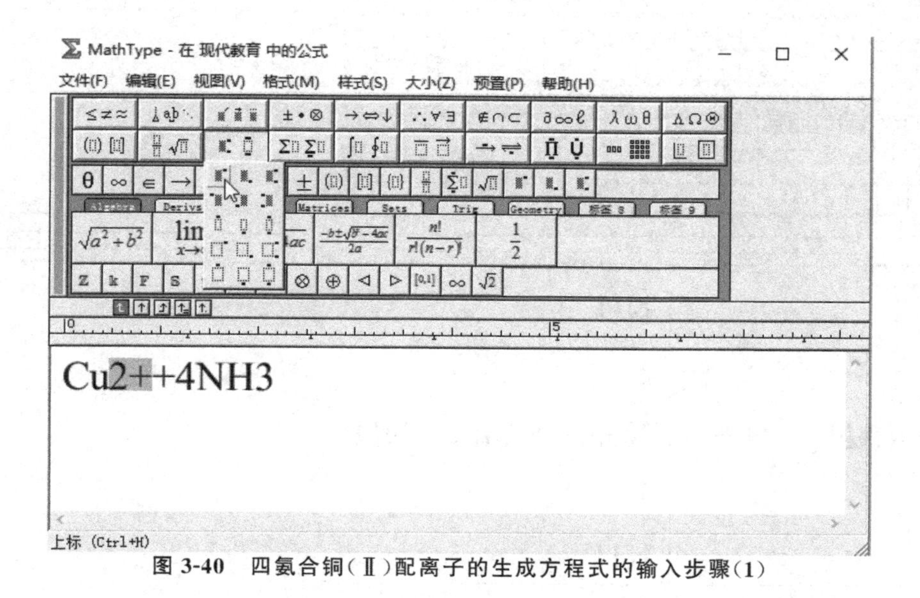

图 3-40　四氨合铜(Ⅱ)配离子的生成方程式的输入步骤(1)

提示：此种方法特别适用化学方程式中有较多的上标或下标的情况，可以明显地提高输入速度。

接着采用上例当中输入化学方程式中长等号的方法输入此方程式中的长等号，再插入“围栏和括号”模板中的方括号(图 3-41)，并且再次执行“样式/文本”命令。并在方括号中输入如

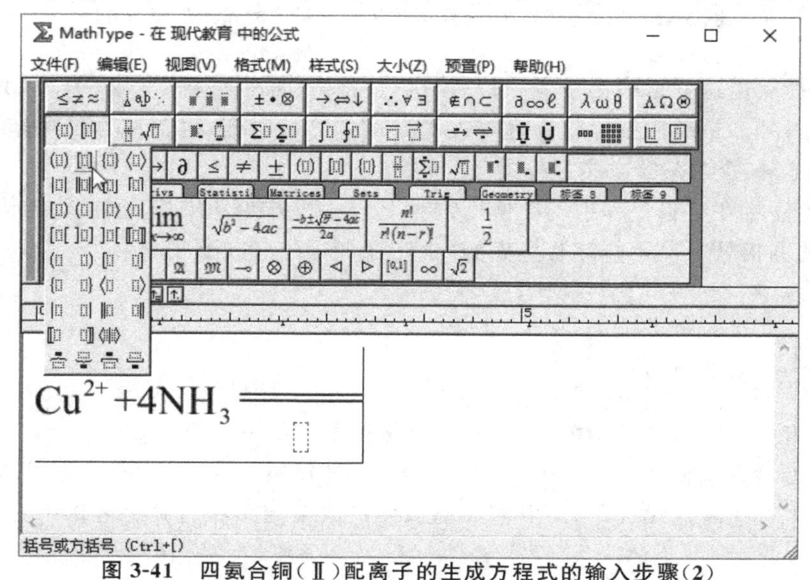

图 3-41　四氨合铜(Ⅱ)配离子的生成方程式的输入步骤(2)

图中的符号(图 3-42,提示:可以通过回车键进行换行)。

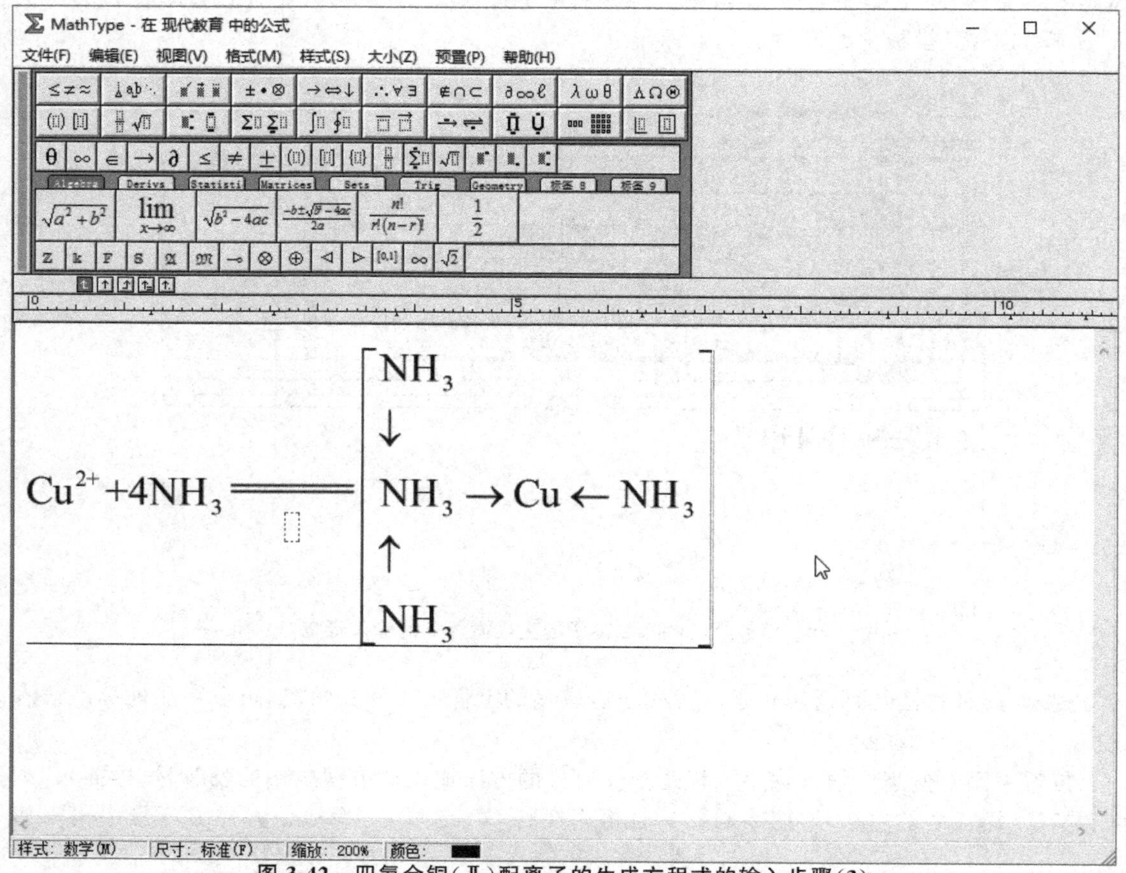

图 3-42　四氨合铜(Ⅱ)配离子的生成方程式的输入步骤(3)

之后用鼠标点击这五行中的任意一行后,执行“格式/居中对齐”命令(图 3-43),即可实现这五行的居中对齐。最后用鼠标将光标定位于方程式的最右侧,再为此方括号增加一个右侧的上标并输入 2+,最终完成这些方程式(图 3-44)。

另外,还要注意在编辑过程中不要使用键盘上普通的方括号“[]”,否则会出现如下图的效果,说明普通的方括号“[]”不能随着里面的内容的增多而变大(图 3-45)。

4.实例 4

$IO_3^- \frac{+1.13}{\qquad} HIO \frac{+1.44}{\qquad} I_2$ 的输入:

此为碘元素的电极电势图中的一部分,可以按照如下的方法进行输入。

先按照前面的方法输入 IO_3^-(图 3-46),再在“分式和根式”模板中输入分式模板,并用鼠标将光标定位于分子项后输入+1.13(图 3-47),并可以采用同样的方法将其他部分完成。

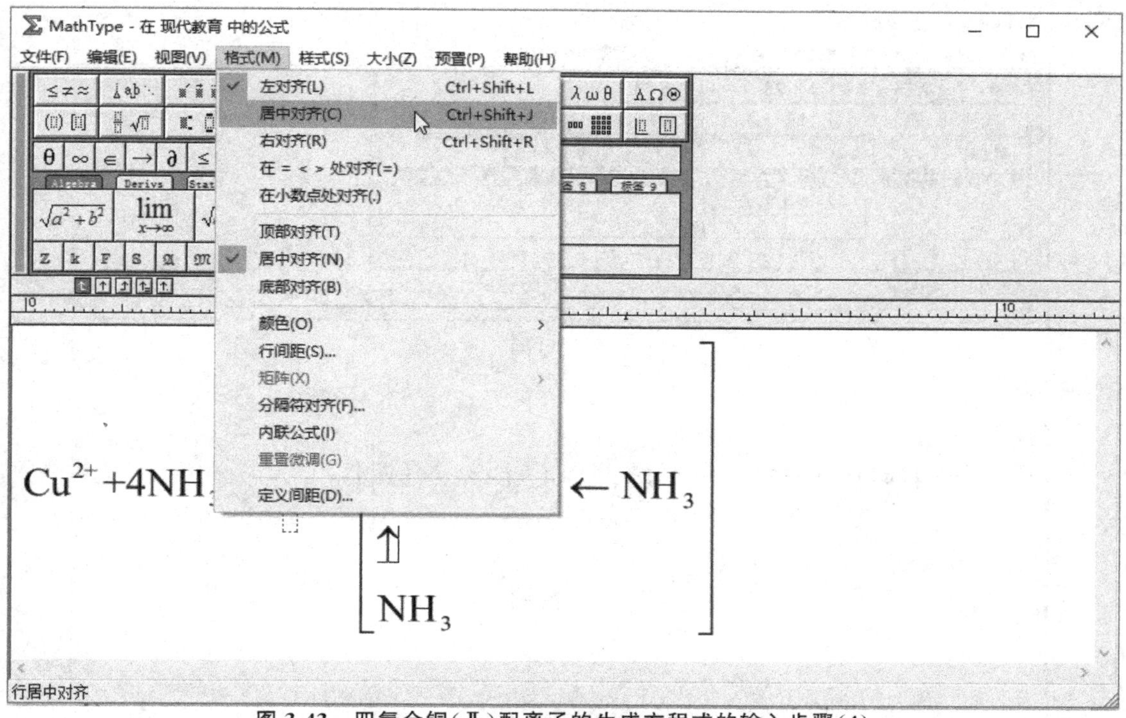

图 3-43　四氨合铜(Ⅱ)配离子的生成方程式的输入步骤(4)

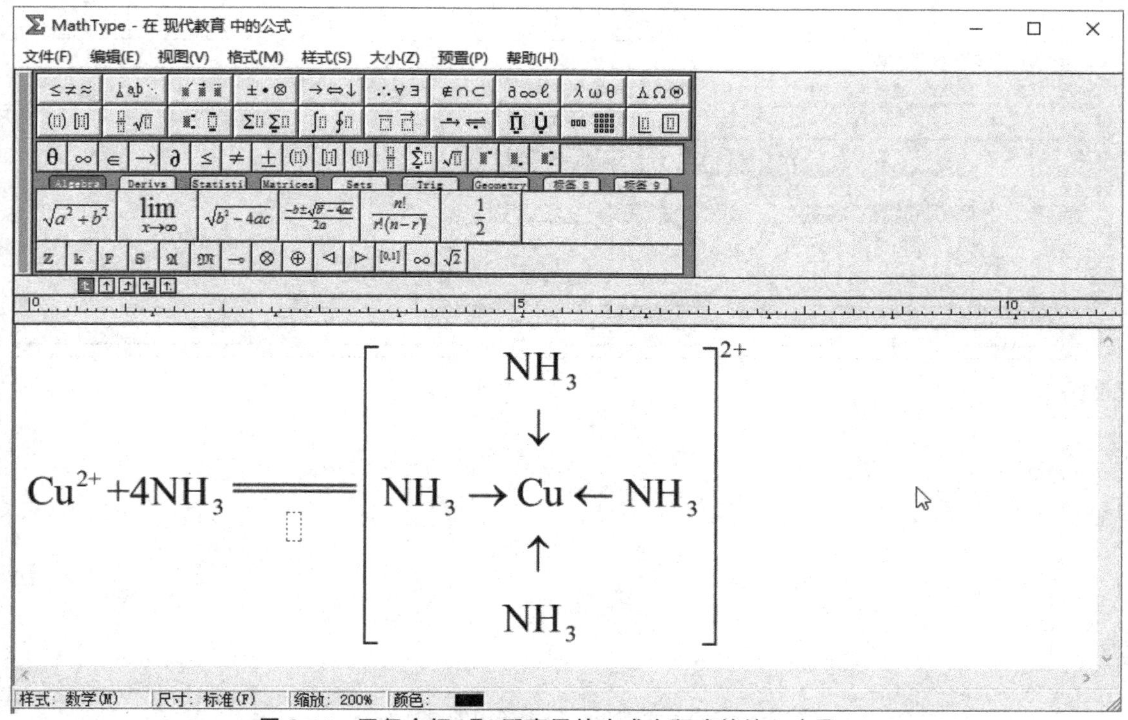

图 3-44　四氨合铜(Ⅱ)配离子的生成方程式的输入步骤(5)

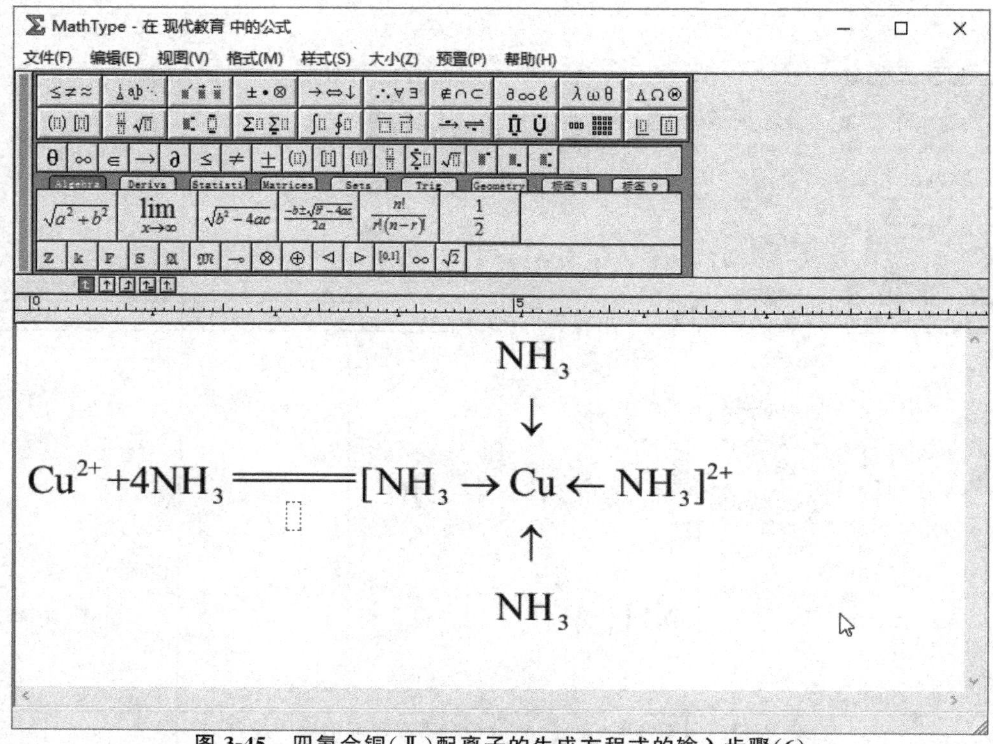

图 3-45　四氨合铜(Ⅱ)配离子的生成方程式的输入步骤(6)

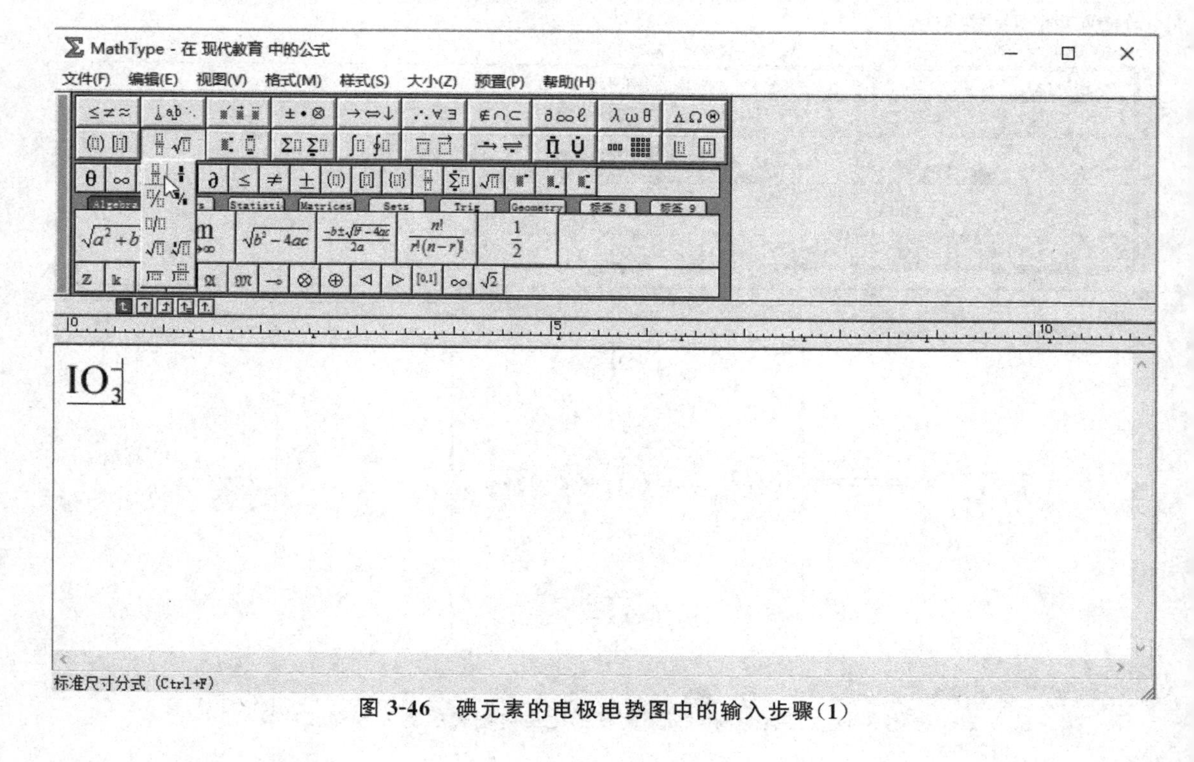

图 3-46　碘元素的电极电势图中的输入步骤(1)

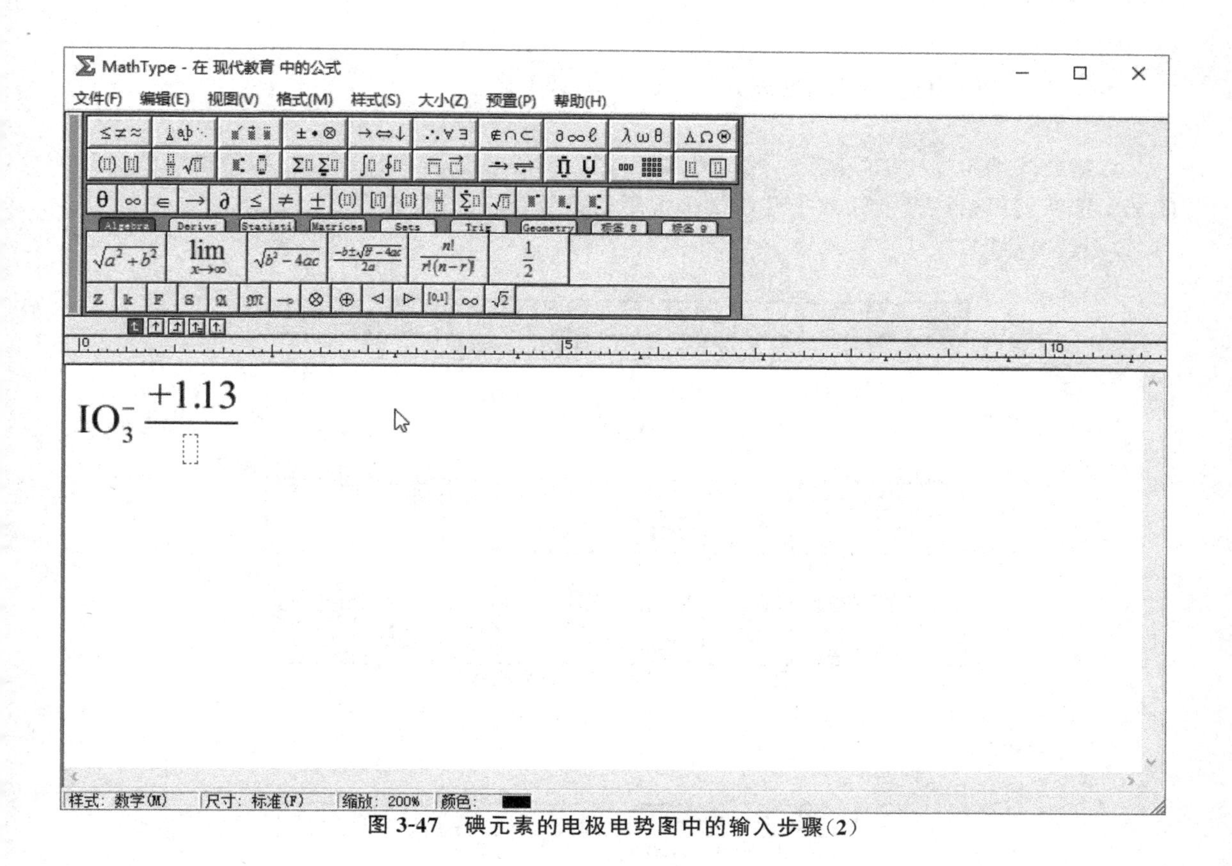

图 3-47　碘元素的电极电势图中的输入步骤(2)

5.练习

使用者可以通过下面的练习巩固 MathType 的基本操作。

$$\mathrm{aA}+\mathrm{bB}\rightleftharpoons\mathrm{gG}+\mathrm{hH}$$

$$\Delta_{\mathrm{r}}G_{\mathrm{m}}^{\ominus}=\sum\nu_i\Delta_{\mathrm{f}}G_{\mathrm{m}}^{\ominus}(\text{生成物})-\sum\nu_i\Delta_{\mathrm{f}}G_{\mathrm{m}}^{\ominus}(\text{反应物})$$

$$\Delta_{\mathrm{r}}H_{\mathrm{m}}^{\ominus}=\sum\nu_i\Delta_{\mathrm{f}}H_{\mathrm{m}}^{\ominus}(\text{生成物})-\sum\nu_i\Delta_{\mathrm{f}}H_{\mathrm{m}}^{\ominus}(\text{反应物})$$

$$\Delta_{\mathrm{r}}S_{\mathrm{m}}^{\ominus}=\sum\nu_iS_{\mathrm{m}}^{\ominus}(\text{生成物})-\sum\nu_iS_{\mathrm{m}}^{\ominus}(\text{反应物})$$

$$\Delta_{\mathrm{r}}G_{\mathrm{m}}^{\ominus}=\Delta_{\mathrm{r}}H_{\mathrm{m}}^{\ominus}-T\Delta_{\mathrm{r}}S_{\mathrm{m}}^{\ominus}$$

$$\mathrm{H_2(g)}+\frac{1}{2}\mathrm{O_2(g)}\rightleftharpoons\mathrm{H_2O(g)}\quad K_1=\frac{[c(\mathrm{H_2O})]}{[c(\mathrm{H_2})][c(\mathrm{O_2})]^{\frac{1}{2}}}$$

$$\mathrm{CO_2(g)}\rightleftharpoons\mathrm{CO(g)}+\frac{1}{2}\mathrm{O_2(g)}\quad K_2=\frac{[c(\mathrm{CO})][c(\mathrm{O_2})]^{\frac{1}{2}}}{[c(\mathrm{CO_2})]}$$

$$\mathrm{H_2(g)}+\mathrm{CO_2(g)}\rightleftharpoons\mathrm{H_2O(g)}+\mathrm{CO(g)}\quad K_3=\frac{[c(\mathrm{H_2O})][c(\mathrm{CO})]}{[c(\mathrm{H_2})][c(\mathrm{CO_2})]}$$

$$K_1\times K_2=\frac{[c(\mathrm{H_2O})]}{[c(\mathrm{H_2})][c(\mathrm{O_2})]^{\frac{1}{2}}}\times\frac{[c(\mathrm{CO})][c(\mathrm{O_2})]^{\frac{1}{2}}}{[c(\mathrm{CO_2})]}=\frac{[c(\mathrm{H_2O})][c(\mathrm{CO})]}{[c(\mathrm{H_2})][c(\mathrm{CO_2})]}=K_3$$

3.2.6 MathType 中的自定义化学工具栏

点击公式编辑器中的“小符号栏”(图 3-48)、“大标签栏”(图 3-49)和“小标签栏”(图 3-50)的某个按钮就可以快速地输入一些数学中常用的符号、模板或公式。

“小符号栏”:

图 3-48　MathType 中的小符号栏

“大标签栏”:

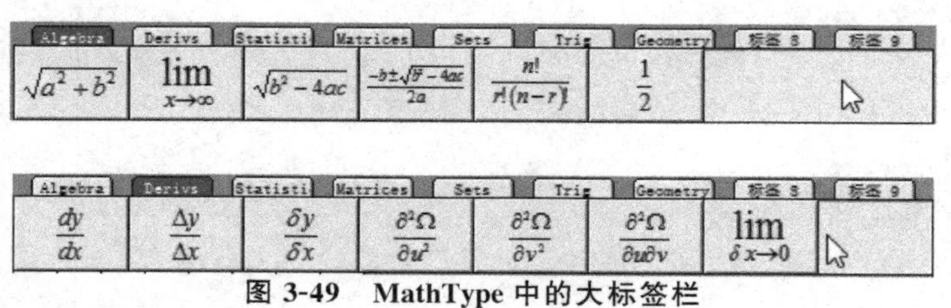

图 3-49　MathType 中的大标签栏

“小标签栏”:

图 3-50　MathType 中的小标签栏

在化学工作者的日常工作中经常要反复输入各种符号和方程式,例如,经常要输入方程式中的等号,如前所述方程式中的等号的输入稍有一些烦琐,虽然可以通过复制与粘贴得到解决,但还是不太方便。

这个问题可以在 MathType 中将一些常用的符号和方程式组合在一起创建化学工具栏,这为以后的工作提供了很大的方便。

例如,前例中输入了 SO_4^{2-} 的符号以后,可以用鼠标选择 SO_4^{2-} 后拖动“小符号栏”“大标签栏”或“小标签栏”中的某些空白位置处后松开鼠标(图 3-51),可以发现在硫酸根离子的 SO_4^{2-} 符号已经出现在这里了,以后直接点击按钮就可以快速地进行输入了。

类似地我们还可以将化学方程式中的常用的长等号和一些具体的反应条件等加入到“小符号栏”“大标签栏”或“小标签栏”中的某些空白位置处,这样就可以建立属于自己的化学工具栏了。

并且还可以将“小符号栏”“大标签栏”或“小标签栏”中的数学公式删除以便为创建化学工具栏留下更多的位置。删除的方法为在“小符号栏”“大标签栏”或“小标签栏”中的某一符号或公式上单击鼠标右键后选择删除命令即可(图 3-52)。

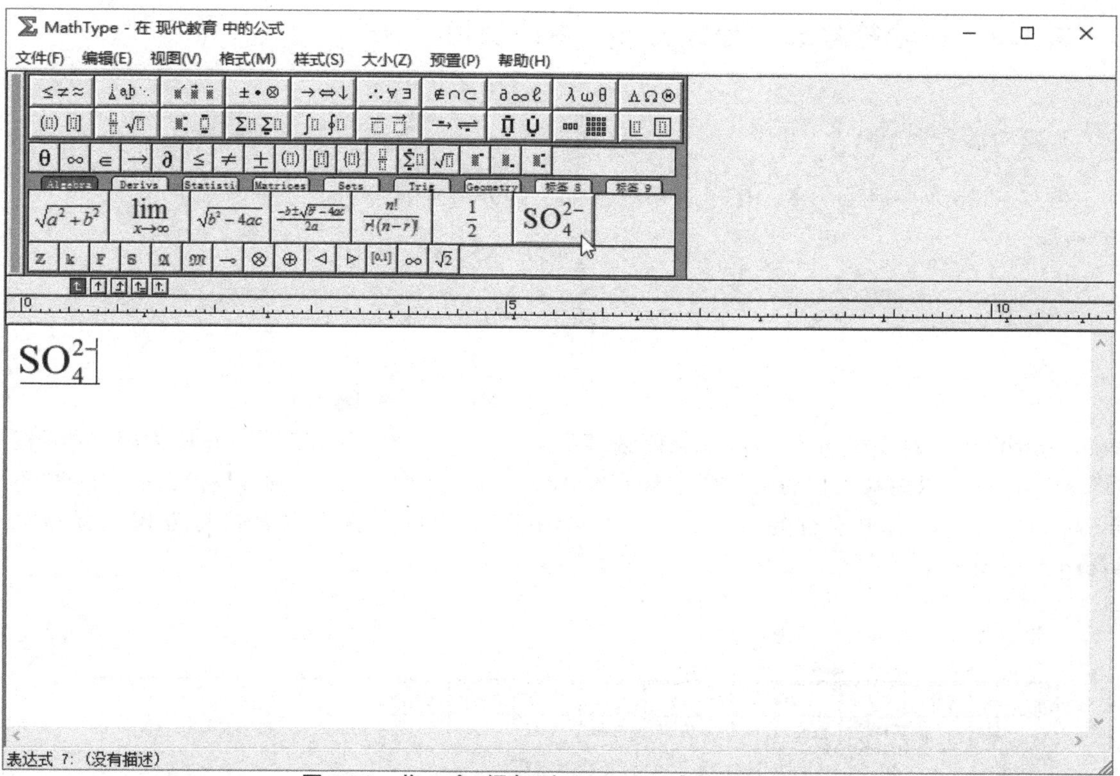

图 3-51　将 SO_4^{2-} 添加到 MathType 中的大标签栏

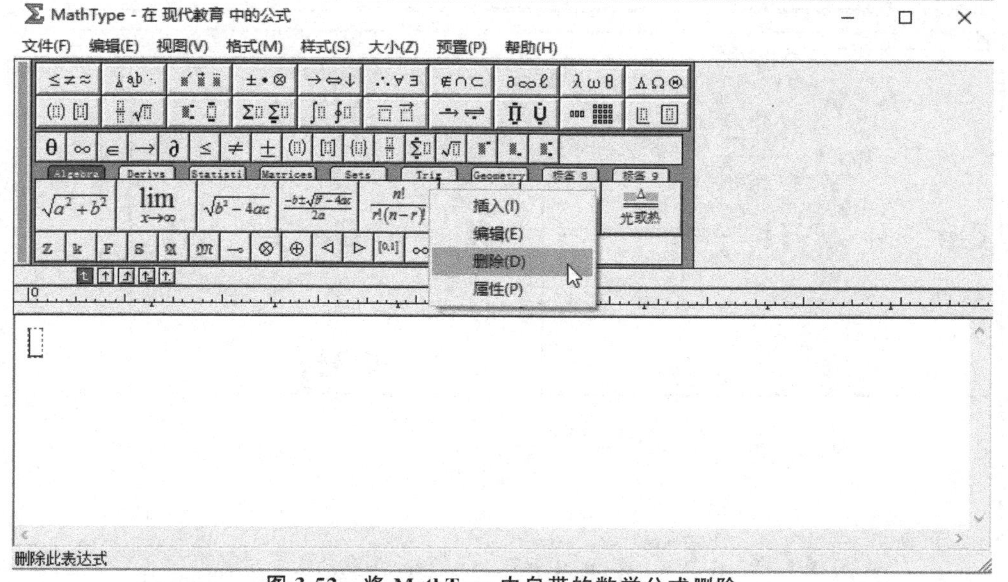

图 3-52　将 MathType 中自带的数学公式删除

3.2.7 化学符号或方程式在 ppt 中的使用

1.公式保存到 ppt 中

例如，在 ppt 中启动了 MathType 后输入如下的方程式后，

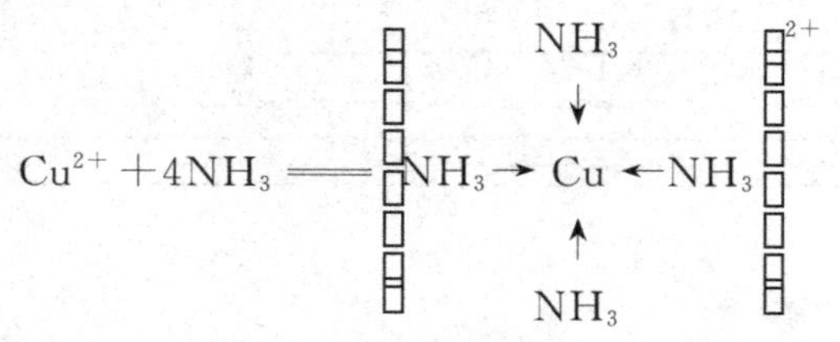

单击 MathType 程序窗口右上角的关闭按钮后，会弹出一个“MathType OLE 关闭”对话框(图 3-53)，点击以后就可以将此方程式保存在 Word 或 ppt 中。另外还可以将对话框中的“不再显示此对话框”选项进行勾选，以后关闭 MathType 程序时就可以直接将方程式保存在 Word 或 ppt 中了。

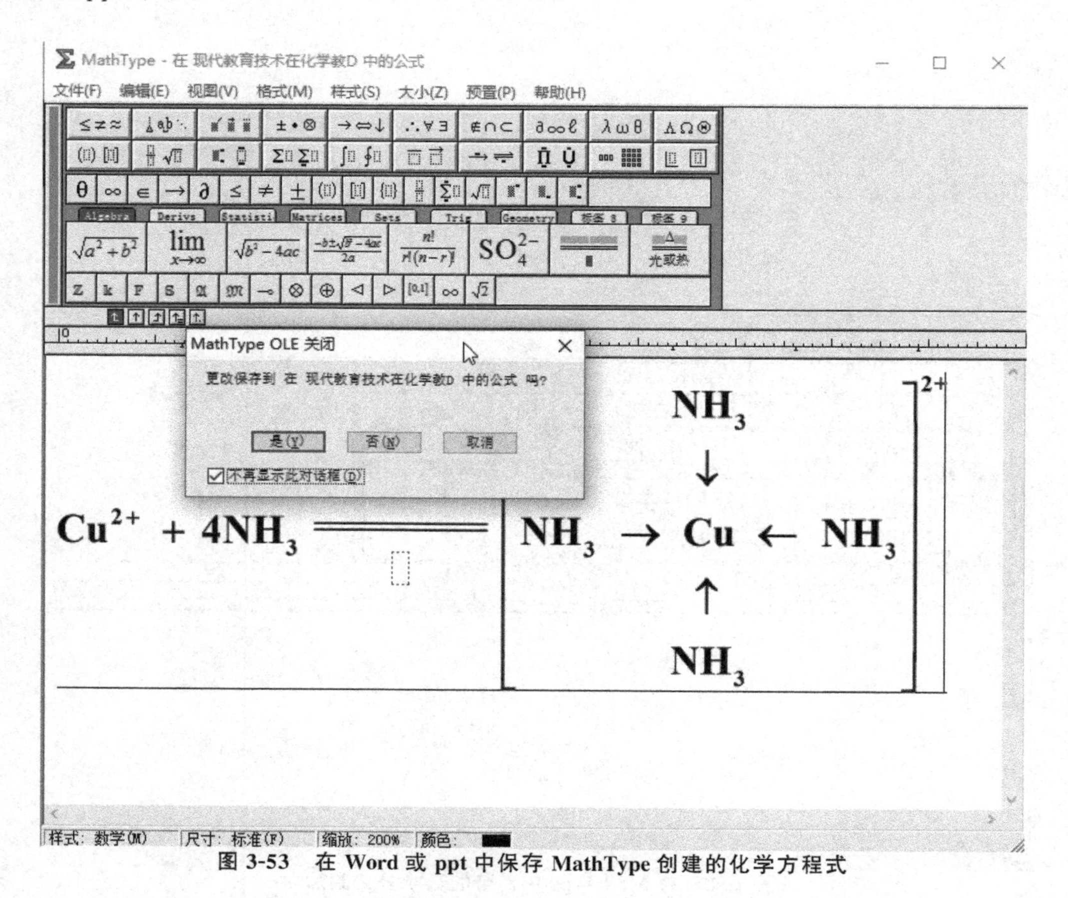

图 3-53　在 Word 或 ppt 中保存 MathType 创建的化学方程式

2.公式大小的改变

用鼠标单击公式后其周围会出现 8 个控制点，用鼠标进行拖动可以改变其大小，其中沿对角线方向进行拖动缩放能够保持原来公式的纵横比，而如果只在水平或垂直方向进行缩放则会使公式变形(图 3-54)。

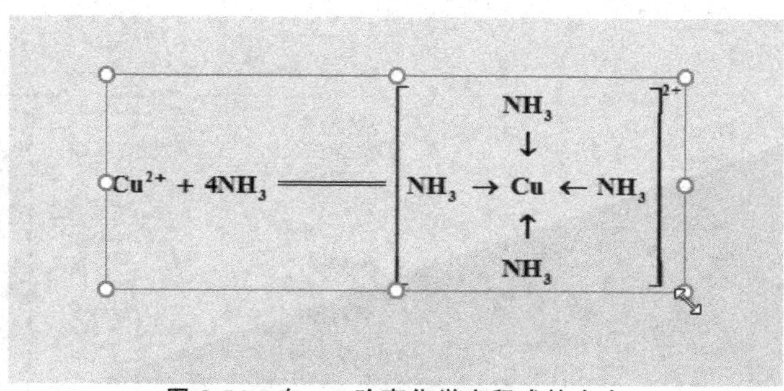

图 3-54　在 ppt 改变化学方程式的大小

3.公式的修改

当需要将幻灯片中的符号或化学方程式进行修改时只需要用鼠标进行双击该公式即可再次进入公式的编辑环境，修改后关闭程序后幻灯片当中的公式即得更新。

4.公式颜色的改变

用 MathType 编辑的化学符号或方程式默认为黑色，如果需要将公式改变颜色，可以在公式的编辑环境中用鼠标选择需要改变颜色的部分，再执行“样式/颜色”命令选择相应的颜色(图 3-55)，还可以选择其中的“其他”命令，可以在弹出的“颜色”对话框中根据你自己的需要改变公式的颜色(图 3-56)，满足你的各种演示与强调需要。

5.播放 ppt 时公式部分出现乱码的解决办法

当将制作好的 ppt 文稿转移至其他电脑时，在播放时如果公式部分出现乱码，说明其他电脑当中没有安装 MathType 程序。

有两种解决办法：

(a)在 ppt 文稿演示的电脑中安装 MathType 程序。

(b)在制作 ppt 时选择幻灯片当中的公式进行复制后，再在幻灯片当中空白位置处单击鼠标右键，在“粘贴选项”中选择第三个按钮(图 3-57)，即可将该公式粘贴图片，这样就可以在其他电脑中进行演示，但是这时双击公式将不能再对公式内容修改。

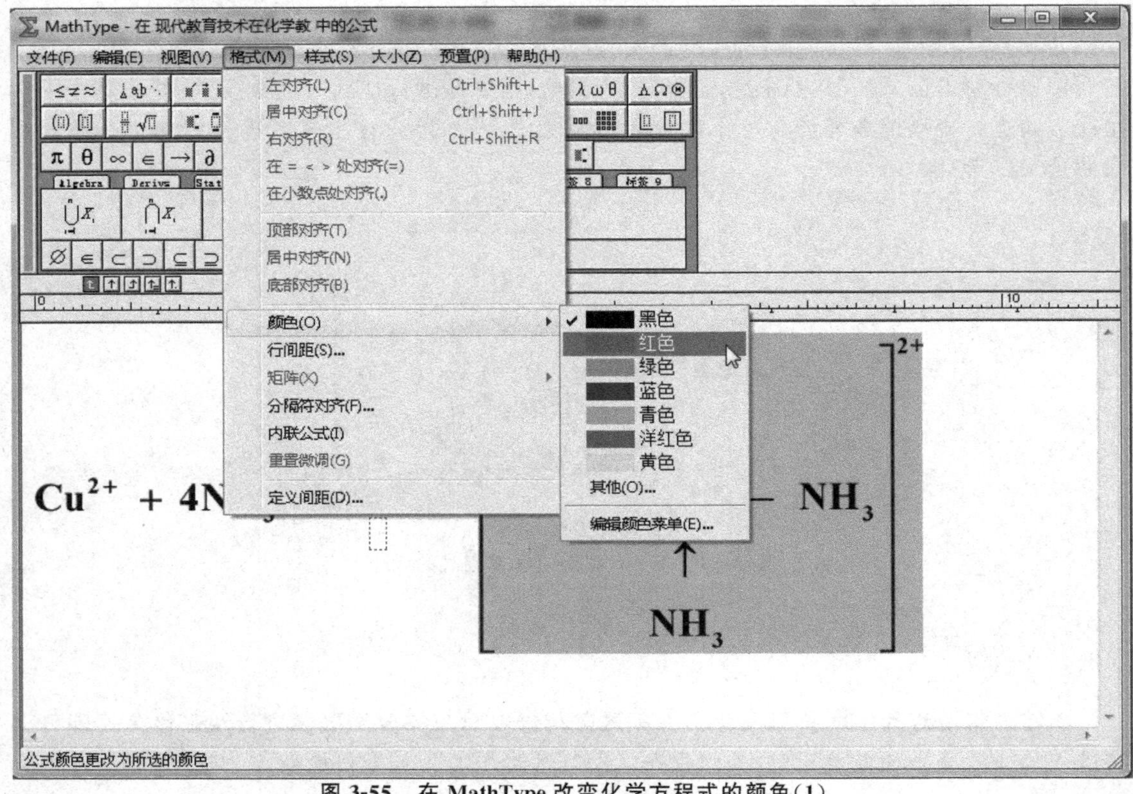

图 3-55　在 MathType 改变化学方程式的颜色(1)

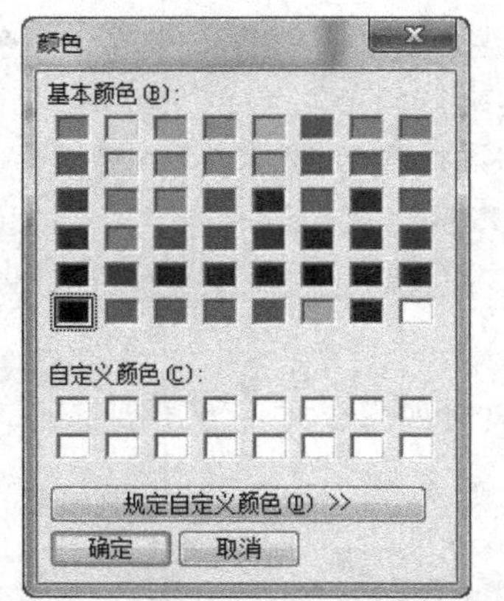

图 3-56　在 MathType 改变化学方程式的颜色(2)

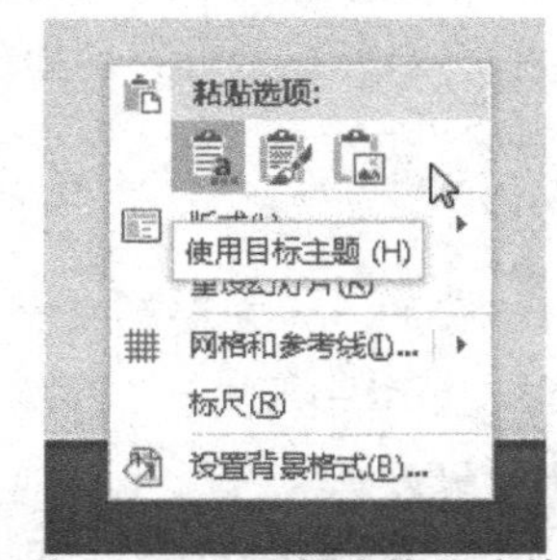

图 3-57　将 MathType 创建的公式粘贴为图片

6.练习

(1)在 ppt 列出下面的题目的解题过程,并要求具有动画效果。

若在 100cm^3 氨水中溶解 0.01mol AgCl,问氨水的最初浓度是多少?

已知：$K_{sp}(AgCl)=1.7\times10^{-10}$，$K_{稳}([Ag(NH_3)_2]^+)=1.1\times10^7$

提示：$AgCl+2NH_3 \rightleftharpoons [Ag(NH_3)_2]^+ + Cl^-$

$$K=\frac{[Ag(NH_3)_2{}^+][Cl^-]}{[NH_3]^2}\times\frac{[Ag^+]}{[Ag^+]}=K_{sp}\cdot K_{稳}=2.7\times10^{-3}$$

$$AgCl+2NH_3 \rightleftharpoons [Ag(NH_3)_2]^+ + Cl^-$$

初始：　　x　　　0　　　0

平衡：　　$x-0.2$　　　0.1　　　0.1

$$K=\frac{[Ag(NH_3)_2^+][Cl^-]}{[NH_3]^2}=\frac{0.1\times0.1}{(x-0.2)^2}=2.7\times10^{-3}$$

$$x=2.12\text{mol}\cdot L^{-1}$$

(2)练习输入如下的化学方程式和公式：

$$Cr_2O_7^{2-}+6Cl^-+14H^+ = 2Cr^{3+}+7H_2O+3Cl_2\uparrow$$

$$E_{池}=E^{\ominus}_{池}-\frac{0.059}{6}\lg\frac{[Cr^{3+}]^2\times(\frac{p_{Cl_2}}{p^{\ominus}})^3}{[Cr_2O_7^{2-}]\times[Cl^-]^6\times[H^+]^{14}}$$

(3)使用控件的方法将一个扩展名为 swf 的文件插入到幻灯片当中。

(4)使用控件的方法将一个扩展名为 mpg 的文件插入到幻灯片当中。

第 2 篇

常见化学工具软件的使用

第 4 章　ChemBioDraw 软件的使用

4.1　ChemBioOffice Ultra 2010 的安装

ChemBioOffice 是由 CambridgeSoft 开发的综合性科学应用软件包。该软件包是为广大从事化学、生物研究领域的科研人员个人使用而设计开发的产品。利用 ChemBioOffice 可以方便地进行化学生物结构绘图、分子模型及仿真，可以将化合物名称直接转为结构图，省去绘图的麻烦；也可以对已知结构的化合物命名，给出正确的化合物名称。

ChemBioOffice 包括以下模块：

ChemBioDraw 模块：

ChemBioDraw 增加新的生物绘图工具，全球上千万的科学家正在使用 ChemBioDraw 绘制化学结构、反应式以及生物通路图，进行数据库查询，同时从结构式生成化学名称并预测化合物的理化性质及光谱数据。

ChemBio 3D 模块：

ChemBio 3D 专门为化学家与生物学家设计的分子与蛋白提供可视化桌面应用。化学家通过观察 3D 分子模拟图形，研究化合物的三维结构，预测化合物属性和特异性，在 Chemdraw 里搭建有机小分子、观察 3D 结构。

ChemBioFinder 模块：

ChemBioFinder 是桌面版的化学信息管理软件，科学家可用 ChemBioFinder 来管理化合物以及搜索、关联结构与性质信息，并将这些数据转化成可视化的图表，以及更容易识别的构效关系。

用户可以在 www.chemdraw.com.cn 网站中下载软件的安装包并购买软件的授权，双击安装包会弹出软件的安装向导（图 4-1），点击下一步阅读软件的安装协议，选择“I accept the terms in the license agreement”选项（图 4-2），点击“Next”按钮，可以选择有哪些用户可以使用此软件（图 4-3），通常不用作出改变。点击“Next”按钮，选择软件的安装位置（图 4-4），默认位置为“C:\Program Files\CambridgeSoft\ChemOffice2010”。

点击下一步以后要是安装模式的选择：一种是完全安装（Complete），即安装软件的全部内容，另一种是自定义安装模式（Custom），用户可以自己挑选安装软件的某一部分内容（图 4-5）。

当选择自定义安装模式（Custom）时可以在某一安装选项位置单击鼠标，在弹出的选项中选择内容（图 4-6）。

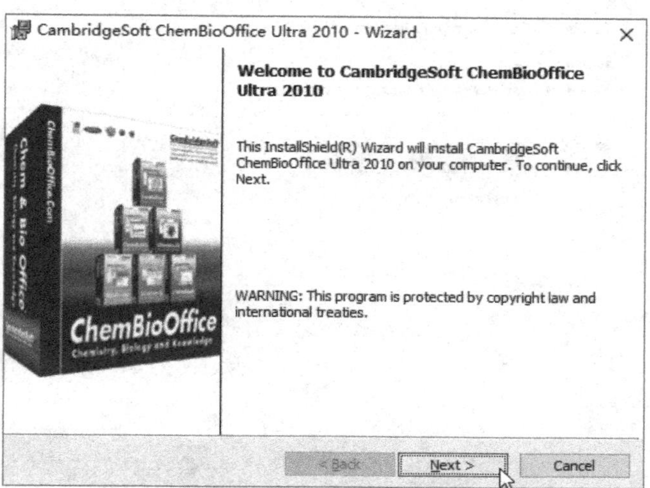

图 4-1　ChemBioOffice 2010 的安装步骤(1)

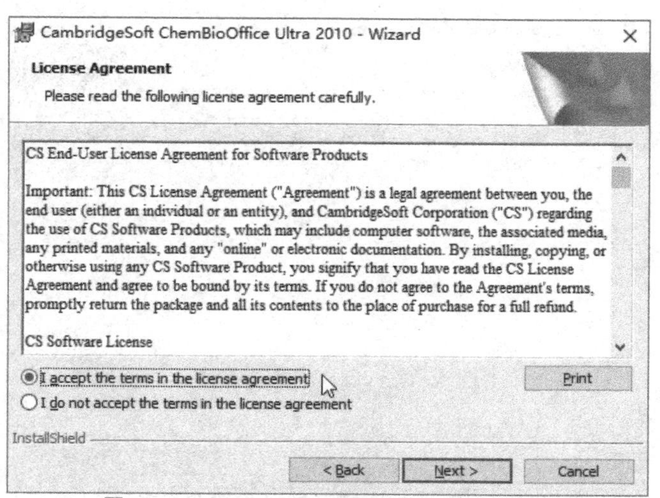

图 4-2　ChemBioOffice 2010 的安装步骤(2)

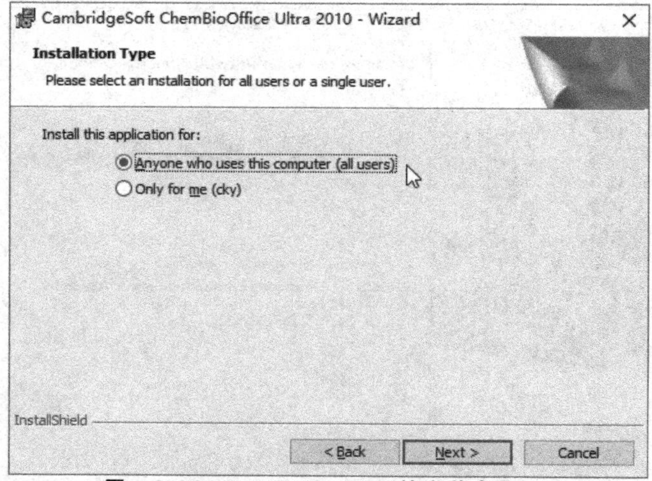

图 4-3　ChemBioOffice 2010 的安装步骤(3)

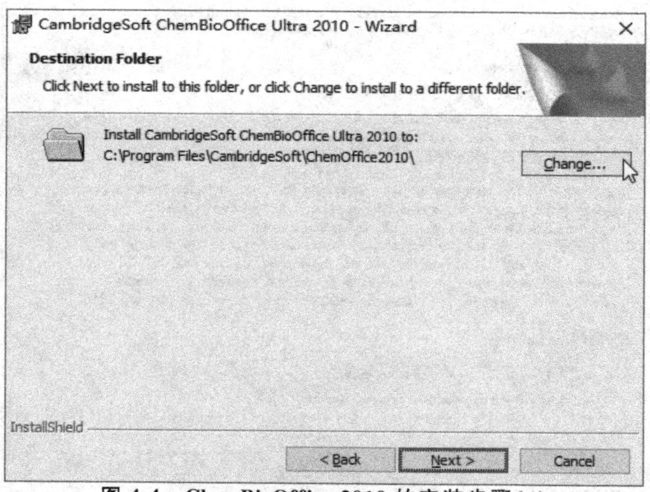

图 4-4　ChemBioOffice 2010 的安装步骤(4)

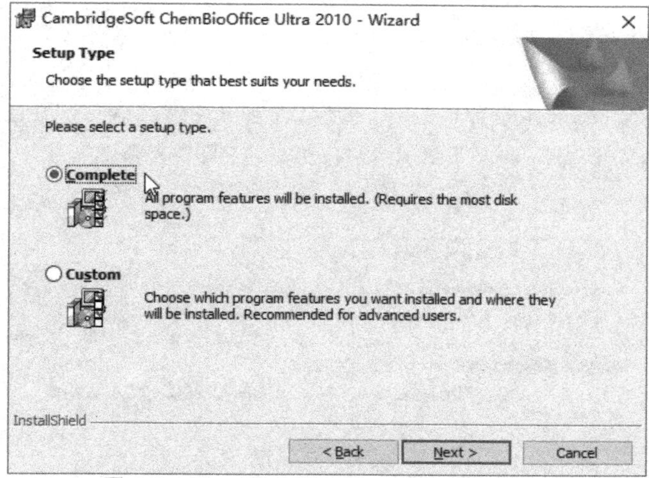

图 4-5　ChemBioOffice 2010 的安装步骤(5)

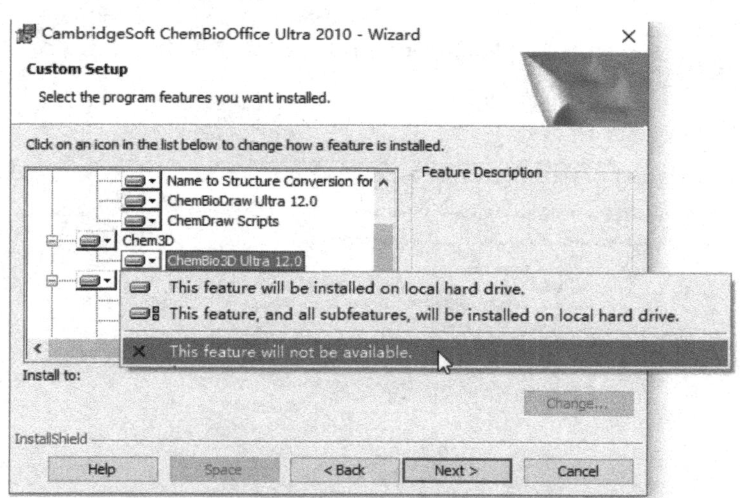

图 4-6　ChemBioOffice 2010 的安装步骤(6)

This feature will be installed on local hard drive.

安装此项功能到硬盘当中。

This feature, and all subfeatures, will be installed on local hard drive.

安装此项功能及所有附属功能到硬盘当中。

This feature will not be available.

不安装此项功能。

通常选择完全安装(complete)点击下一步后，在弹出的窗口中选择 Install 按钮后安装程序过程开始(图 4-7)，完成以后点击 Finish 以完成安装(图 4-8 至图 4-9)。

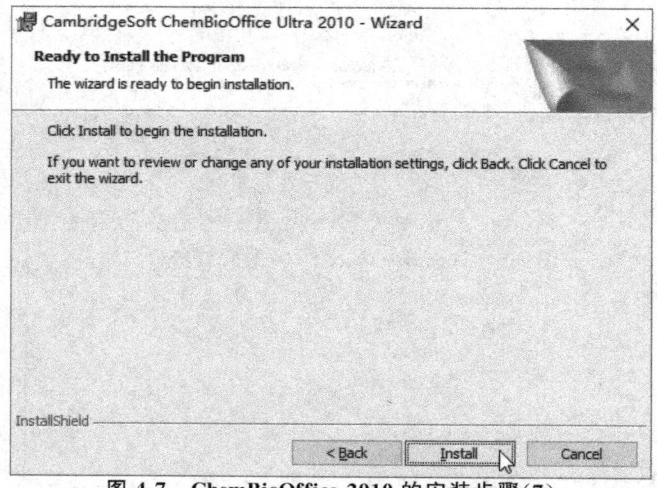

图 4-7　ChemBioOffice 2010 的安装步骤(7)

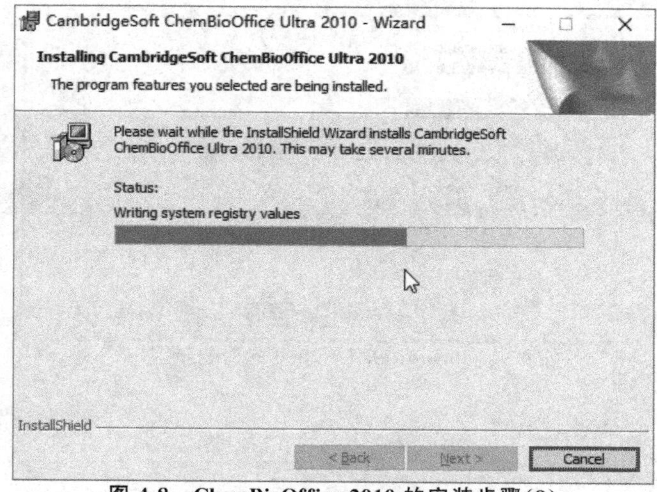

图 4-8　ChemBioOffice 2010 的安装步骤(8)

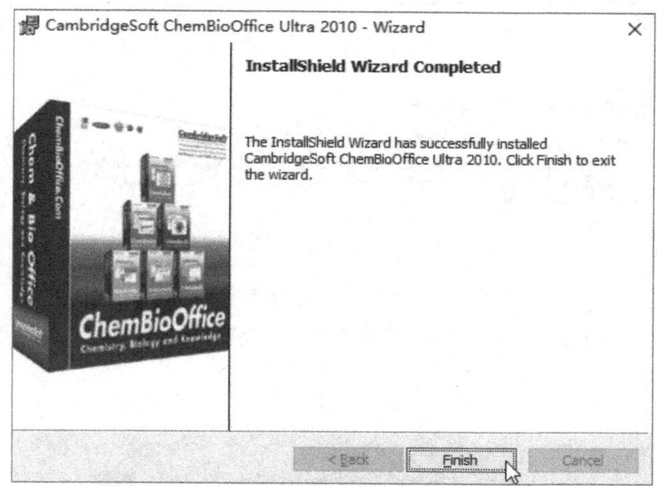

图 4-9　ChemBioOffice 2010 的安装步骤(9)

软件安装完成以后,打开开始菜单找到 ChemBioOffice 2010 程序(图 4-10),运行其中的 ChemBioDraw、ChemBio3D 或 ChemBioFinder 任何一个后均会弹出程序的激活窗口(图 4-11)。

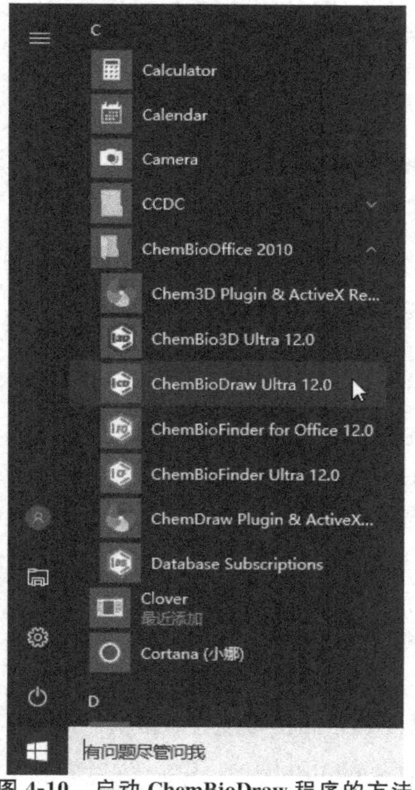

图 4-10　启动 ChemBioDraw 程序的方法

在窗口中输入所购买软件的信息(包括 Name,Email,Serial Number 等)就可以将该软件激活(图 4-11)。

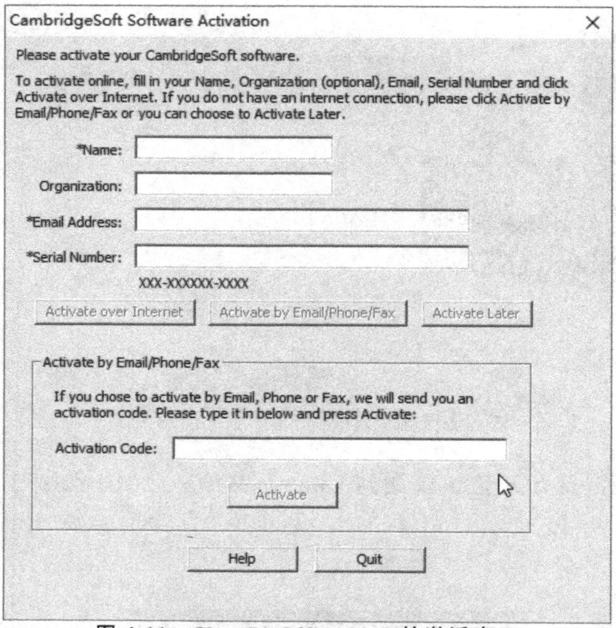

图 4-11　ChemBioOffice 2010 的激活窗口

4.2　ChemBioDraw 的启动、保存和关闭

ChemBioDraw 软件是目前国内外最流行、最受欢迎的化学绘图软件。它是美国 CambridgeSoft 公司开发的 ChemBioOffice 系列软件中最重要的一员。由于它内嵌了许多国际权威期刊的文件格式,近几年来成为了化学界出版物、稿件、报告、CAI 软件等领域绘制结构图的标准。

ChemBioDraw 是世界上使用最多的大型软件包 ChemBioOffice 中的一个组件,本课程教学中采用的软件版本为 ChemBioOffice 2010 Ultra。ChemBioDraw 可以建立和编辑与化学有关的图形。例如,建立和编辑各类化学式、方程式、结构式、立体图形、对称图形、轨道等,并能对图形进行翻转、旋转、缩放、存储、复制、粘贴等多种操作。该软件可以运行于 Windows 平台下,使得其资料可方便地共享于各软件之间。除了以上所述的一般功能外,其 ultra 版本还可以预测分子的常见物理化学性质如:熔点、生成热等;对结构按 IUPAC 原则命名;预测质子及碳 13 化学位移动等。

在开始菜单找到 ChemBioOffice 2010 程序,单击其中的 ChemBioDraw 就可以启动该程序,这样就可以新建一个空白的 ChemBioDraw 文件,然后执行“File\Save As…”命令,在弹出的窗口中将此文件保存为一个名“有机化合物”,扩展名为 cdx 的文件。这种文件也是 Chem-

BioDraw 程序默认保存的文件类型(图 4-12)。另外还可以将文件保存为一些其他类型的文件将在后面继续介绍。

点击 ChemBioDraw 程序右上角的“关闭”按钮可以将此程序关闭。

图 4-12　ChemBioDraw 的文件保存窗口

4.3　ChemBioDraw 的窗口介绍

ChemBioDraw 的窗口(图 4-13)主要包括以下几个主要部分：

(1)菜单栏

含有操作 Chemdraw 应用文件和内容的命令设置(图 4-14)。

(2)各种工具栏

含有常用命令图标，单击图标时，效果与选择菜单中相应的命令一样，工具栏有以下几种：

Main Toolbar：此工具栏中包含了大量创建有机化学符号、方程式、实验装置或各种轨道的工具(图 4-15)。

图 4-13　ChemBioDraw 的程序窗口

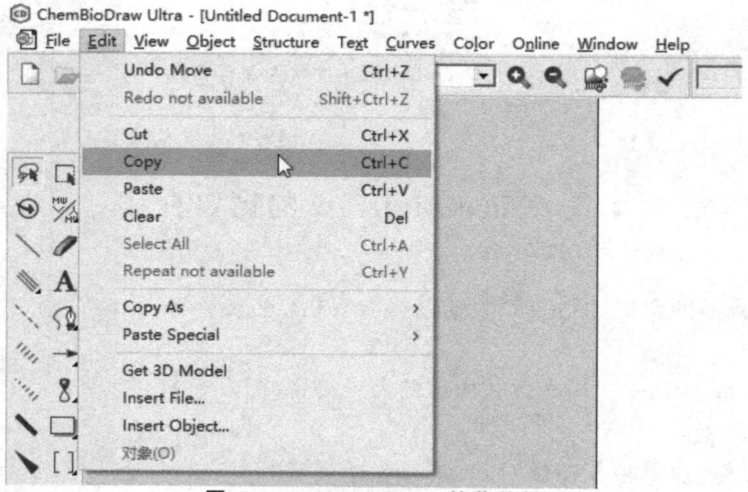

图 4-14　ChemBioDraw 的菜单栏

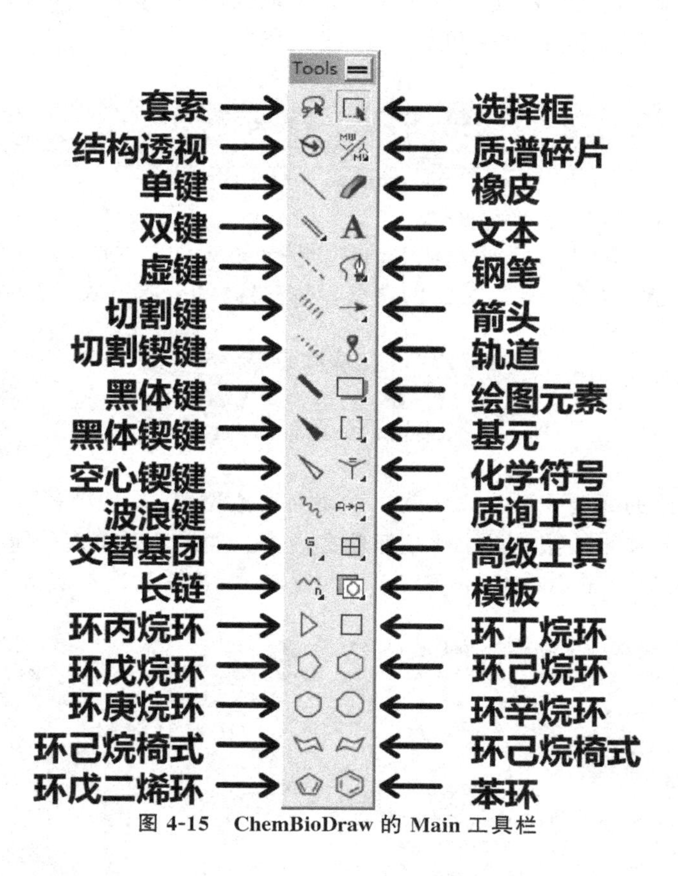

图 4-15 ChemBioDraw 的 Main 工具栏

BioDraw toolbar：此工具栏中包含了一些创建与生物有关的图形符号(图 4-16)，因为与化学专业的相关性较小，所以本书中将不会涉及此工具栏，所以通常会将此工具栏关闭。

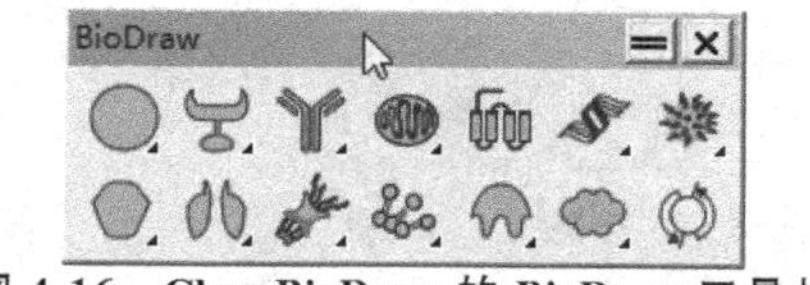

图 4-16 ChemBioDraw 的 BioDraw 工具栏

General toolbar：此工具栏中包括了很多程序中比较常用的命令(图 4-17)，比如：新建文件、打开文件、保存文件、打印文件、撤销、反复、剪切、复制、粘贴、放大和缩小等命令。这些其他程序的工具栏很类似。

图 4-17 ChemBioDraw 的 General 工具栏

Style toolbar：利用此工具栏可以设置在 ChemBioDraw 中输入的文字的字体、字号、对齐方式、加粗、倾斜、下划线、下标、上标和颜色等(图 4-18)。

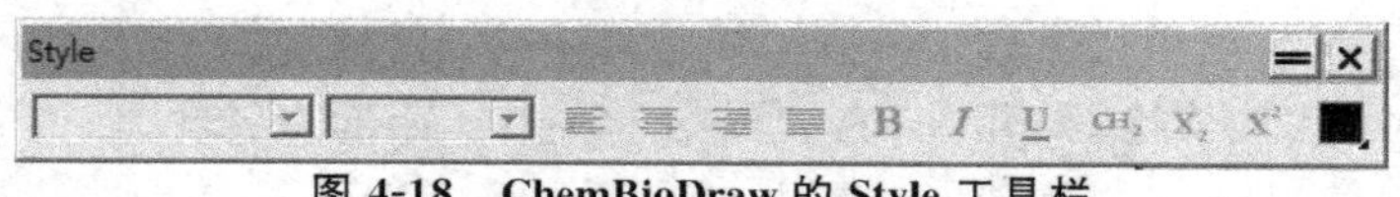

图 4-18 ChemBioDraw 的 Style 工具栏

Object toolbar：当在 ChemBioDraw 中创建了两个以上的符号时，可以利用此工具栏设置这些符号组成群组、解除群组、层次关系的调整、对齐方式和分布方式(图 4-19)。

图 4-19 ChemBioDraw 的 Object 工具栏

拖动这些工具栏的标题并且将此工具栏移动到其他位置，并且当将工具栏移动屏幕的边缘时工具栏右上角的关闭按钮和最小化按钮就会消失。如果此时再想关闭某个工具栏(例如，BioDraw toolbar)可以在 View 中取消 Show BioDraw toolbar 的选择即可(图 4-20)。

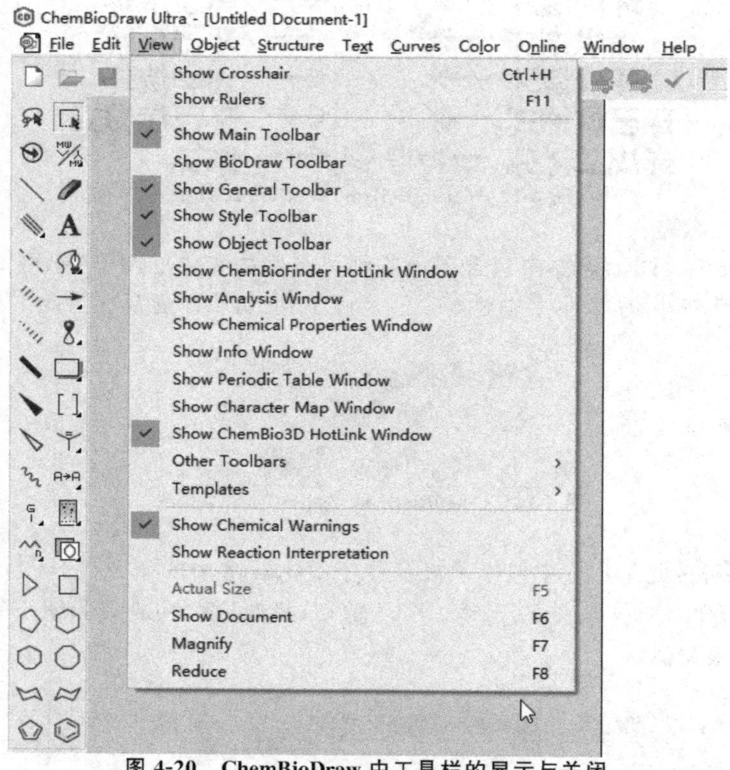

图 4-20 ChemBioDraw 中工具栏的显示与关闭

(3)编辑区

供绘制图形结构的工作区(图 4-21)。

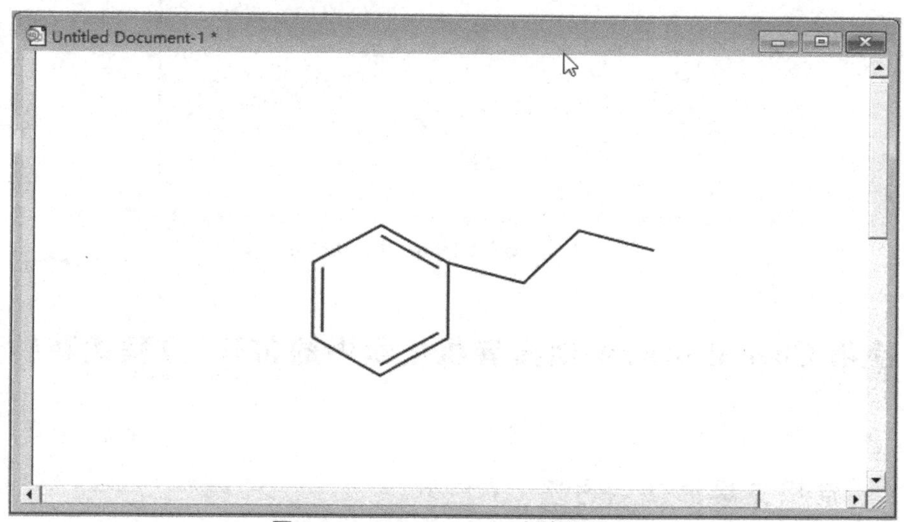

图 4-21　ChemBioDraw 中的编辑区

(4)ChemBio 3D HotLink 窗口

在 ChemBioDraw 程序启动时,还会默认打开一个名为“ChemBio 3D HotLink”的窗口(图 4-22),当在工作区绘制一些有机化合物的符号时,则可以在此窗口中观察到此物质的三维模型,并且还可以进行旋转、放大、缩小等相关操作。

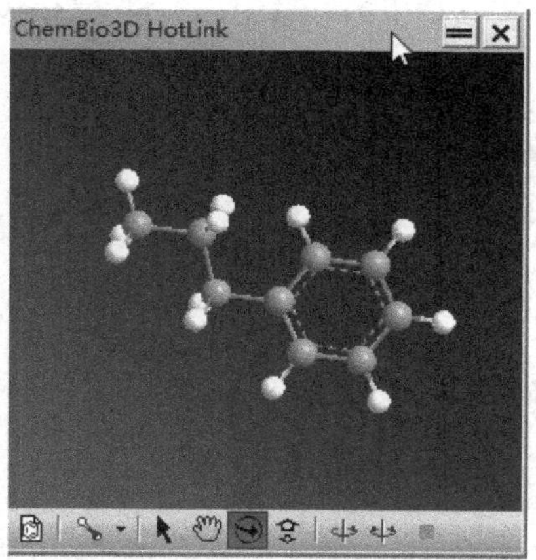

图 4-22　ChemBioDraw 中的 ChemBio 3D HotLink 窗口

(5)滚动栏

含有滚动框、滚动按钮和滚动条。

(6)状态栏

标出当前的工作内容以及鼠标指到某些菜单按钮时的说明(图 4-23)。

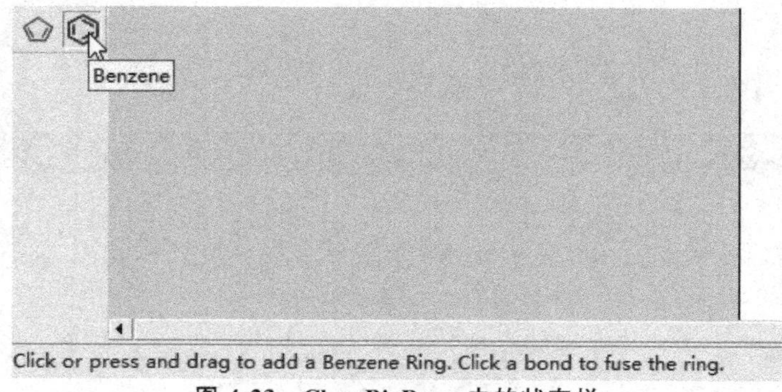

图 4-23 ChemBioDraw 中的状态栏

4.4 使用 ChemBioDraw 创建有机化学中的符号、方程式和装置等

4.4.1 常用工具的使用方法

ChemBioDraw 中的工具栏可以创建各种常见的有机化合物的分子式和反应方程式等，下面就介绍工具栏中常用工具的使用方法。而对于其中的一些工具，如：钢笔工具、质谱碎片工具和高级工具等将不进行详细介绍。

1.单键工具的使用

用鼠标单击 Main Toolbar 工具栏中的“单键”工具，将鼠标移至编辑区时鼠标变为“＋”形状(图 4-24)。

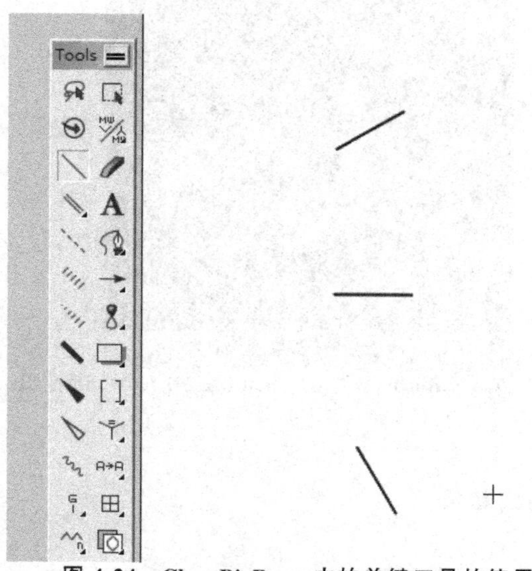

图 4-24 ChemBioDraw 中的单键工具的使用

此时单击鼠标左键能得到一条与水平夹角为 30 度的碳碳单键。

按住鼠标左键从左向右拖动就可以得到一条碳碳单键。

按住鼠标左键不放并旋转鼠标就可以得到其他角度的碳碳单键，并且每一次旋转的角度为 15 度。

(1)角度的调整

如果需要将碳碳单键的角度进行调整，先要将鼠标切换到“选择框”工具，需要注意的是当切换到“选择框”工具后最后一个被编辑的对象会自动被选择，此时可用按住鼠标左键不放在编辑区画出一块矩形区域，则此矩形区域内的图形将会被选择(图 4-25)。另外还可以采用“套索”工具在编辑区手动画出一个不规则区域，则此区域中的符号也会被选择(图 4-26)。

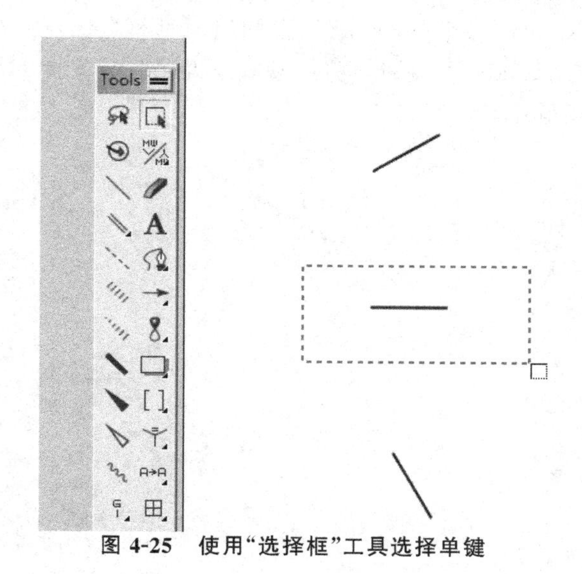

图 4-25　使用“选择框”工具选择单键

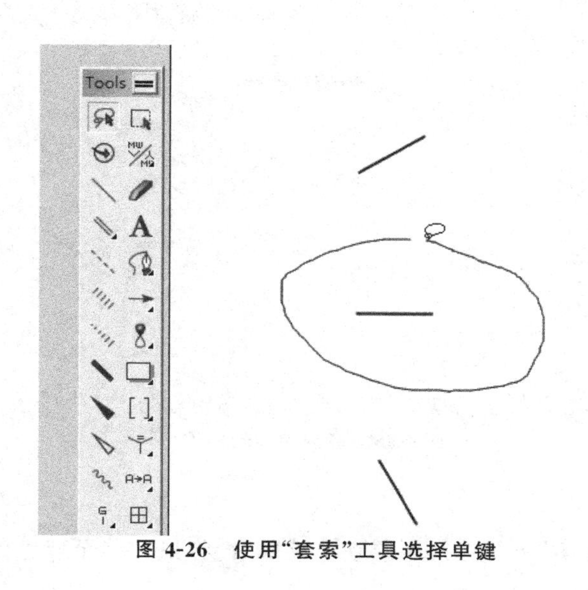

图 4-26　使用“套索”工具选择单键

当水平的碳碳单键被选择以后其周围会出现一个蓝色的矩形框，将鼠标移至矩形框上面突出的控制点时鼠标的形状会变成弯曲的双向箭头，此时旋转鼠标就用将此碳碳单键旋转到想要的角度（图 4-27）。

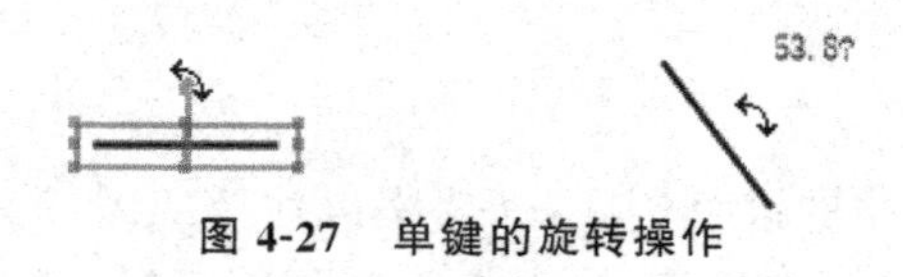

图 4-27　单键的旋转操作

但是在调整角度的过程中会发现很难将碳碳单键调整到一个准确的数值（如 30 度），此问题可以通过以下的办法解决：在“选择框”或“套索”工具选择了碳碳单键以后，单击鼠标右键，在弹出的菜单中选择“Rotate”命令（图 4-28），在弹出对话框“Angel”选项中输入 30，并选择“degree CW”选项，点击“Rotate”后则可以将此碳碳单键顺时针旋转 30 度（图 4-29），如果选择“degree CCW”则可以实现逆时针旋转。

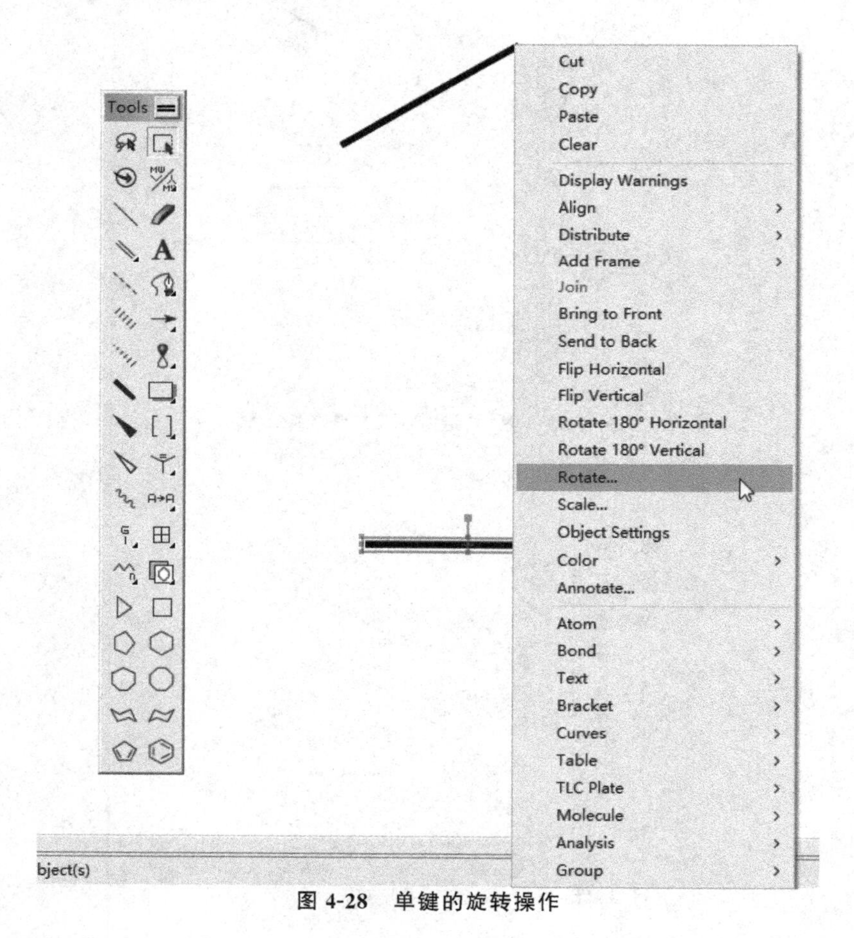

图 4-28　单键的旋转操作

（2）大小的调整

在用“选择框”或“套索”工具选择了碳碳单键以后，将鼠标移至蓝色的矩形框的控制点上进行拖动即能调节碳碳单键的大小。

当沿着对角线进行缩放时能保持符号的纵横比(图 4-30),当鼠标只沿着水平或沿着垂直方向拖动时只是缩放一个方向(图 4-31),并且在缩放过程中还可以看到缩放的具体数值。

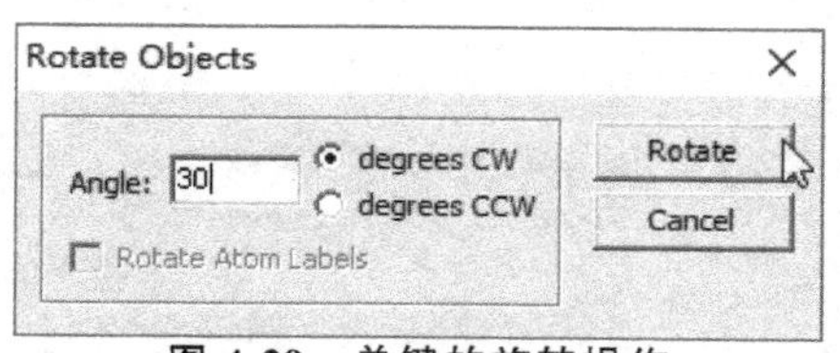

图 4-29　单键的旋转操作

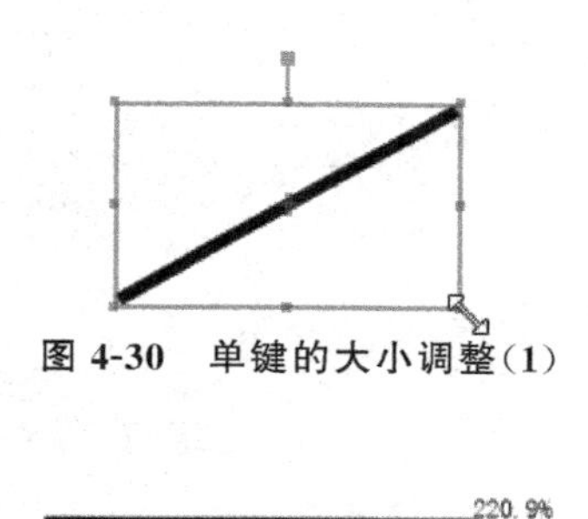

图 4-30　单键的大小调整(1)

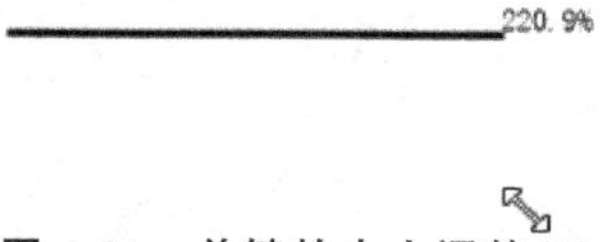

图 4-31　单键的大小调整(2)

另外,当在 ChemBioDraw 中首次执行缩放操作时会弹出如下的窗口(图 4-32),询问是否将文档中符号和文本也按照你操作时的缩放比例进行设置,如果选择"是"选项,以后程序绘制出的各种符号和文本也会自动调整到当前的比例大小。可以根据个人需要进行相应的设置。

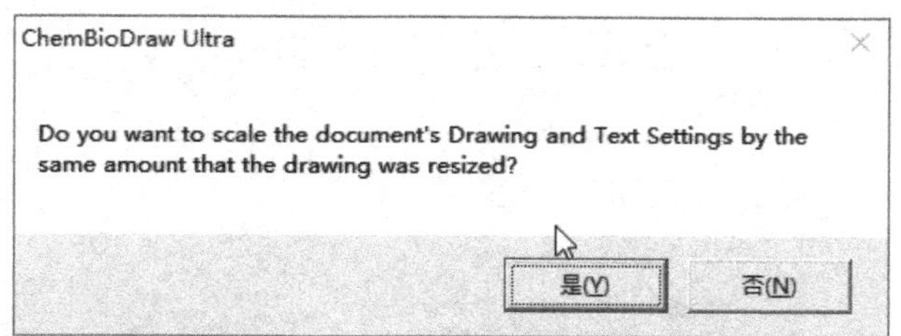

图 4-32　询问是否将文档中符号和文本也进行相应的比例进行缩放的窗口

另外在用"选择框"或"套索"工具选择了碳碳单键以后,单击鼠标右键则弹出的菜单中选择"Scale"选项(图 4-33)后会弹出一个 Scale Object 的窗口(图 4-34),窗口中的几个选项的意思如下:

Scale selected objects so that median bond is Fixed Length(1. 08cm):

将所选择的物体的键长恢复到默认的长度(1. 08cm)。

Scale selected objects so that median bond is:

在此选择后面的输入框可以直接输入此符号的长度值。

Scale by：

在此选择后面的输入框可以直接输入将此符号缩放的百分比。

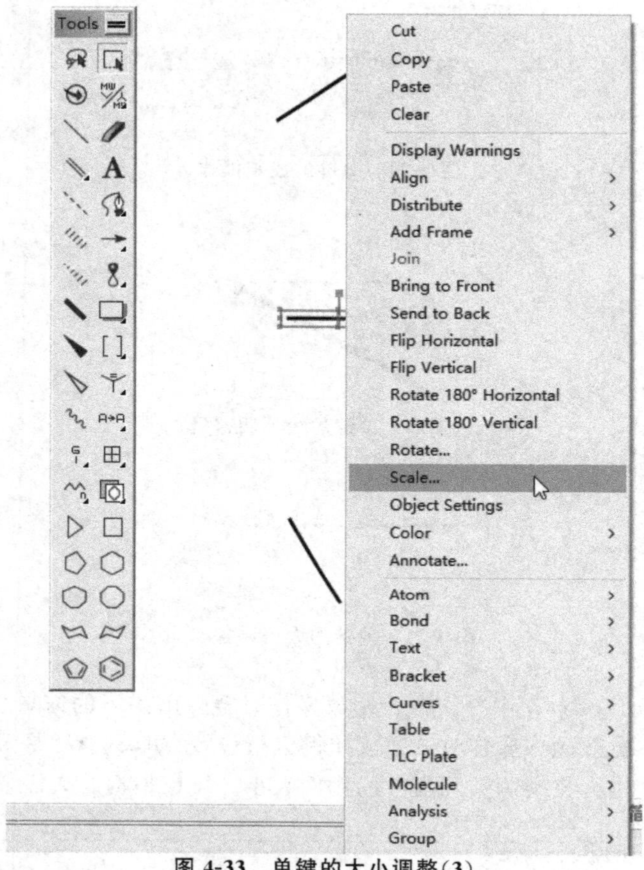

图 4-33　单键的大小调整(3)

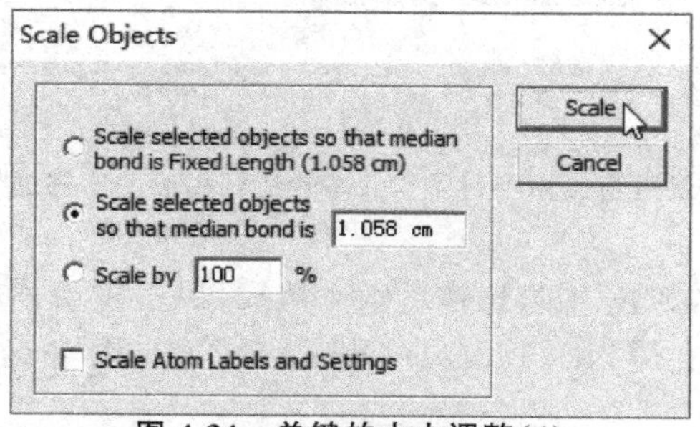

图 4-34　单键的大小调整(4)

(3)单键的扩展

当选择单键工具后在编辑区单击鼠标左键，将得到一条碳碳单键。此时将鼠标移到边缘的碳原子上时，可以发现碳原子周围出现了一个小的蓝色正方形，此时继续单击鼠标左键两次，则可以得到 2 甲基丙烷的化学式（图 4-35）。

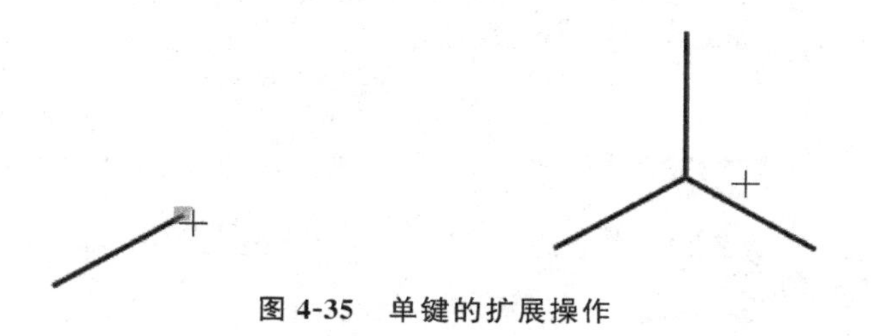

图 4-35　单键的扩展操作

此时可以发现相连的两条键的夹角为 120 度。这个角度是软件默认的值。可以执行“File\Document Settings…”命令（图 4-36）。

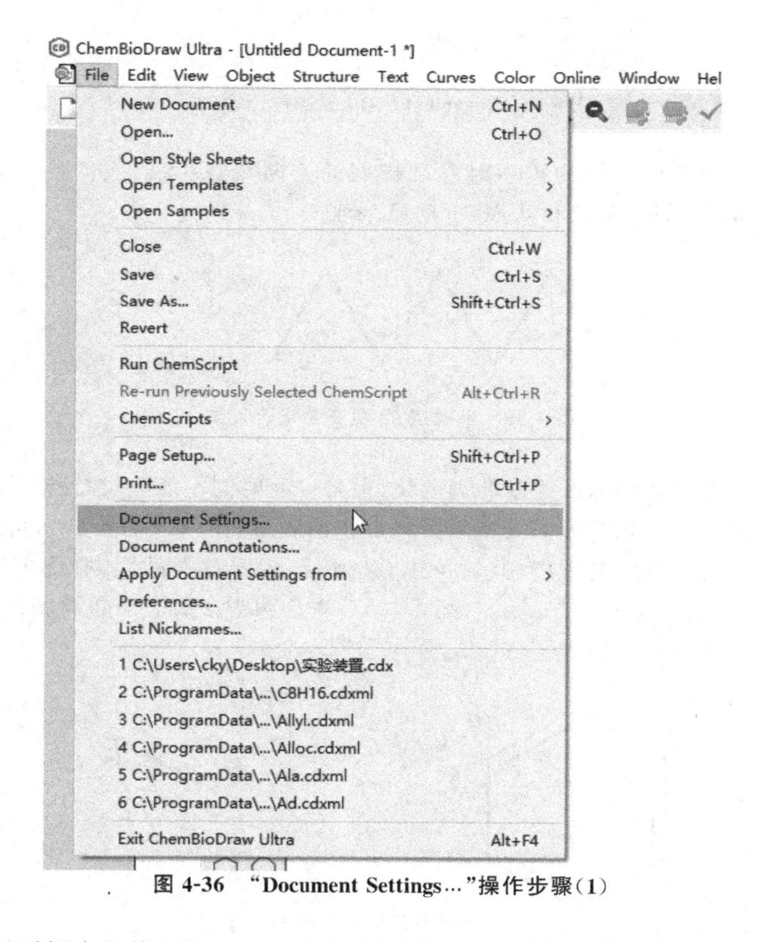

图 4-36　“Document Settings…”操作步骤(1)

在弹出的对话框中切换至“Drawing”选项卡（图 4-37），例如，将 Chain Angle 修改为 60 度后，在编辑区采用单键则可以采用的 60 度夹角将碳碳键进行扩展（图 4-38）。另外还可以看到键的默认长度为 1.058cm，也可以修改为其他值，但是一般不建议使用者进行修改。

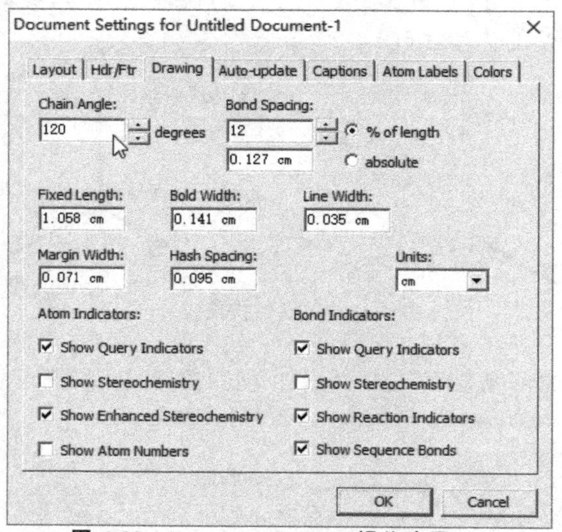

图 4-37　Document Settings 操作步骤(2)

(小技巧:如果在进行单键的扩展时发现扩展的方向与想扩展的方向不一致,可以按住“Ctrl+Z”组合键撤销以后,再进行扩展,方向就会改变。)

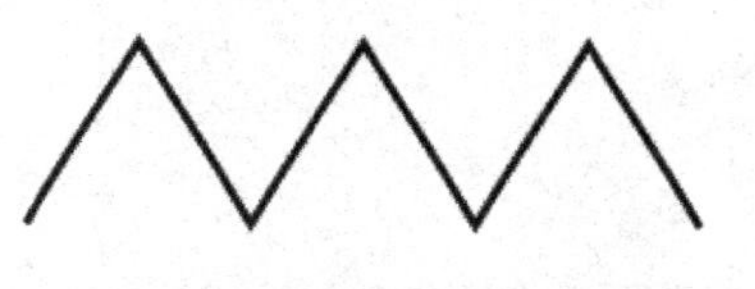

图 4-38　单键按 60 度夹角进行扩展

固定的键长与键角能够保证绘制的规范化,但是也有时间不能满足特殊的要求,例如在编辑区有一个苯环和一个丙烷的分子式希望用单键将两者进行连接(图 4-39),可以发现正常的单键键长明显小于两者之间的距离,此时可以临时取消固定键长的限制,取消“Object\Fixed Lengths”命令和“Object\Fixed Angles”(图 4-40)后再用单键工具就可以将两部分结构进行连接(图 4-41)。

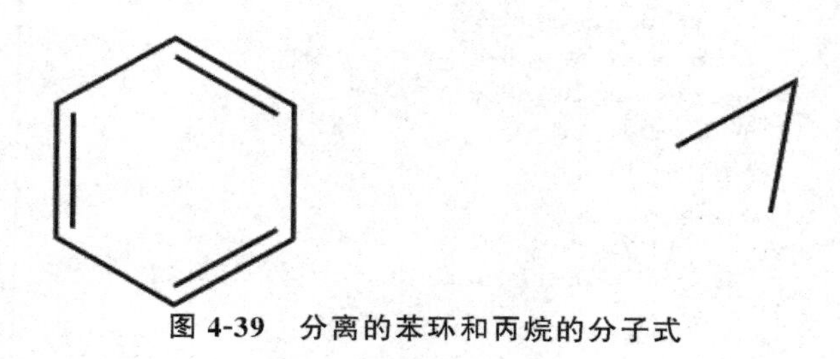

图 4-39　分离的苯环和丙烷的分子式

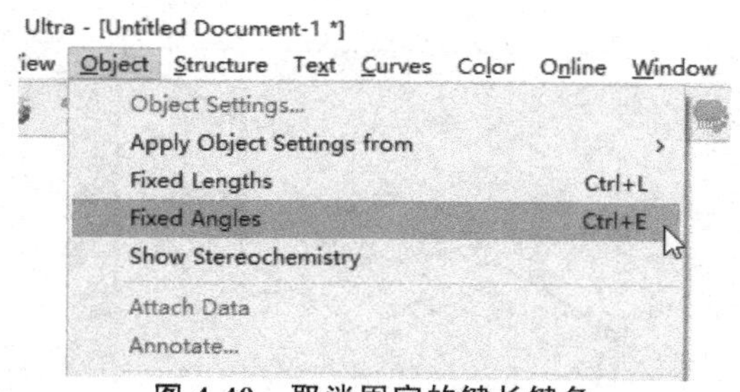

图 4-40 取消固定的键长键角

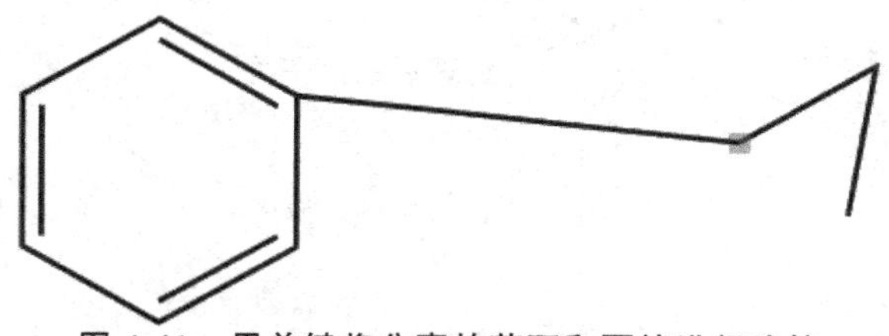

图 4-41 用单键将分离的苯环和丙烷进行连接

但是使用者明显会发现此结构图明显不规范，在用选择框工具将此结构选择以后，执行“Structure\Clean Up Structure”命令或工具栏中的快捷按钮（图 4-42），便能将此结构进行整理成规范的结构图（图 4-43）。

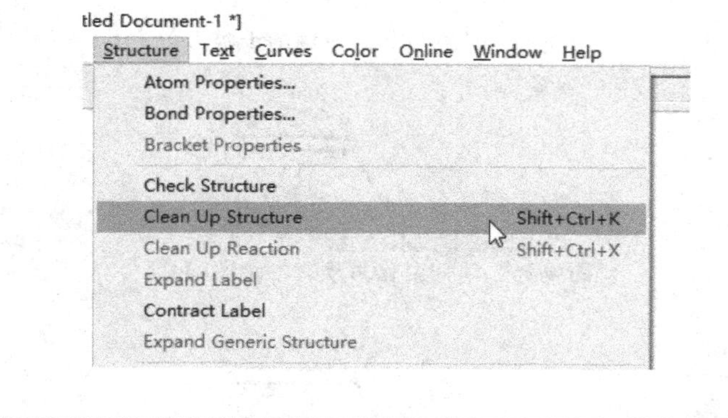

图 4-42 “Clean Up Structure”命令和工具栏中的快捷按钮

（4）单键变化为双键

虽然程序有双键工具，但是利用单键工具也可以生成双键。例如，采用单键绘制了丁烷的化学式，将鼠标移至最后的一条碳碳单键上面会看到出现了一个长方形的蓝色矩形（图 4-44），此时再次单击鼠标左键，可以看到单键变为双键（图 4-45），并且现次单击会发现双键的位置还会有如下的变化（图 4-46～图 4-47），使用者可以根据需要决定使用哪种形式。

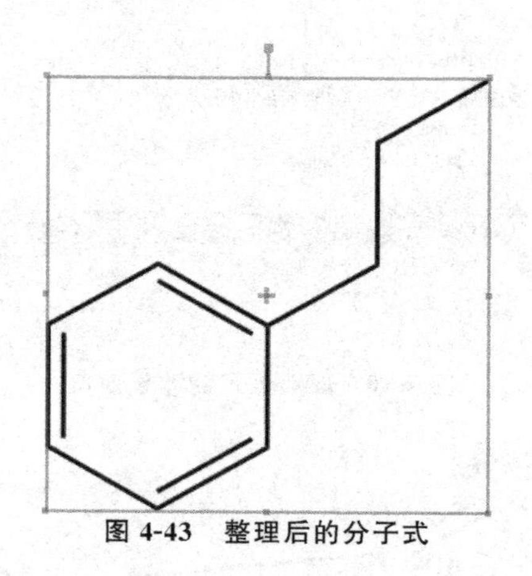

图 4-43　整理后的分子式

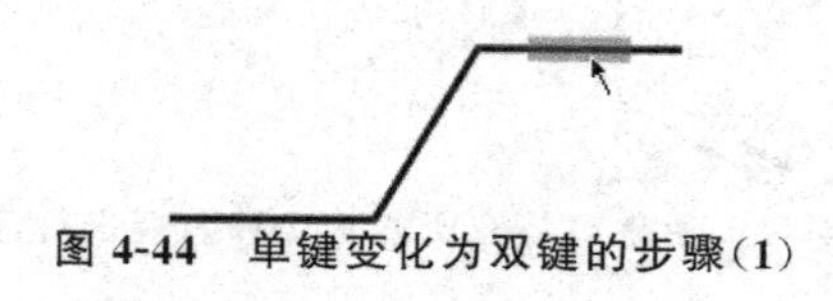

图 4-44　单键变化为双键的步骤(1)

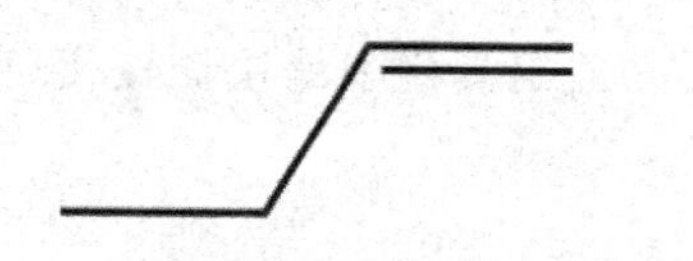

图 4-45　单键变化为双键的步骤(2)

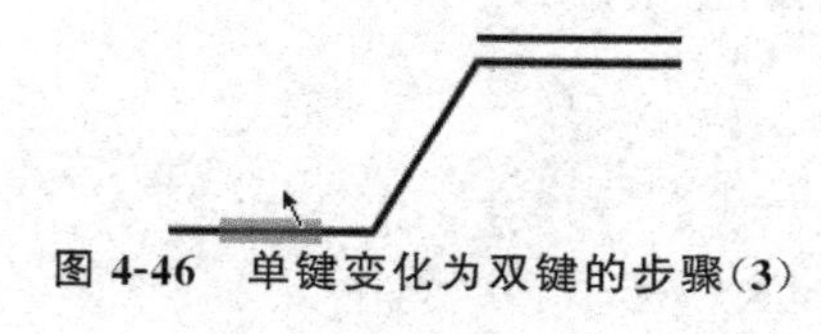

图 4-46　单键变化为双键的步骤(3)

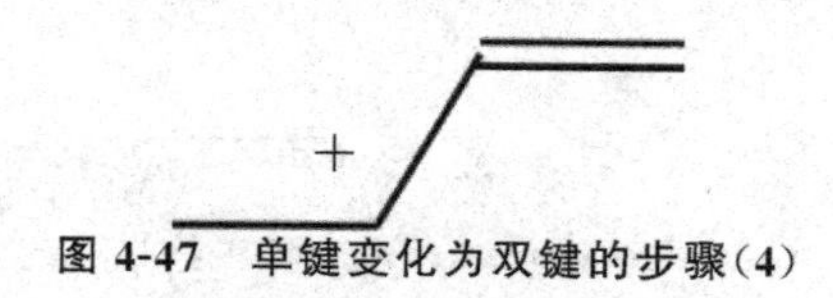

图 4-47　单键变化为双键的步骤(4)

2."橡皮"工具的使用

在编辑各种有机化学符号或方程式时难免会出现一些错误,这时可以使用橡皮工具进行修改。

例如,在编辑区有一个苯环的结构式,当选择橡皮工具后将鼠标移至其中的一条双键上时(图 4-48),当鼠标下面出现一个蓝色的矩形时单击鼠标左键后该双键变为单键(图 4-49),继续单击此单键则此单键就会消失(图 4-50)。

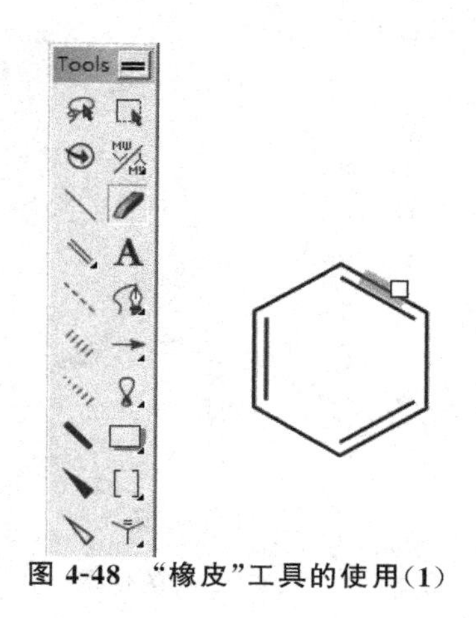

图 4-48　“橡皮”工具的使用(1)

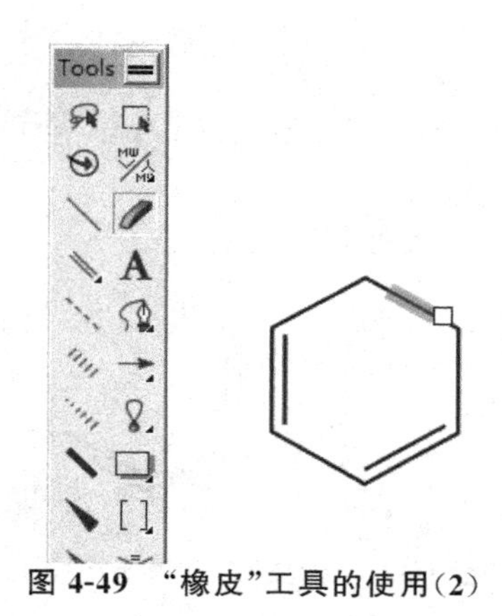

图 4-49　“橡皮”工具的使用(2)

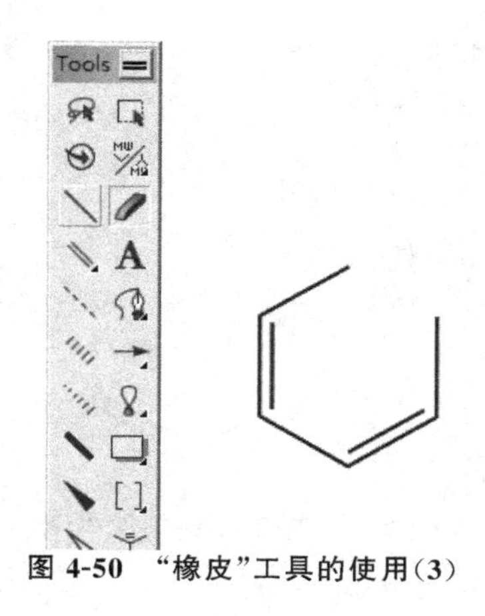

图 4-50　“橡皮”工具的使用(3)

选择橡皮工具将鼠标移到苯环中的一个碳原子时(图 4-51),鼠标下面会出现一个蓝色的正方形，单击鼠标左键以后则该碳原子就会消失(图 4-52)，同时与相连的化学键也会消失，继续单击其他的碳原子会继续删除操作(图 4-53)。

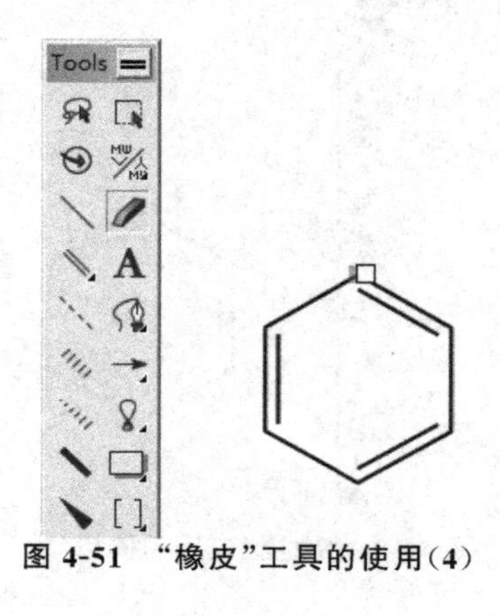

图 4-51 "橡皮"工具的使用(4)

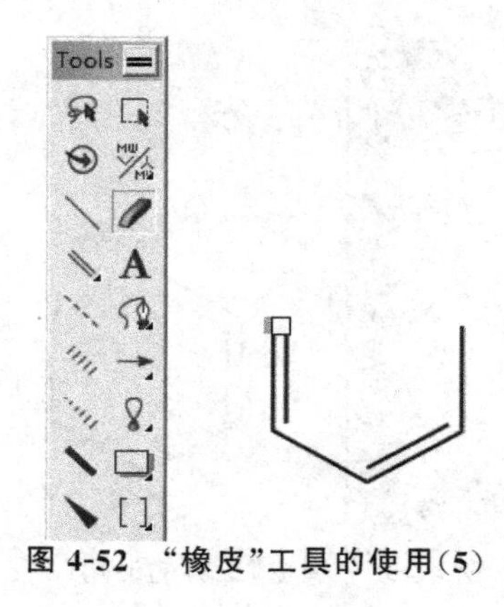

图 4-52 "橡皮"工具的使用(5)

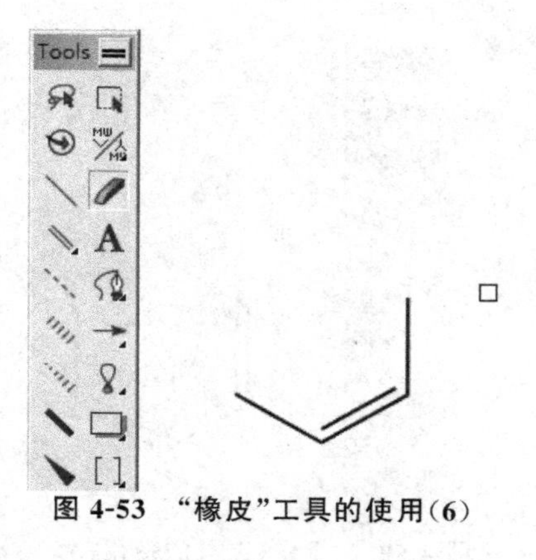

图 4-53 "橡皮"工具的使用(6)

3."文本"工具的使用

(1)普通文本的创建

选择工具栏中的文本工具并在编辑区单击，就可以在输入框中输入文字了。例如，输入乙醇的分子式 CH3CH2OH 后(图 4-54)，此时字体工具箱中的选项变为可用，可以设置文字的字体、字号、对齐方式、上标、下标和颜色等。

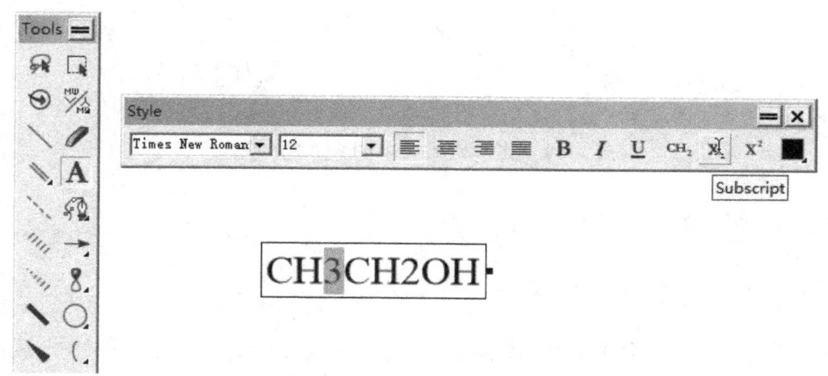

图 4-54　文本工具的使用

可以分别选择其中数学 3 和 2，将其设置为下标即可得到乙醇的分子式 CH_3CH_2OH。另外还有一种简单的方法是用选择框选择所有的文本 CH3CH2OH 内容后，执行文本工具栏中的"CH_2"命令，即可快速地将文本中的数字变为下标。

所建立的文本在用选择框选择以后，还可以进行大小(图 4-55)和角度(图 4-56)的改变。

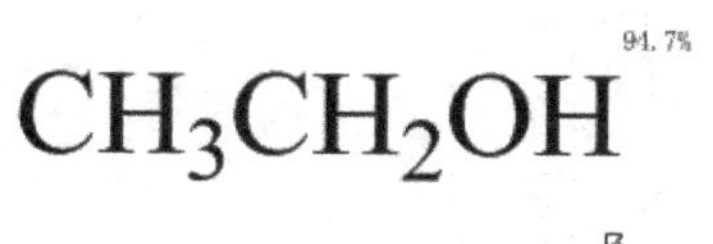

图 4-55　文本大小的调节

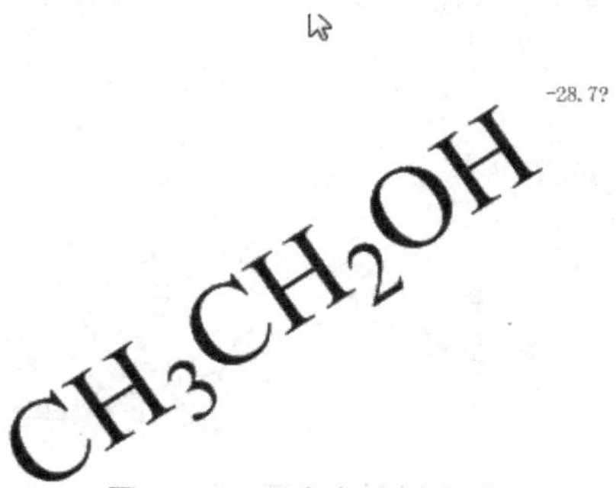

图 4-56　文本角度的调节

(2)化学结构式中文本的创建

例如,在使用单键工具某个物质的化学时,如果最后一个位置为 OH 时,在仍然选择单键工具的前提下双击以后就可以进行输入文字(图 4-57)。

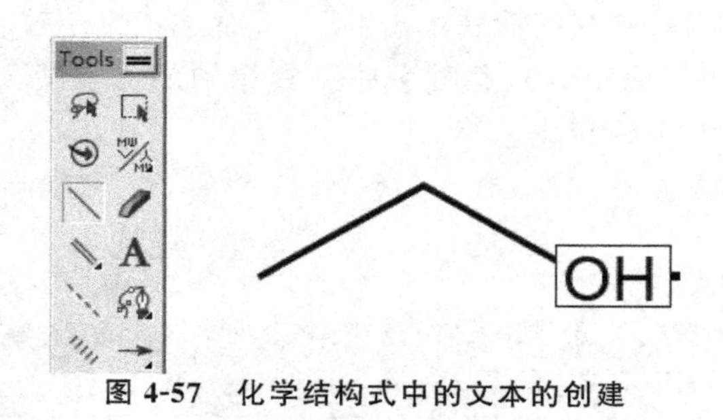

图 4-57　化学结构式中的文本的创建

当然也可以切换到文本工具后再输入 OH。

4.“苯环”和“环戊二烯”工具的使用

“苯环”和“环戊二烯”两个工具的使用方法相同,在此以苯环工具为例进行说明。选择苯环工具后在编辑区进行如下操作(表 4-1)。

表 4-1　不同操作得到的不同样式的苯环结构

操作	得到图形	备注
单击鼠标左键	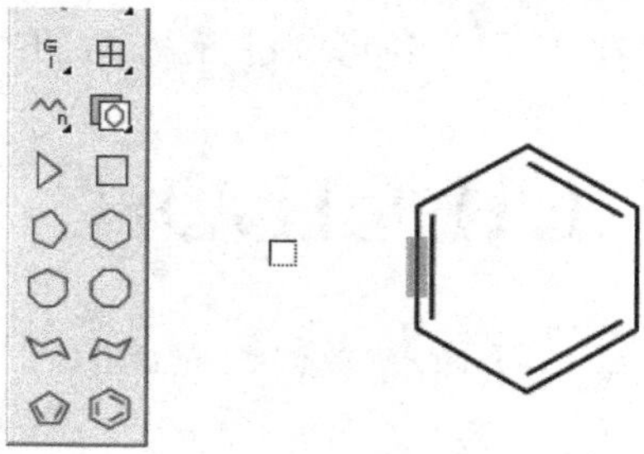	常规图形
按住鼠标左键并旋转	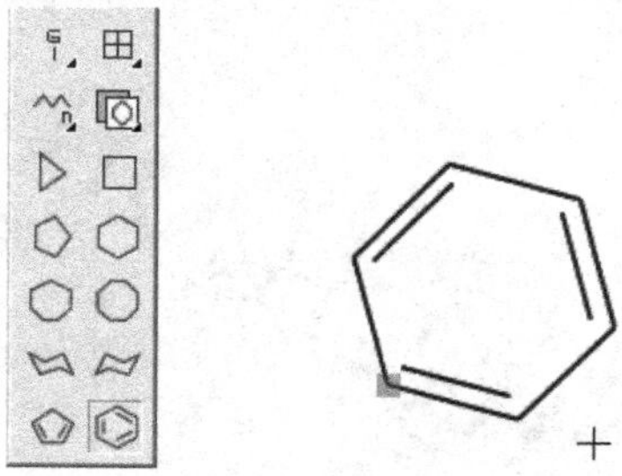	可以将苯环结构进行旋转

续表

操作	得到图形	备注
按住鼠标左键＋Alt 键并拖动鼠标	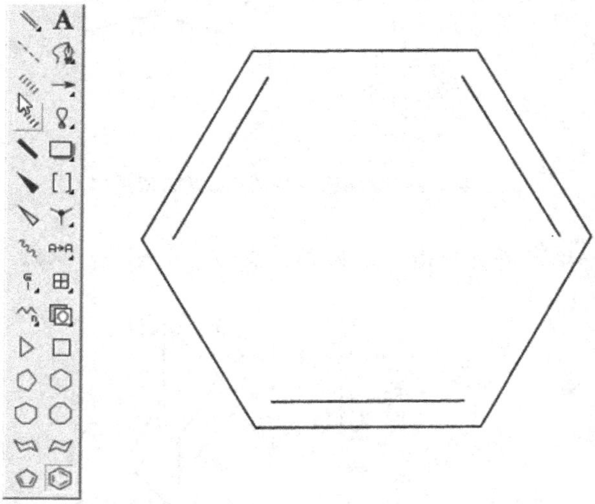	可以将苯环结构放大与缩小
按住 Ctrl＋单击鼠标左键	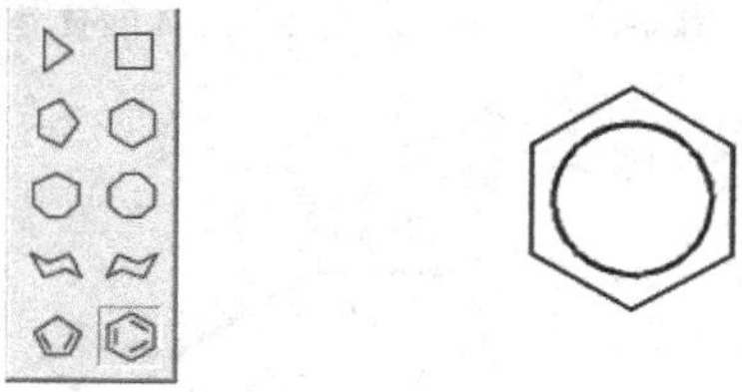	可以得到苯环的共轭结构

另外还可以采用类似介绍单键工具中的方法对苯环结构进行角度和大小的调整。

练习：阿司匹林结构的绘制(图 4-58)。

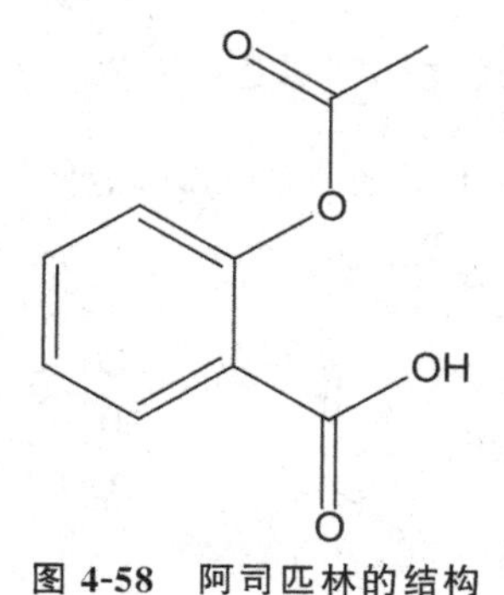

图 4-58　阿司匹林的结构

5."环己烷椅式"工具的使用

此工具的使用方法与苯环工具的方法类似，但是其并没有共轭结构的表示方法，所以按住 Ctrl＋单击鼠标左键无效。

单击鼠标左键(图 4-59)。

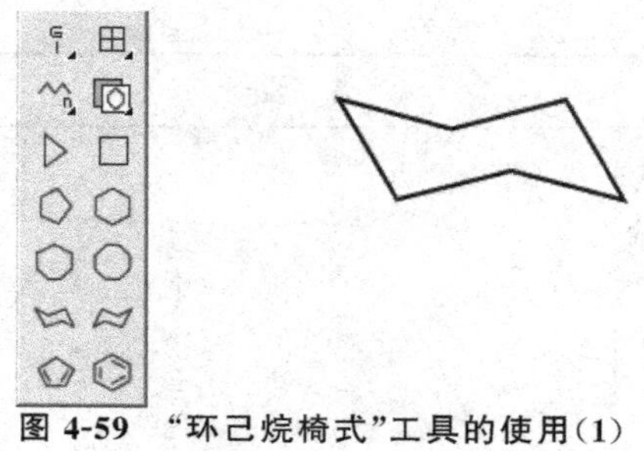

图 4-59 “环己烷椅式”工具的使用(1)

但是按住 Shift＋单击鼠标左键可以得到垂直方向的结构(图 4-60)。

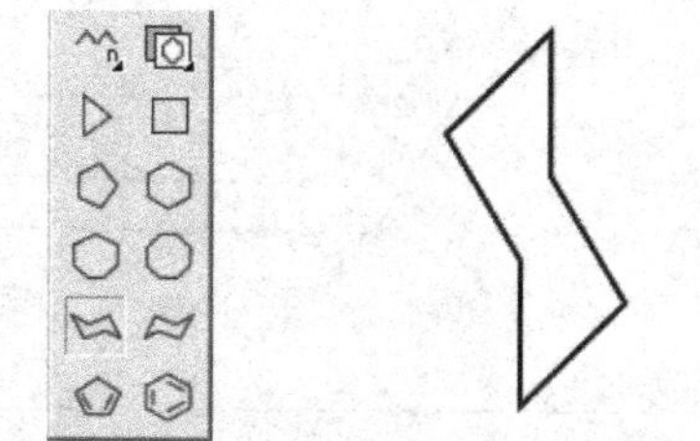

图 4-60 “环己烷椅式”工具的使用(2)

练习:顺十氢萘结构的绘制(图 4-61)。

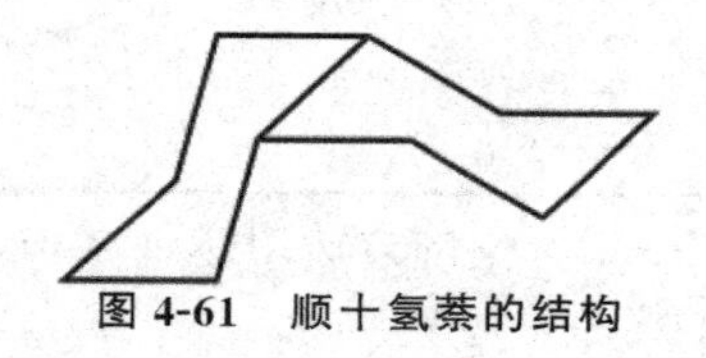

图 4-61 顺十氢萘的结构

6.“环丙烷环”“环丁烷环”“环戊烷环”“环己烷环”“环庚烷环”和“环辛烷环”工具的使用

这几个工具的使用方法与苯环工具的方法类似,请使用者自学即可。

练习:绘制如下化学物质的结构式:

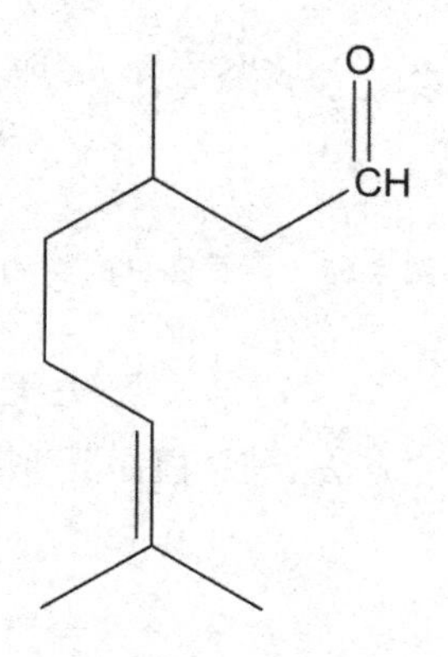

7."结构透视"工具的使用

在编辑区绘制好某个物质(如环己烷)的结构图以后(图 4-62),可以选择工具栏中的结构透视按钮对图片进行调整(表 4-2)。

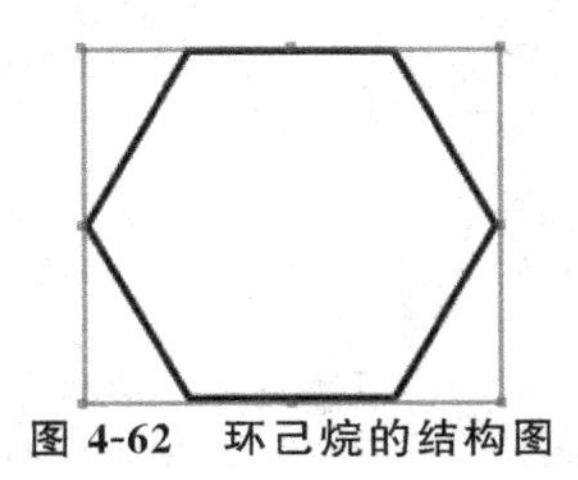

图 4-62　环己烷的结构图

表 4-2　不同操作得到的不同样式的透视

拖动上下的控制点		纵向透视
拖动左右的控制点		横向透视
拖动对角线的控制点		纵横向同时透视

8."双键"工具的使用

用鼠标按住工具栏的双键工具按钮不动,在弹出的菜单中可以看到这个工具包含了双键、三重键、四重键和配位键等多种工具(图 4-63)。使用者可以根据需要进行切换。这个工具的使用方法与单键工具基本相同。

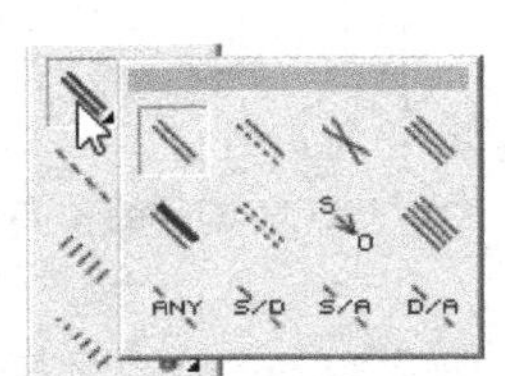

图 4-63　双键工具及其包含的多种工具

练习：使用环己烷环工具和双键工具绘制如下的结构图：

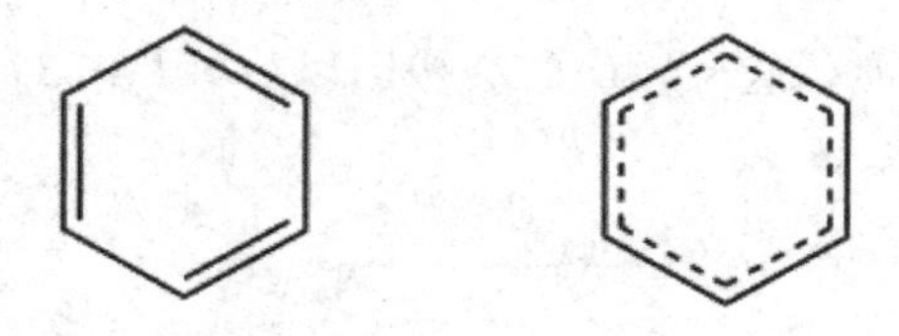

9."长链"工具的使用

此工具有两种使用方法：

①选择长链工具以后单击鼠标左键，在弹出的对话框中输入需要建立碳链中的碳原子数5(图4-64)，点击"Add"按钮以后就会在编辑区出现长度为5的碳链(图4-65)。

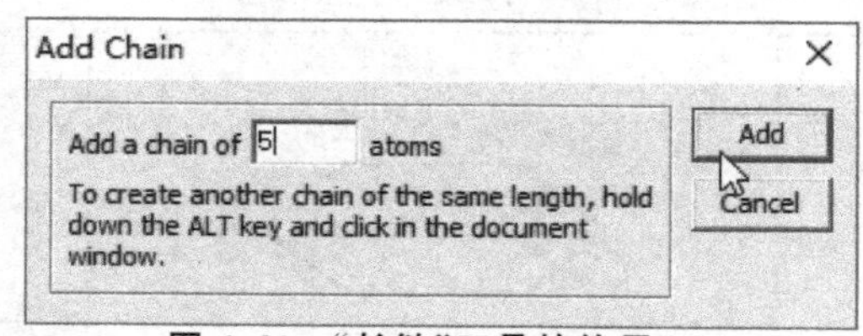

图4-64 "长链"工具的使用(1)

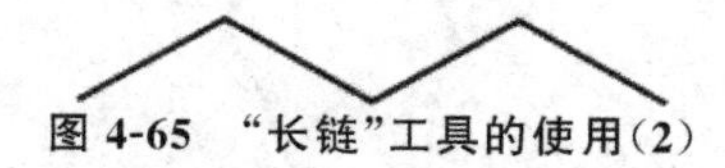

图4-65 "长链"工具的使用(2)

②选择长链工具以后按住鼠标左键不放，可以看到碳链随着鼠标由左到右的拖动而逐渐延长，并在碳链末端显示出该碳链中包含的碳原子总数(图4-66)。

图4-66 "长链"工具的使用(3)

如果创建的碳链的长度符合要求以后，还可以将向上(图4-67)或向下(图4-68)旋转鼠标以改变碳链的角度。

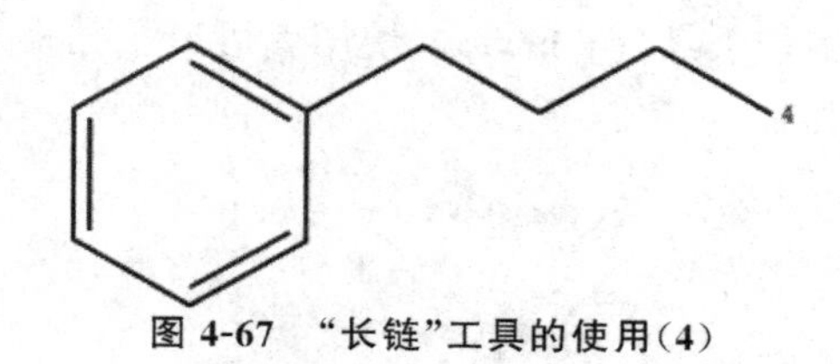

图4-67 "长链"工具的使用(4)

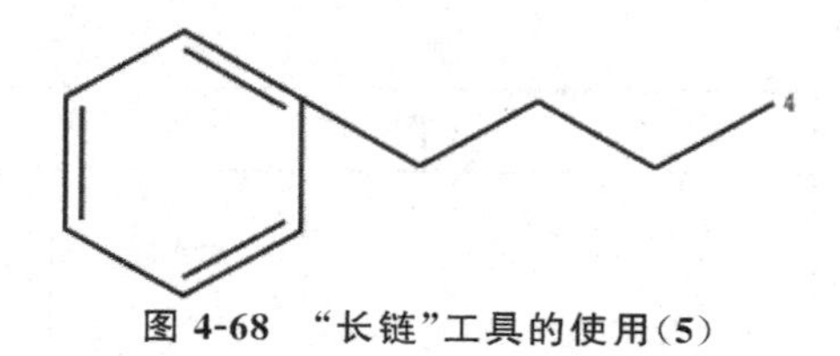

图 4-68　“长链”工具的使用(5)

10.“箭头”工具的使用

在工具栏中的箭头工具上按住鼠标左键不放,在弹出的菜单中可以看到有各种类型的箭头可供使用(图 4-69)。

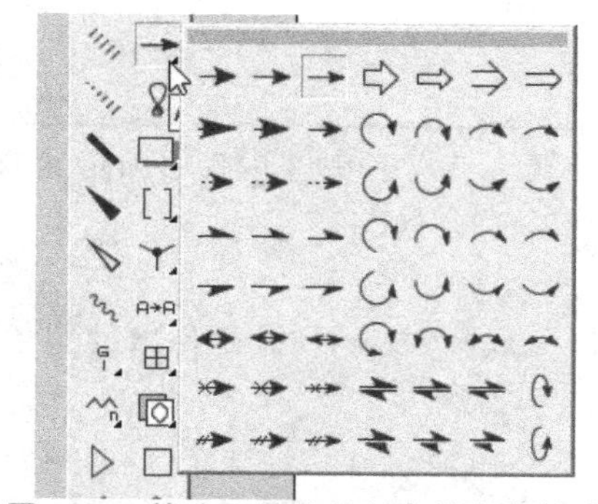

图 4-69　箭头工具及其包含的多种箭头

选择箭头工具中的第一个箭头样式后,沿着鼠标拖动的方向会画出一个箭头,并且将鼠标再次放置于该箭头上时会出现一些控制点(图 4-70),并可以对箭头的形状作出进一步的调整(表 4-3)。

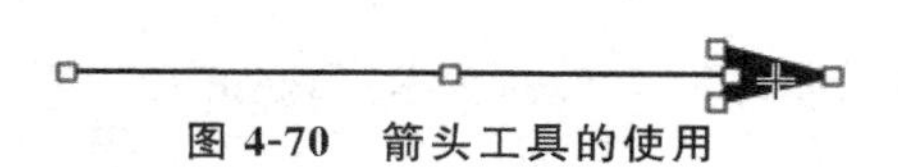

图 4-70　箭头工具的使用

表 4-3　不同操作对箭头形状的影响

操作	示例	说明
调节左右两端控制点	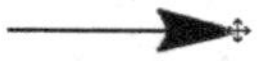	放大或缩小箭头
调节箭头上下的两个控制点	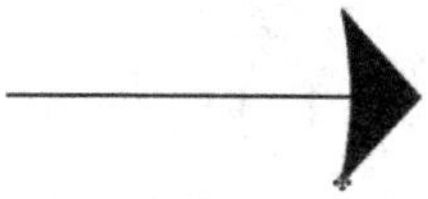	调节箭头外面两点的位置
调节箭头中间的一个控制点		调节箭头中间一点的位置
调节中间的控制点		调节箭头的弯曲角度

续表

操作	示例	说明
箭头弯曲时再调节 左右两端控制点		调节箭头的弯曲角度

另外还可以使用套索和选择框工具对箭头进行大小和角度的调整。

11."轨道"工具的使用

在工具栏中的轨道工具上按住鼠标左键不放，在弹出的菜单中可以看到有常见的 s、p、d 和杂化轨道可供使用(图 4-71)。

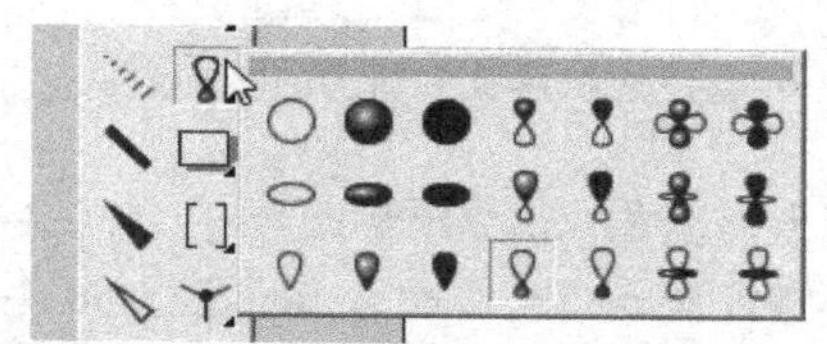

图 4-71　轨道工具及其包含的多种类型的轨道

其使用方法与前面的单键、苯环等工具的基本一致，并可以对轨道的形状作出进一步的调整(表 4-4)。

表 4-4　不同操作对轨道形状的影响

操作	式样	说明
单击鼠标		得到垂直角度的轨道图
单击鼠标并拖动		可以进行角度的调整

另外还可以使用套索和选择框工具对箭头进行大小和角度的调整。

练习：绘制出下面的图形：

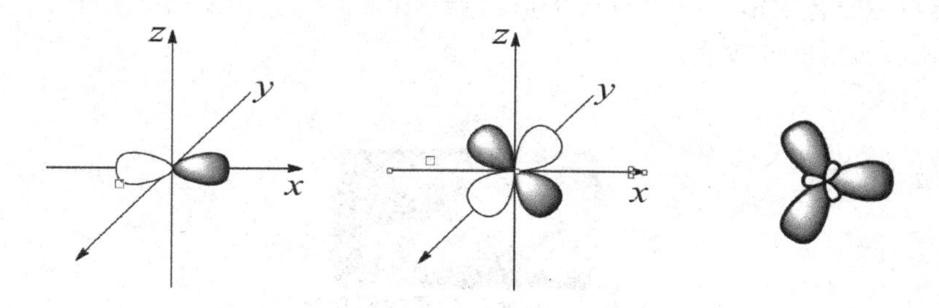

12.虚键、切割键、黑体键和各种锲形键（黑体锲键、空心锲键、切割锲键）的使用

这几个工具的使用与前面的单键工具的使用方法基本相同，下面以几个例子简单介绍其使用方法。

练习：绘制出下面的图形。

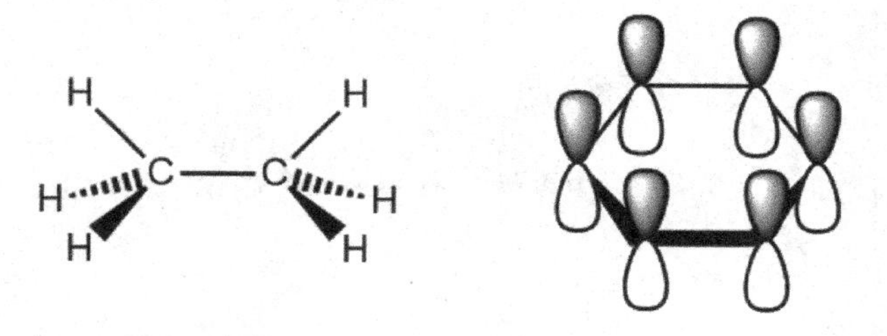

13.“绘图”工具的使用

用鼠标按住工具栏的绘图工具按钮不动，在弹出的菜单中可以看到这个工具包含如下的工具（图 4-72）。

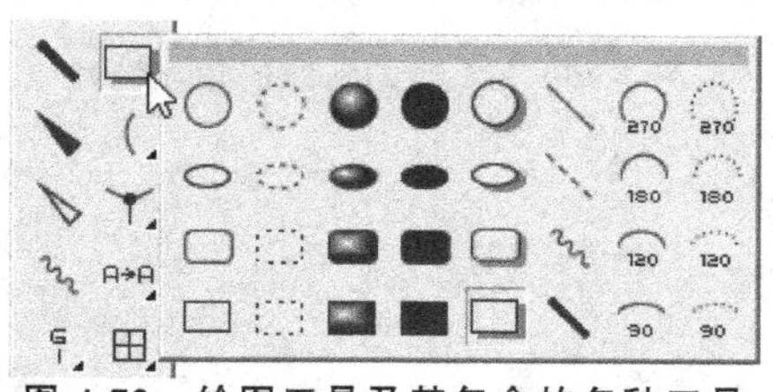

图 4-72　绘图工具及其包含的多种工具

实线效果的正圆、椭圆、圆角矩形、矩形工具。

虚线效果的正圆、椭圆、圆角矩形、矩形工具。

高亮阴影效果的正圆、椭圆、圆角矩形、矩形工具。

纯黑色效果的正圆、椭圆、圆角矩形、矩形工具。

阴影效果的正圆、椭圆、圆角矩形、矩形工具。

直线、虚线、波浪线和加粗直线工具。

90 度、120 度、180 度和 270 度的实弧线。

90 度、120 度、180 度和 270 度的虚弧线。

例如，绘制一个有阴影效果的圆角矩形以后(图 4-73)，在用选择框选择以后可以对该圆角矩形进行大小和角度的改变。

图 4-73　有阴影效果的圆角矩形

再例如，绘制出一个 120 度的弧线以后(图 4-74)，此时可以用鼠标调节弧线上的三个控制点调节此弧线的角度(图 4-75)。绘制完成以后用选择框选择以后可以进行大小和角度的调整。

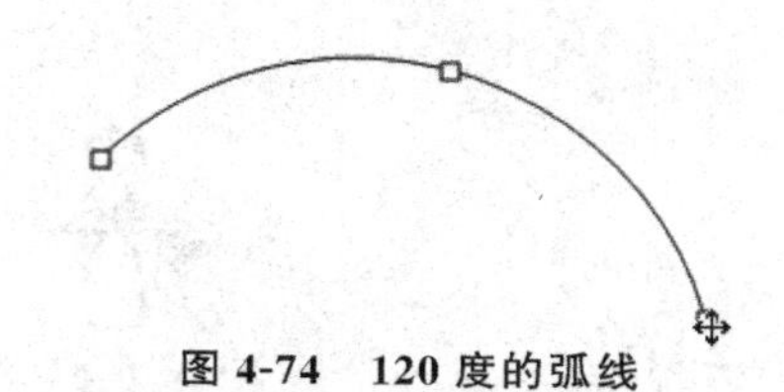

图 4-74　120 度的弧线

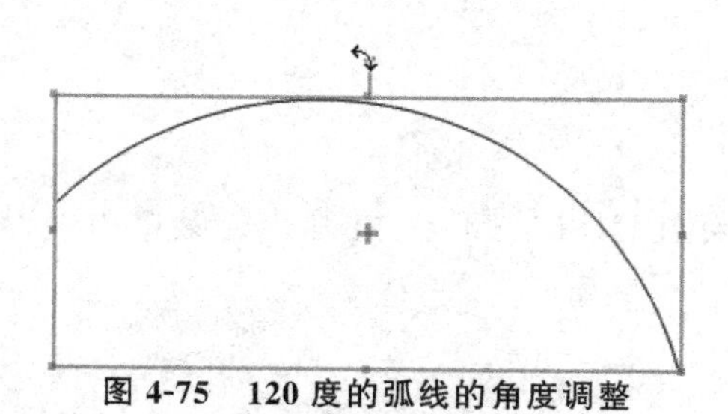

图 4-75　120 度的弧线的角度调整

练习：绘制如下的图形。

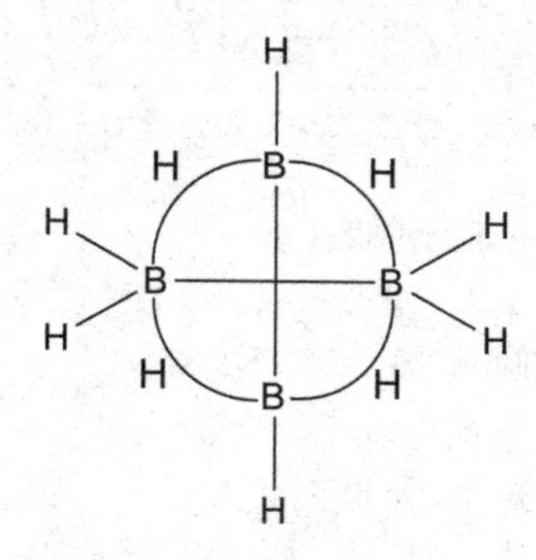

14."括号"工具的使用

用鼠标按住工具栏的绘图工具按钮不动,在弹出的菜单中可以看到这个工具包含各种类型的括号可供使用(图 4-76)。

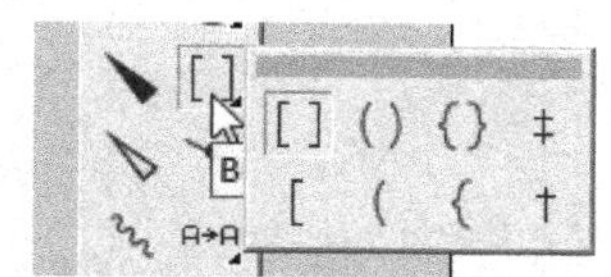

图 4-76 括号工具及其包含的多种工具

例如,选择其中的一对方括号以后(图 4-77),可以用鼠标对其中的每一个方括号进行单独的大小(图 4-78)和角度(图 4-79)的调整。

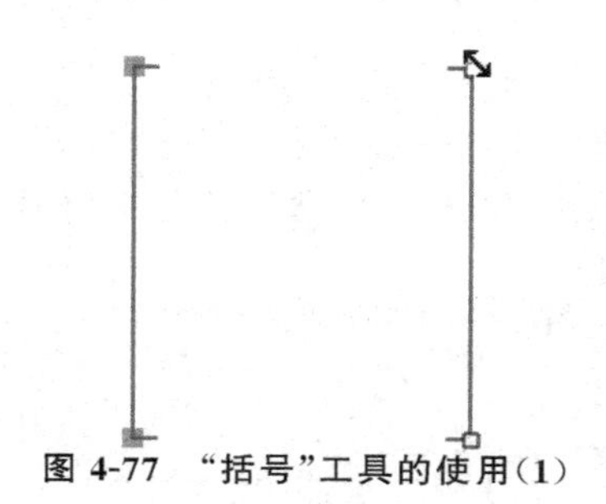

图 4-77 "括号"工具的使用(1)

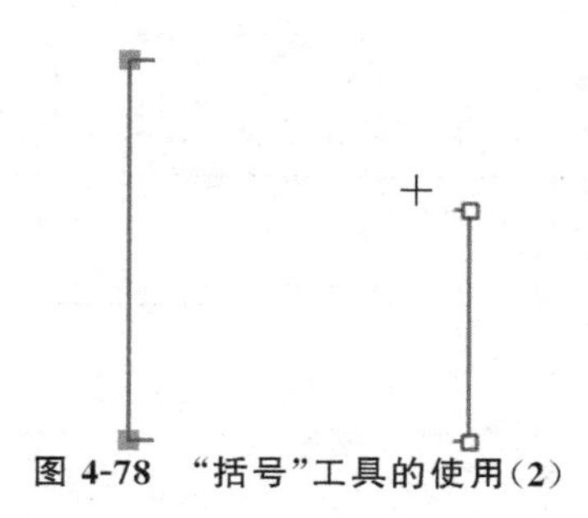

图 4-78 "括号"工具的使用(2)

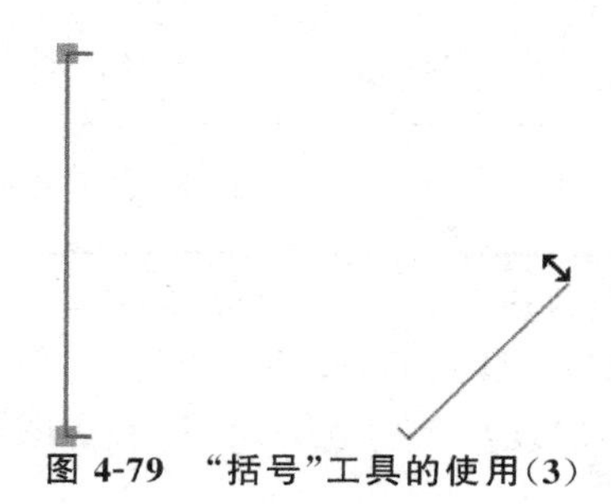

图 4-79 "括号"工具的使用(3)

在用选择框选择建立的一对方括号以后就可以将这一对方括号进行同时的大小和角度的调整(图 4-80)。

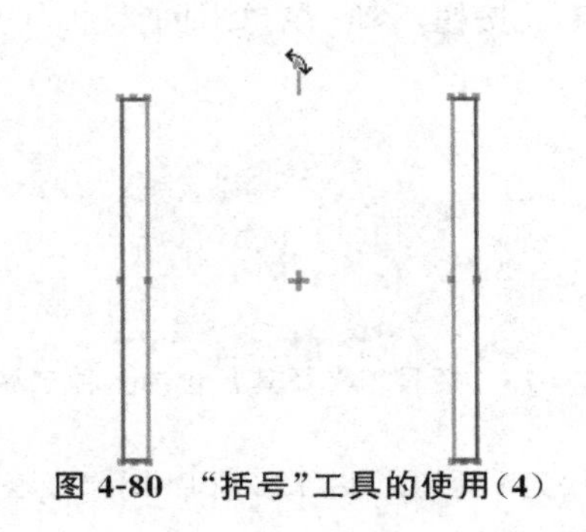

图 4-80 “括号”工具的使用(4)

15.“化学符号”工具的使用

用鼠标按住工具栏的化学符号工具按钮不动,在弹出的菜单中可以看到这个工具包含各种有机化学中的常用符号可供使用(图 4-81),常用的化学符号工具的含义见表 4-5。

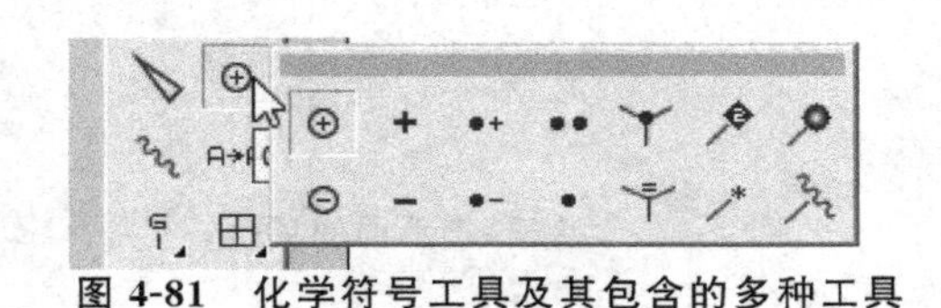

图 4-81 化学符号工具及其包含的多种工具

表 4-5 常用的化学符号工具的含义

⊕	环正电荷	•-	阴离子
⊖	环负电荷	••	孤对电子
+	一般正电荷	•	自由基
−	一般负电荷	[H-点图标]	H-点:表示有一个沿着 Z 轴向平面外伸出的氢
•+	阳离子	[H-划图标]	H-划:表示有一个沿 Z 轴向平面里面进入的氢

图 4-82 和图 4-83 为演示 H-点和 H-划的使用方法:

(a)从化学符号子工具箱中选择 H-点或 H-划工具。

(b)在对应原子附近定位,当出现反色的小方块时,点击即可(图 4-82 和图 4-83)。

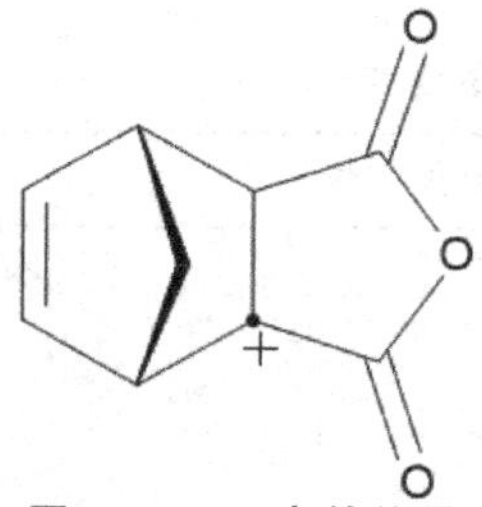

图 4-82 H-点的使用

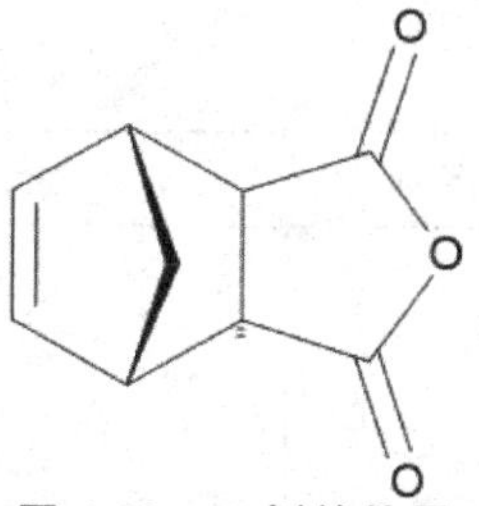

图 4-83 H-划的使用

练习:绘制出下面的有机物的分子式。

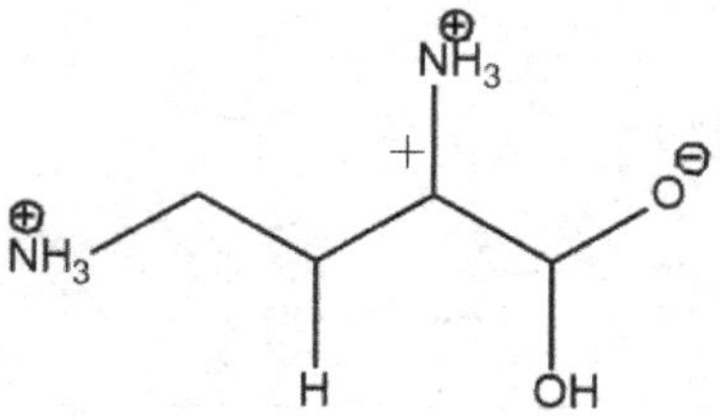

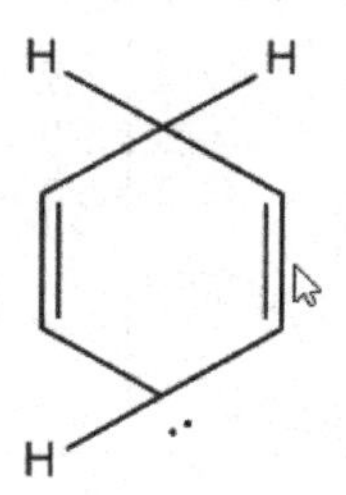

16.各种模板的使用

(1)常用的化学模板及工具

用鼠标按住工具栏的模板工具按钮不动,在弹出的菜单中可以看到这个工具包含多种化学与生物的模板可供使用(图 4-84),表 4-6 中列出了常用化学模板的名称和模板中包含的工具。

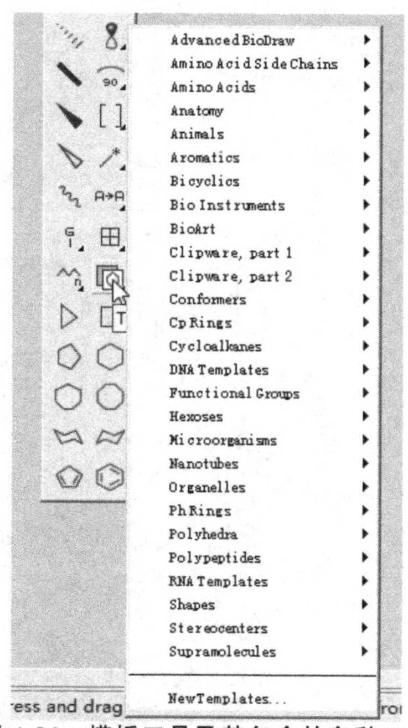

图 4-84 模板工具及其包含的多种工具

表 4-6　一些常用的化学模板工具的含义

工具栏名称		所含模板
AminoAcidsSideChains	氨基酸支链模板工具	
AminoAcids	氨基酸模板工具	
Aromatics	芳香化合物模板工具	

续表

工具栏名称		所含模板
Biocyclics	双环模板工具	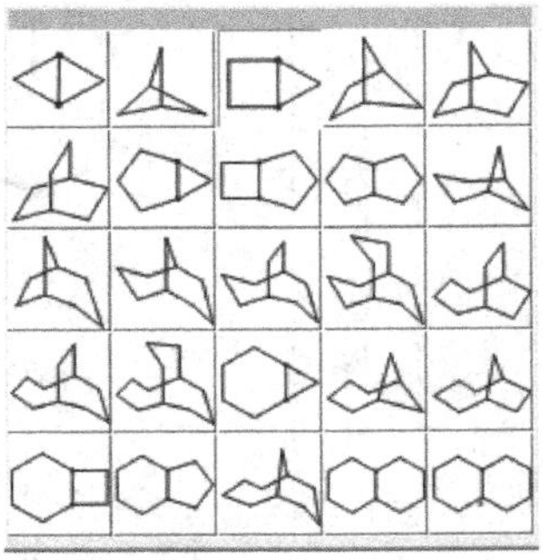
Clipware, part 1	玻璃仪器模板工具(1)	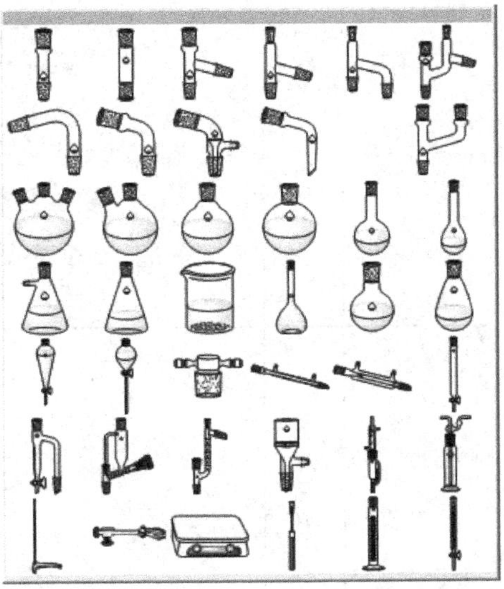
Clipware, part 2	玻璃仪器模板工具(2)	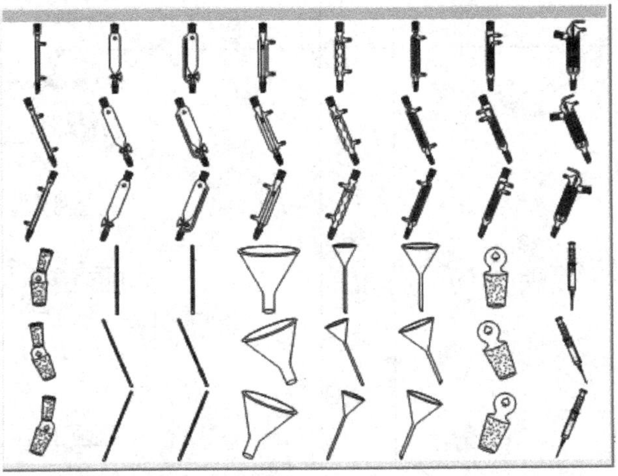

续表

工具栏名称		所含模板
Conformers	构象异构体模板工具	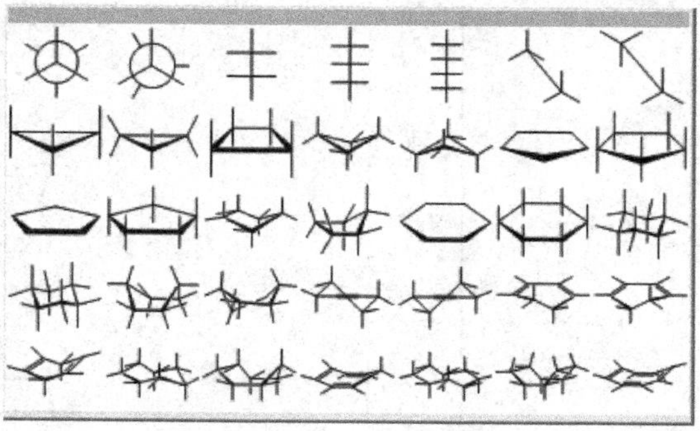
Cp Rings	环戊二烯模板工具	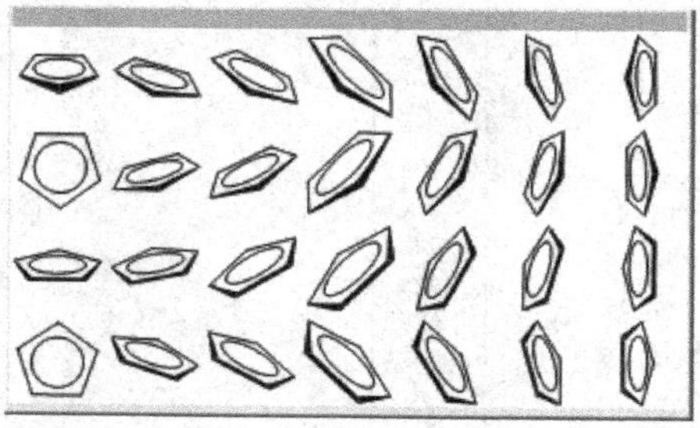
Cycloakanes	脂环模板工具	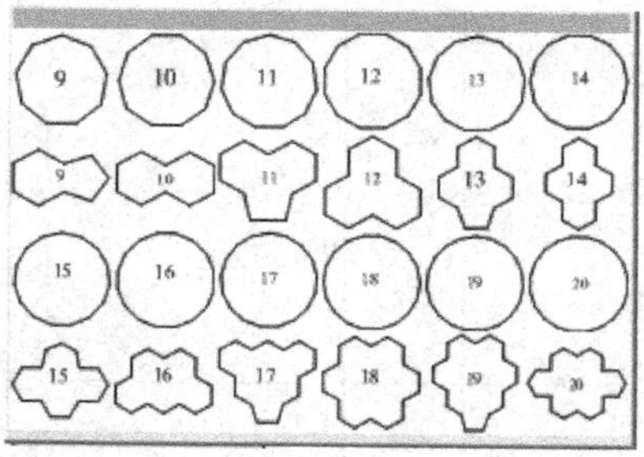
DNA Templates	DNA模板工具	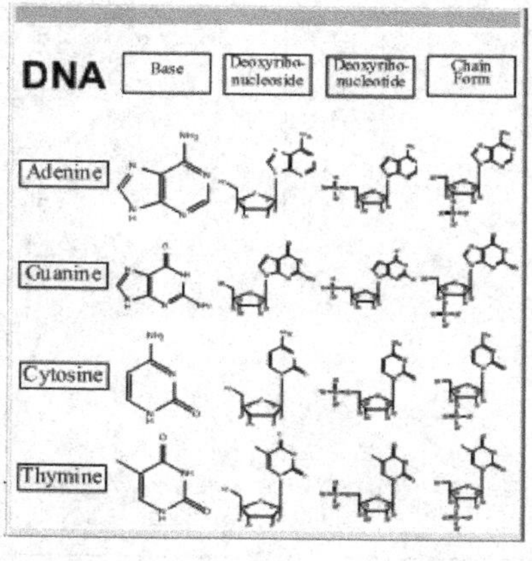

续表

工具栏名称		所含模板
Functional Groups	官能团模板工具	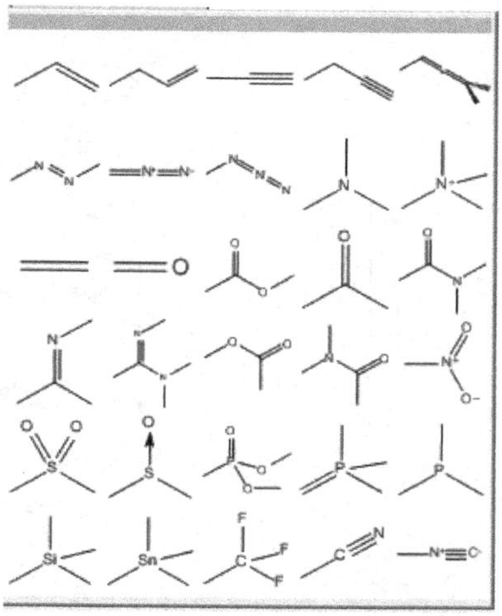
Hexoses	己糖模板工具	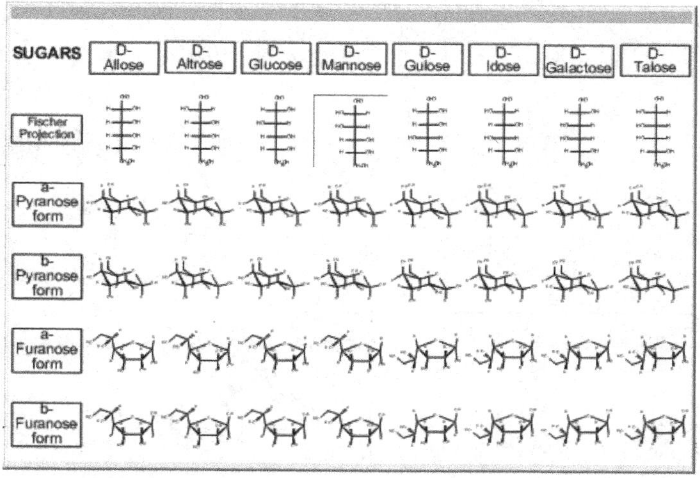 SUGARS D-Allose D-Altrose D-Glucose D-Mannose D-Gulose D-Idose D-Galactose D-Talose Fischer Projection a-Pyranose form b-Pyranose form a-Furanose form b-Furanose form
Nanotubes	纳米管工具	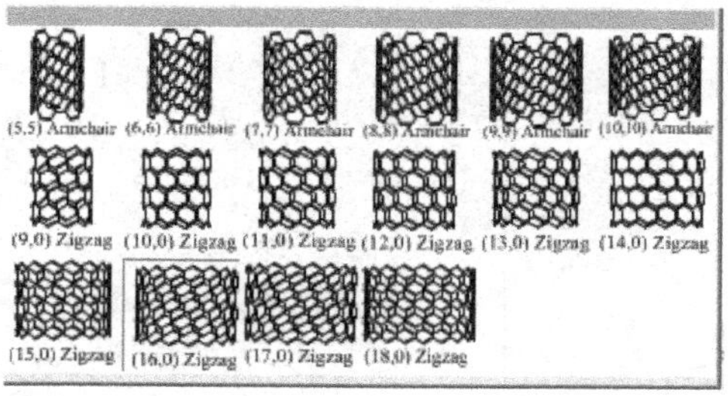 (5,5) Armchair (6,6) Armchair (7,7) Armchair (8,8) Armchair (9,9) Armchair (10,10) Armchair (9,0) Zigzag (10,0) Zigzag (11,0) Zigzag (12,0) Zigzag (13,0) Zigzag (14,0) Zigzag (15,0) Zigzag (16,0) Zigzag (17,0) Zigzag (18,0) Zigzag

续表

工具栏名称		所含模板
Ph Rings	苯环模板工具	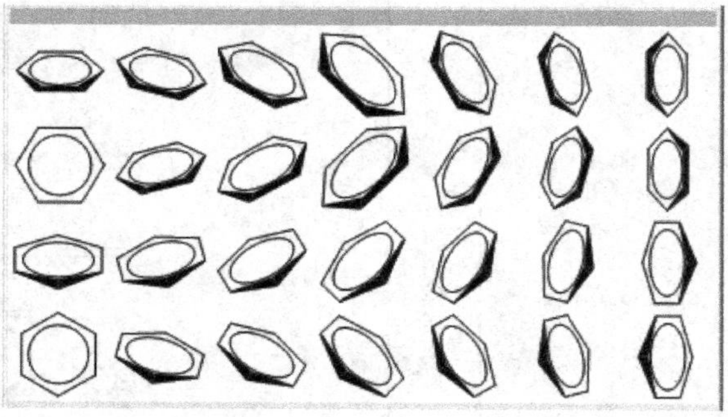
Polyhedra	多面体模板工具	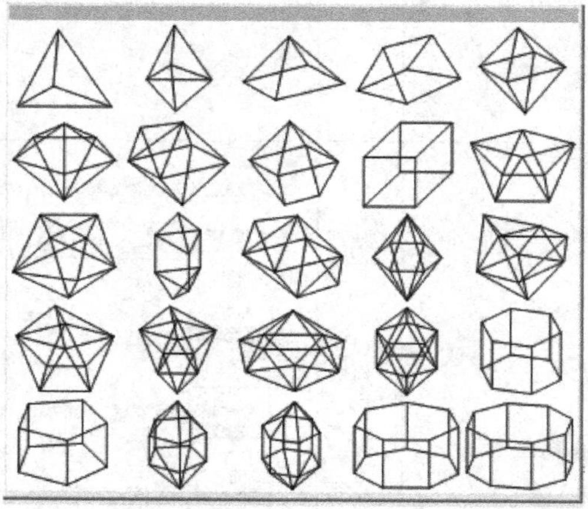
Polypeptides	多肽模板工具	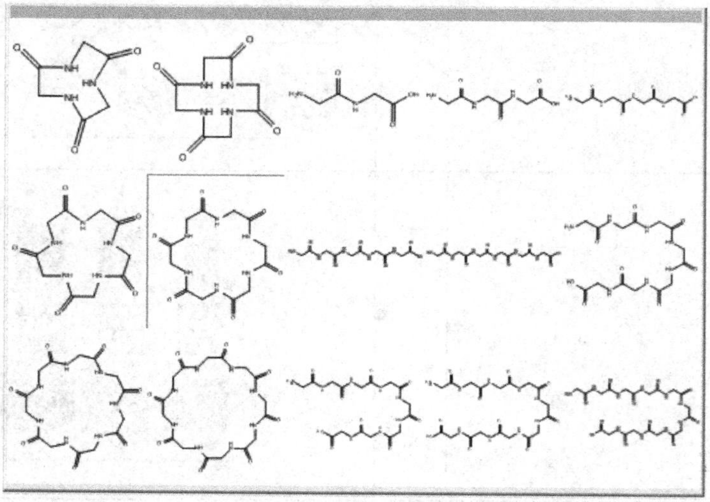

续表

工具栏名称		所含模板
RNA Templates	RNA 模板工具	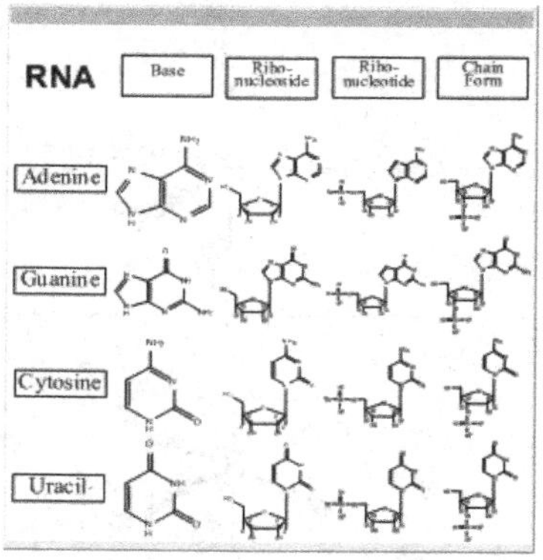 RNA Base Ribo-nucleoside Ribo-nucleotide Chain Form Adenine Guanine Cytosine Uracil
Stereocenters	立体中心模板工具	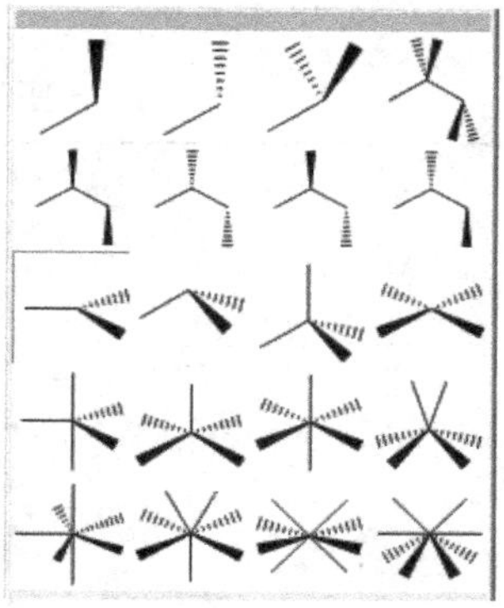
Supramolecules	超分子工具模板	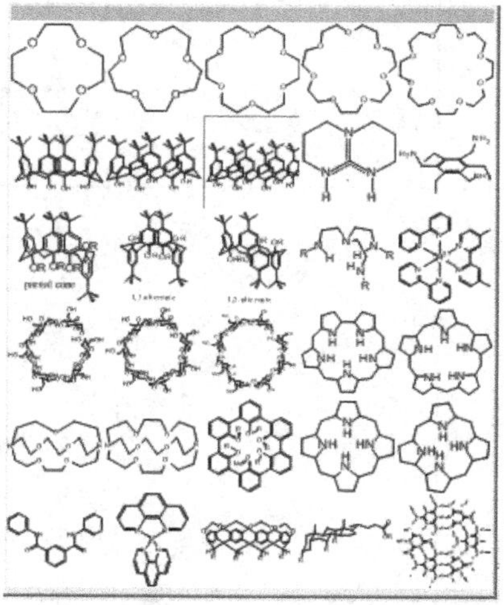

利用模板中提供的各种工具可以快速地创建各种物质的分子式(表 4-7),并且还可以进一步的修改。另外还可以创建一些常见的实验装置图(表 4-8)。

表 4-7　PCl_5 和 SF_6 的分子结构和多面体结构

	分子结构	多面体结构
PCl_5		
SF_6		

表 4-8　一些常见的实验装置图

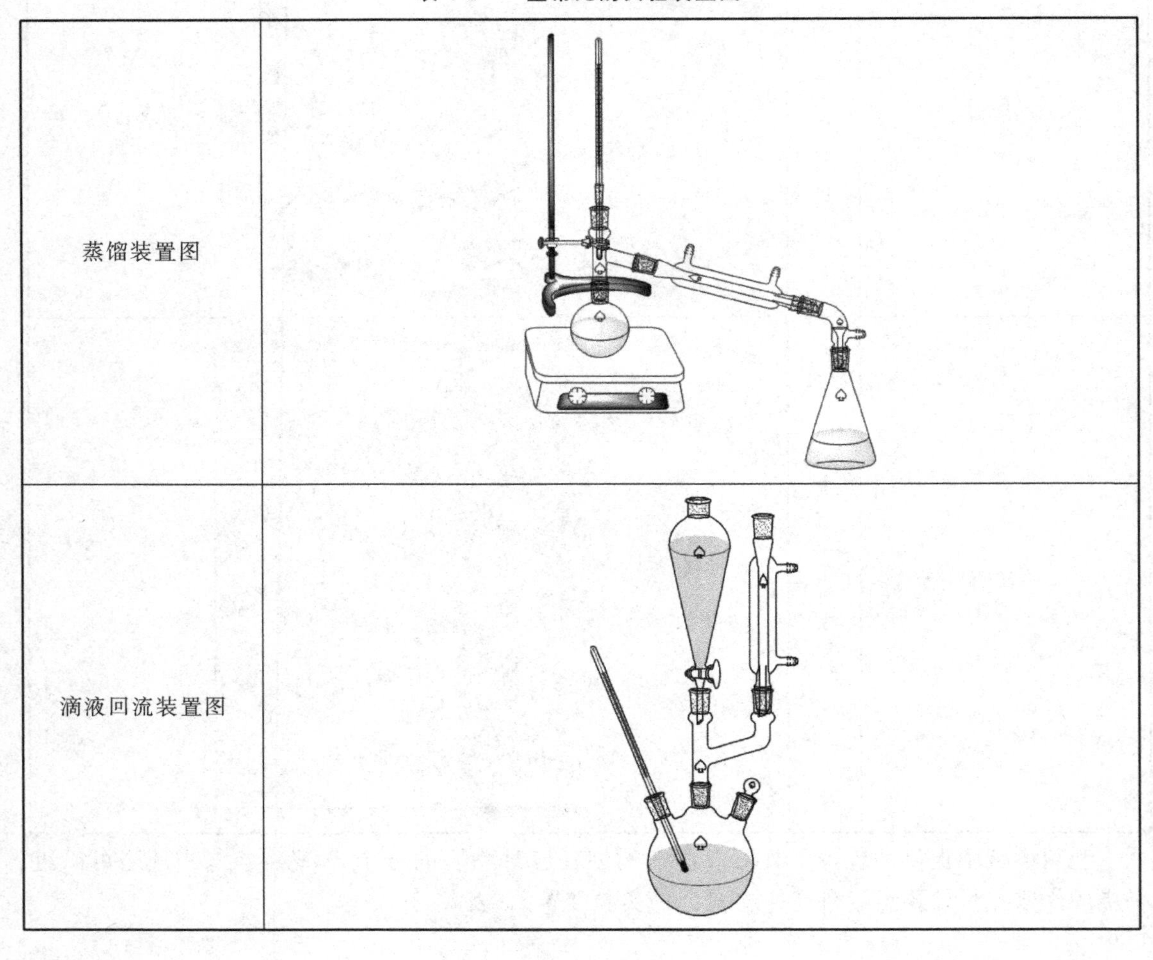

蒸馏装置图	
滴液回流装置图	

(2)自定义模板

虽然可以使用程序中自带的模板创建各种分子式和仪器装置,但是每次还要在各个模板中逐个查找,可以创建使用者个人的模板以便使用。

用鼠标按住工具栏的模板工具按钮不动,在弹出的菜单中选择“NewTemplates”命令后,可以在程序界面的左上角看到 15 个白色的格子,默认第一个已经变为蓝色(图 4-85)。

图 4-85 自定义模板操作步骤(1)

此时在编辑区就可以利用各种工具创建一个分子式或仪器装置图,如在编辑区输入一个有机化合物的分子式(图 4-86)。

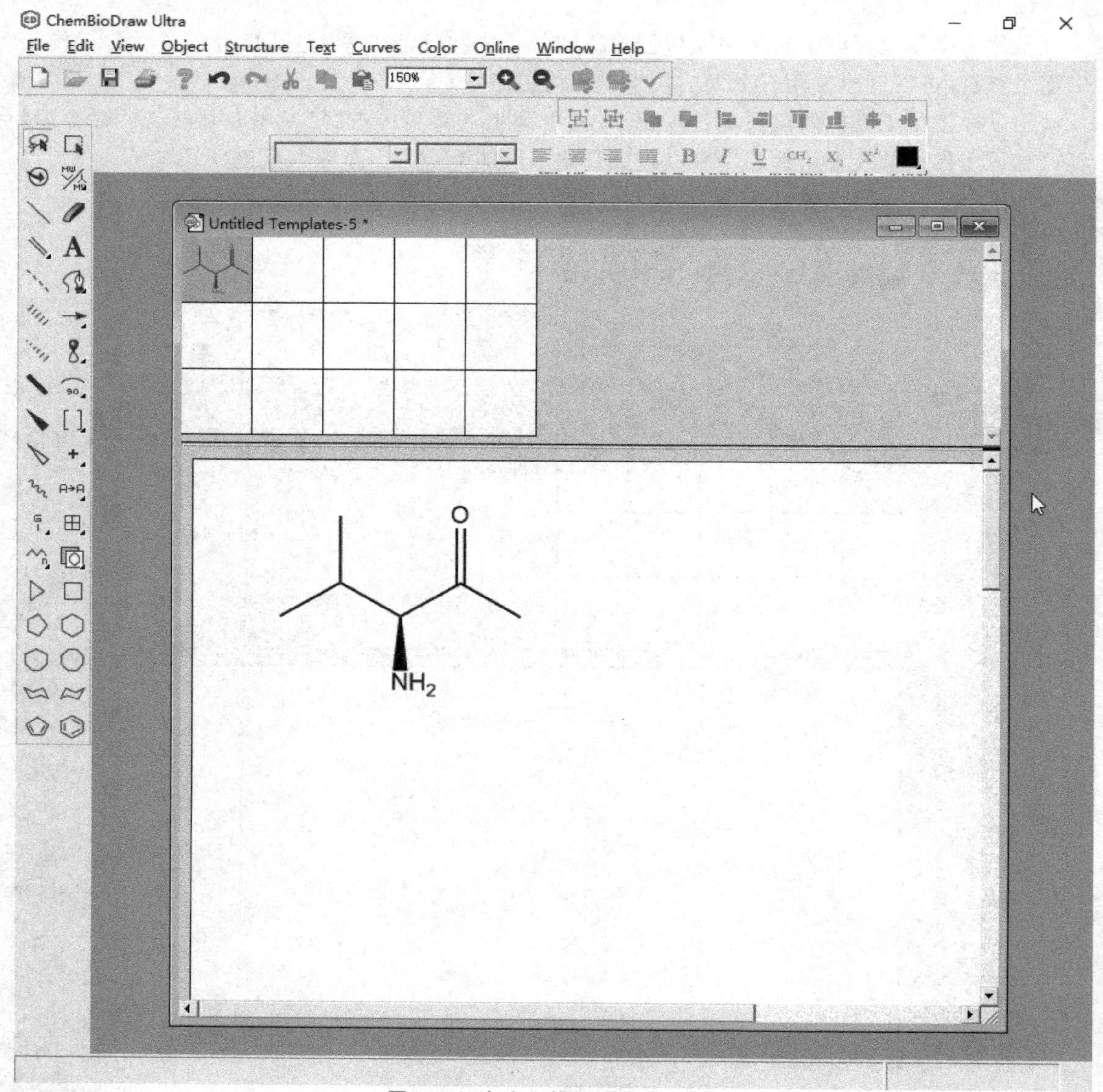

图 4-86　自定义模板操作步骤(2)

当第一个物质的分子式输入完成以后，可以用鼠标单击第二个白色格子后在编辑区输入另一个物质的分子式(图 4-87)。

当创建完成以后，点击窗口右上角的关闭按钮，在弹出的对话框中选择“是”按钮，会弹出一个“另存为”的对话框(图 4-88)，在其中的文件名中输入新建立的模板名称，如输入“个人模板”后点击保存按钮(图 4-89)。

当再次用鼠标按住工具栏的模板工具按钮不动，在弹出的菜单中可以看到在原来的各个模板的下面出现了一个名为“个人模板”的新模板(图 4-90)，点击里面的两个按钮就可以快速输入里面的分子式了，使用者可以根据个人需要创建更多的模板就可以明显地提高工作效率。

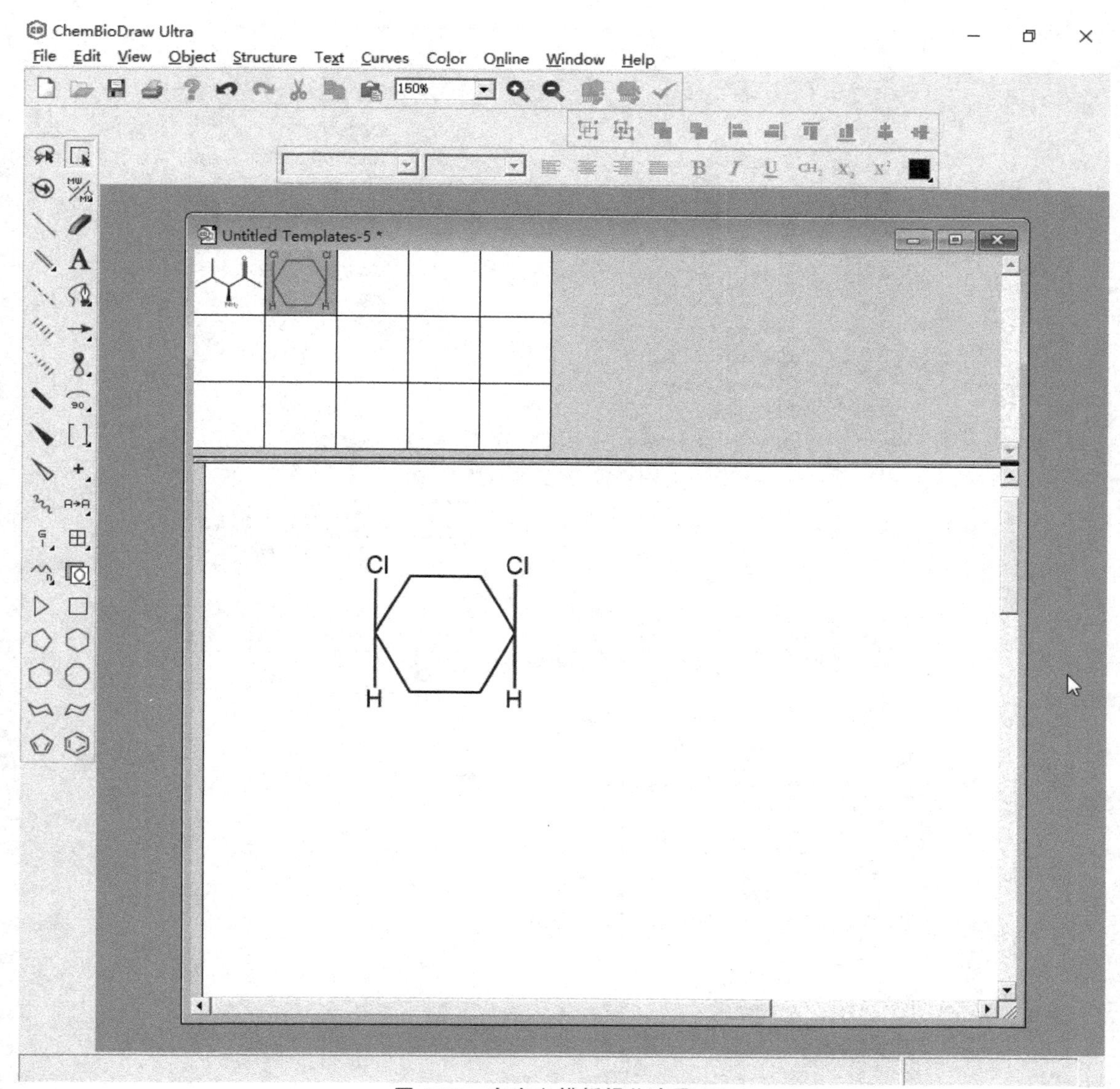

图 4-87　自定义模板操作步骤(3)

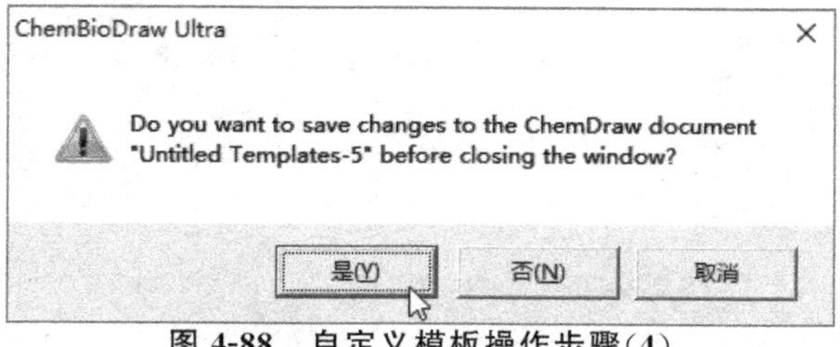

图 4-88　自定义模板操作步骤(4)

图 4-89　自定义模板操作步骤(5)

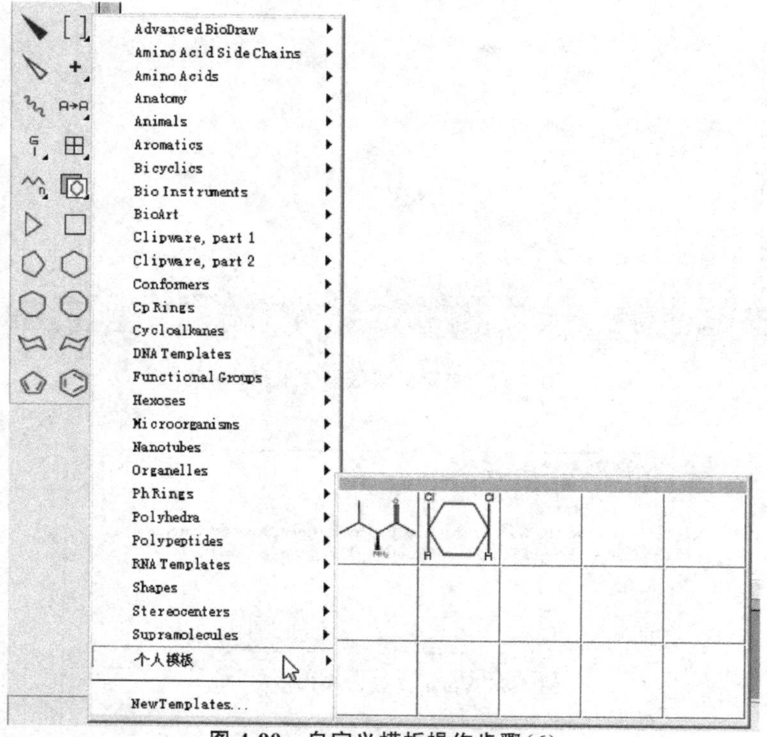

图 4-90　自定义模板操作步骤(6)

17.根据化合物名称得到结构式

ChemBioDraw 中还有一种快速创建有机物的分子式的方法，就是根据该化合物的名称得到其结构式。

可以执行程序中的“Structure\Convert Name to Structure”命令(图 4-91)，在弹出的对话框中输入化合物的英文名称，例如，输入阿司匹林的名称 2-acetoxybenzoic acid 或 aspirin(图 4-92)。

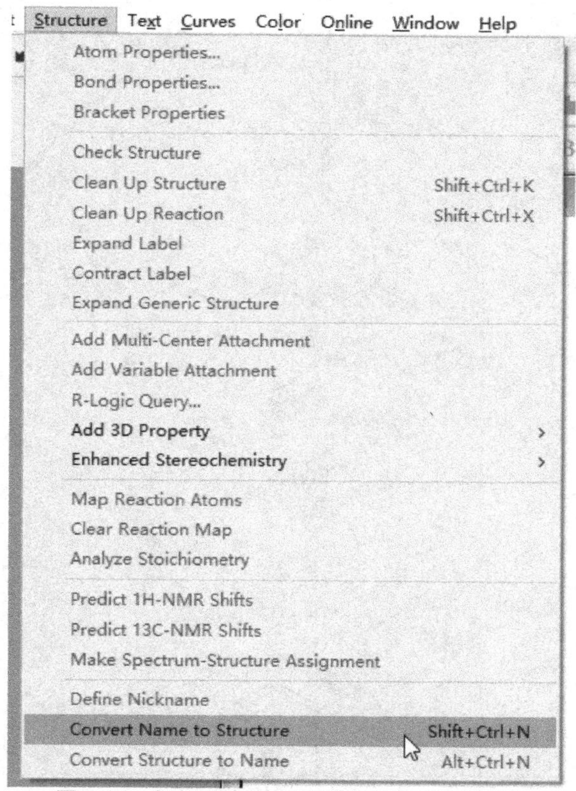

图 4-91 根据化合物名称得到结构式命令(1)

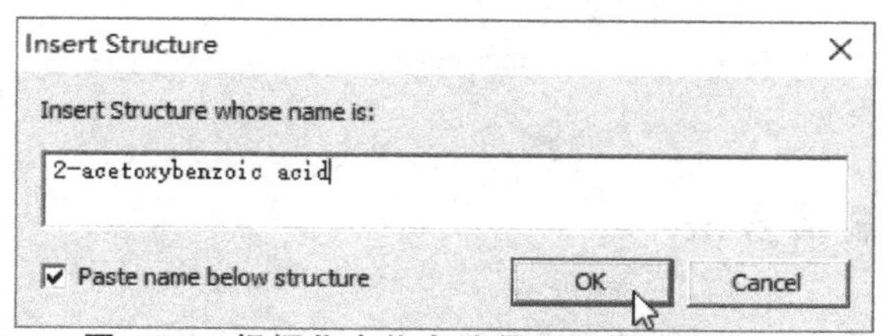

图 4-92 根据化合物名称得到结构式命令(2)

点击“OK”以后就可以在编辑区得到阿司匹林的分子结构式(图 4-93)。

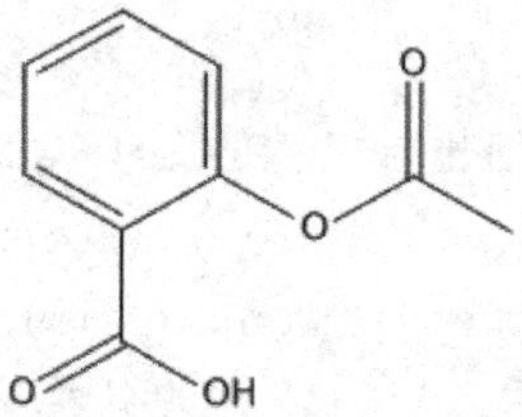

2-acetoxybenzoic acid

图 4-93　根据化合物名称得到结构式命令(3)

练习：采用此方法得到下面物质的结构式。

乙二胺四乙酸(EDTA)：

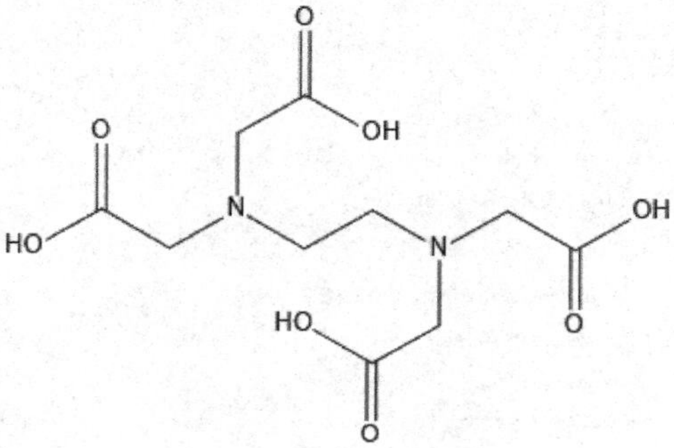

EDTA

吗啡(morphine)：

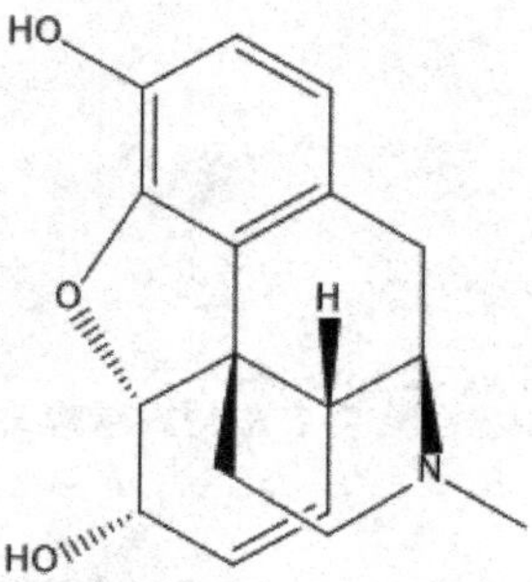

morphine

4.4.2　常用的编辑方法

如前所述，可以利用各种工具创建各种常见的有机化合物的分子式、结构式或仪器图形等，但是在有些情况下需要对所创建的图形或符号的大小、角度或层次关系等进行调整，这些内容在前面有的已经介绍过，在此进行归纳。

1.大小的调整

前面在讲述单键或多键等工具的使用方法时已经说明了改变化学键或图形大小的方法，采用套索或选择框工具选择一个创建好的分子式或图形，将鼠标放置于矩形选择框的顶点时，在鼠标变为双向箭头时拖动即可改变分子式或图形的大小(图 4-94)。

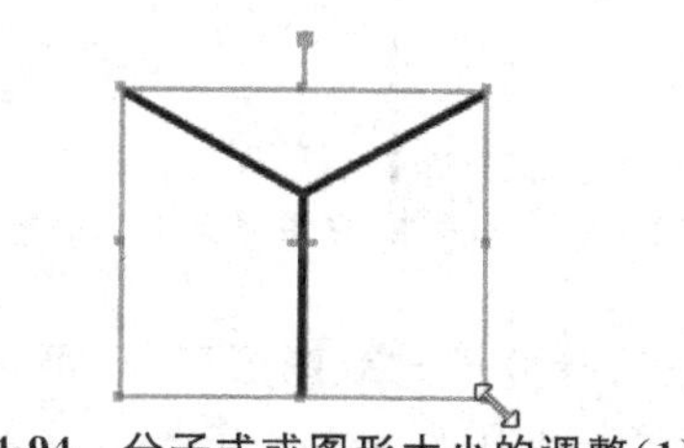

图 4-94　分子式或图形大小的调整(1)

需要注意的是，如果是在程序运行中第一次改变分子式或图形的大小，程序会弹出一个对话框(图 4-95)，内容是询问是否将当前分子式或图形的缩放比例也应该到该文档中的其他工具或文本工具。如果选择“是”，则意味着文档中的其他工具和文本工具也会采用相同的比例进行缩放，这样的优点在于可以保证各种化学键的大小保持一致。如果选择“否”，则其他工具和文本工具仍旧保持原来的大小。

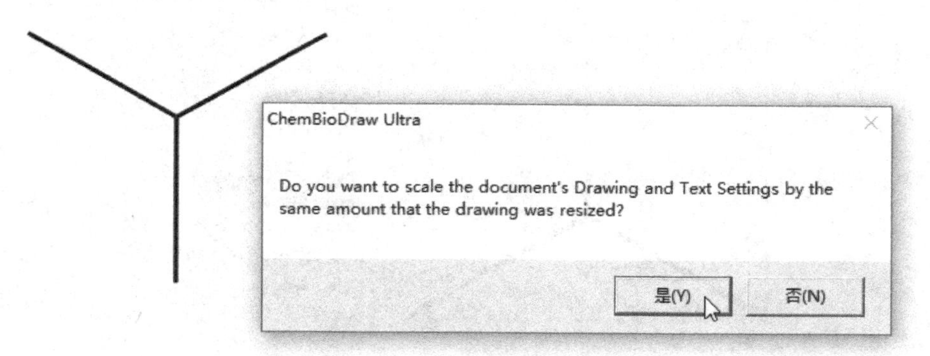

图 4-95　分子式或图形大小的调整(2)

当选择“是”时，如果再使用双键工具进行扩展分子式，则会得到下面的图形(图 4-96)。

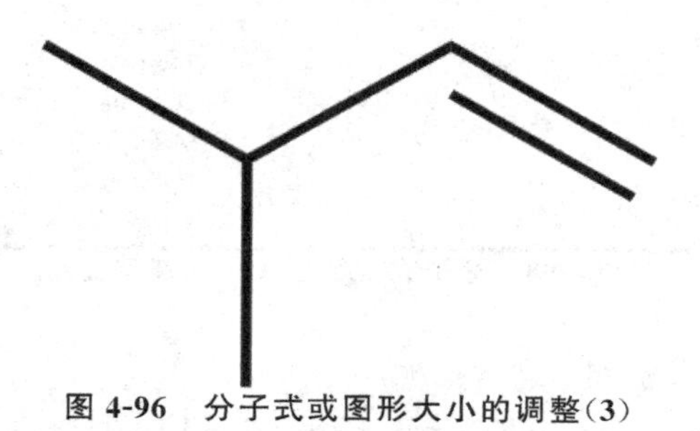

图 4-96　分子式或图形大小的调整(3)

当选择“否”时，如果再使用双键工具进行扩展分子式，则会得到下面的图形（图 4-97）。

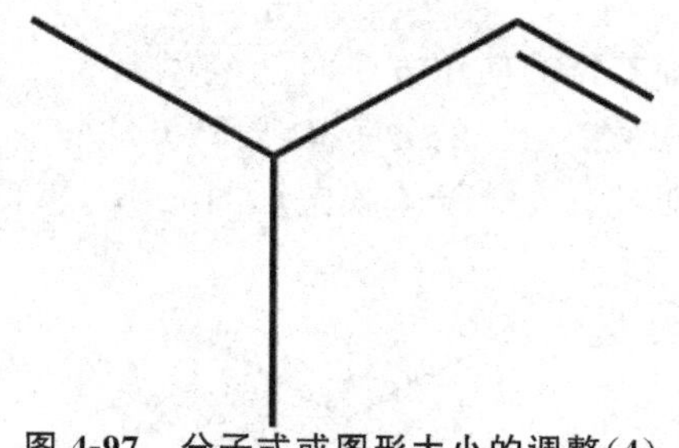

图 4-97　分子式或图形大小的调整(4)

另外，在使用套索或选择框选择分子式或图形后，还可以单击鼠标右键选择其中的“Scale…”命令（图 4-98）后会弹出一个“Scale Object”的窗口（图 4-99）。

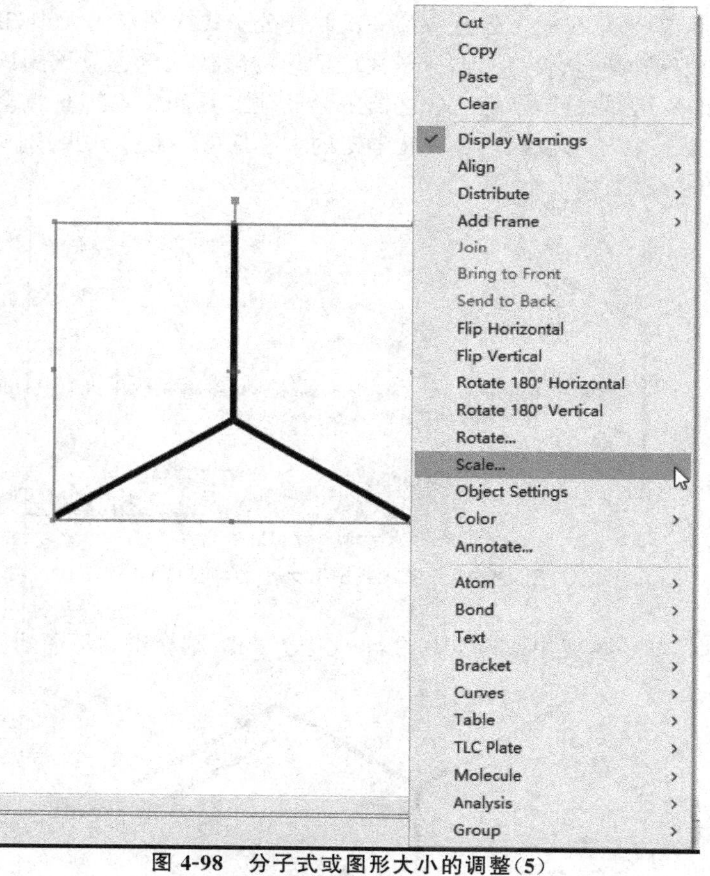

图 4-98　分子式或图形大小的调整(5)

窗口中的几个选项的意思如下：

Scale selected objects so that median bond is Fixed Length(1.08cm)：将所选择的物体的键长恢复到默认的长度(1.08cm)。

Scale selected objects so that median bond is：

在此选择后面的输入框可以直接输入此符号的长度值。

Scale by：

在此选择后面的输入框可以直接输入将此符号缩放的百分比。

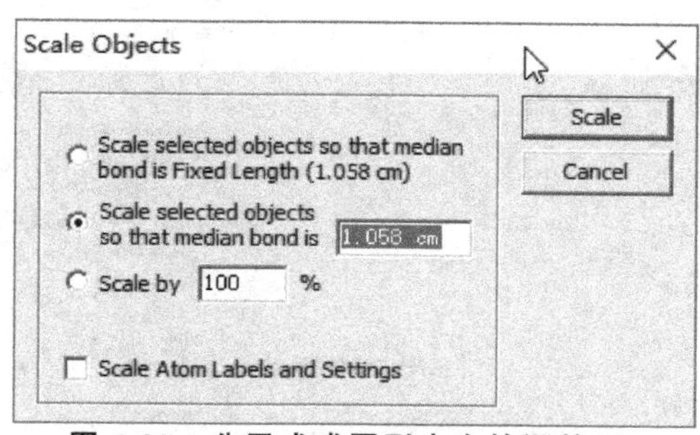

图4-99 分子式或图形大小的调整(6)

2.角度的调整

使用套索或选择框选择已经绘制好的分子式或图形以后，分子式或图形周围会出现一个蓝色的矩形框，将鼠标移至矩形框上面突出的控制点时，鼠标的形状会变成弯曲的双向箭头，此时旋转鼠标就将此碳碳单键旋转到想要的角度(图4-100)。

图4-100 分子式或图形角度的调整(1)

另外，还可以在使用套索或选择框选择已经绘制好的分子式或图形以后，在分子式或图形周围会出现一个蓝色的矩形框上右击鼠标，在弹出的菜单中选择“Rotate”命令(图4-101)，在弹出对话框的“Angel”选项中输入30，并选择“degree CW”选项，点击“Rotate”后则可以将此碳碳单键顺时针旋转30度，如果选择“degree CCW”则可以实现逆时针旋转(图4-102)。

3.组合、对齐和层次关系的调整

当在ChemBioDraw中创建了两个以上的分子式或图形时，可以利用Object toolbar工具栏设置这些符号组成群组、解除群组、层次关系的调整、对齐方式和分布方式。执行“View/Show Object Toolbar”命令，可以将此工具栏调出(图4-103)，其中按钮的功能如表4-9所示。

例如，采用套索或选择框选择在编辑区中的三个对象(图4-104)，然后点击执行则可以将这三个对象在水平方向上居中对齐(图4-105)。

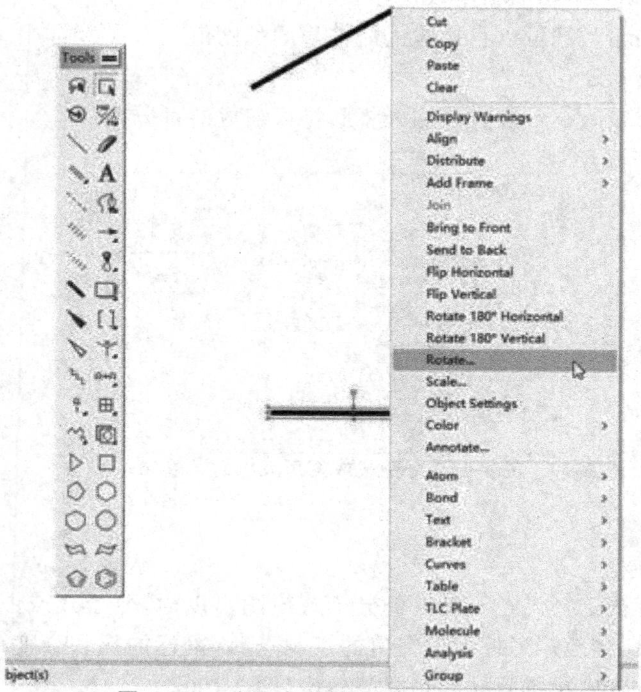

图 4-101　分子式或图形角度的调整(2)

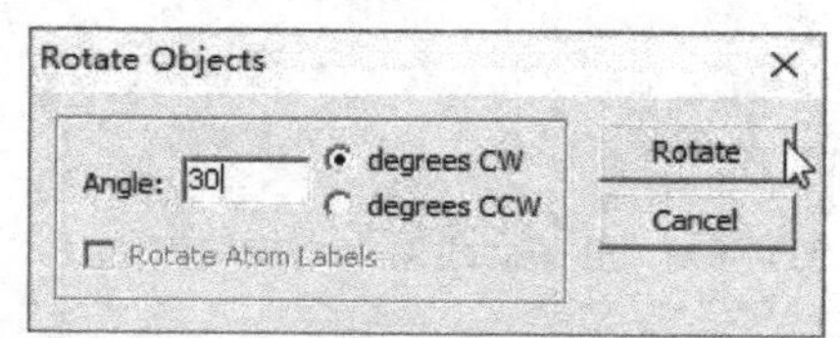

图 4-102　分子式或图形角度的调整(3)

图 4-103　ChemBioDraw 的 Object 工具栏

表 4-9　Object 工具栏中按钮的功能

	将两个以上的对象组合为一个对象		将多个所选对象右对齐
	将组合的对象分解为原来的多个对象		将多个所选对象上对齐
	将当前所选对象移至上层		将多个所选对象下对齐
	将当前所选对象移至下层		将多个所选对象纵向居中对齐
	将多个所选对象左对齐		将多个所选对象水平居中对齐

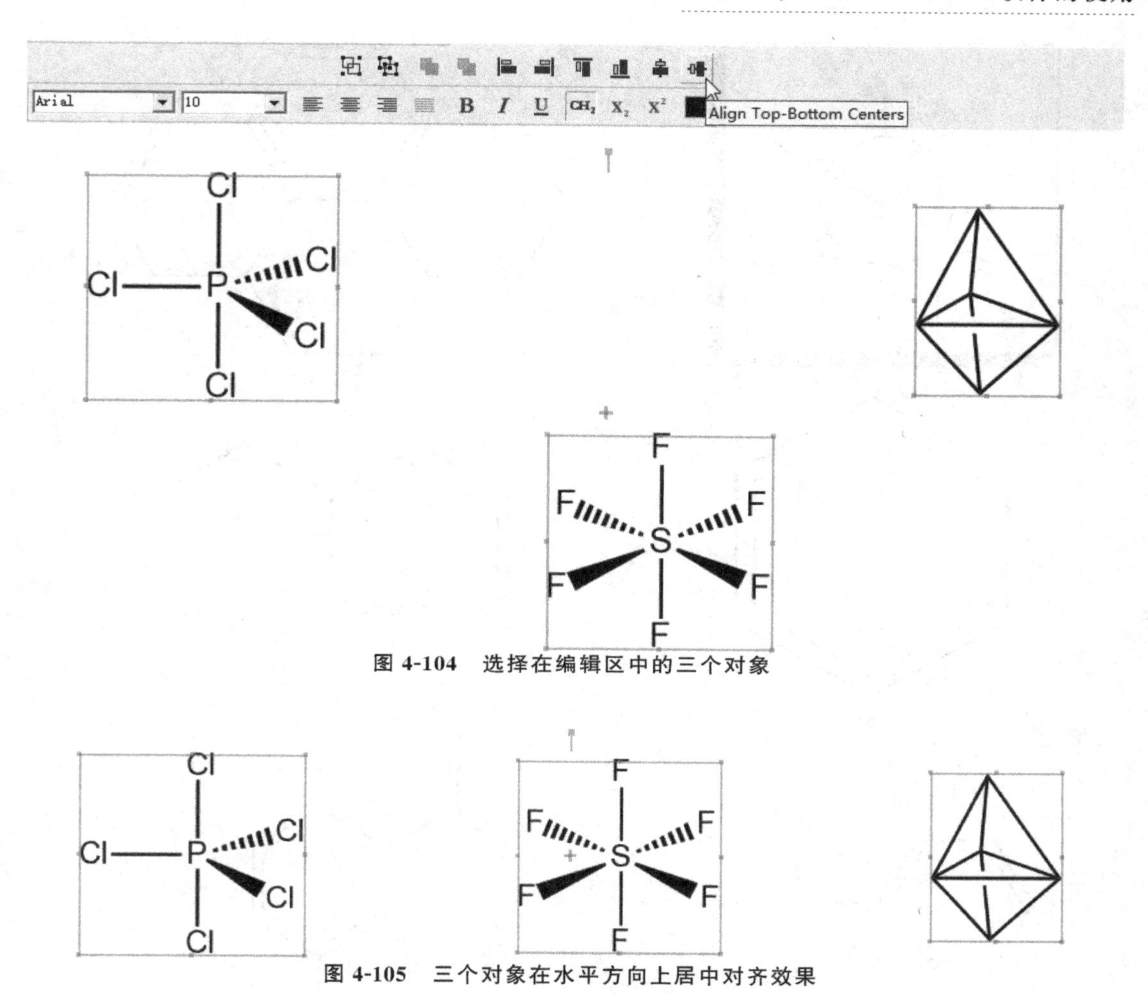

图 4-104　选择在编辑区中的三个对象

图 4-105　三个对象在水平方向上居中对齐效果

4.4.3　实例练习

请练习绘制下面的分子式以便熟悉各种工具的使用方法。

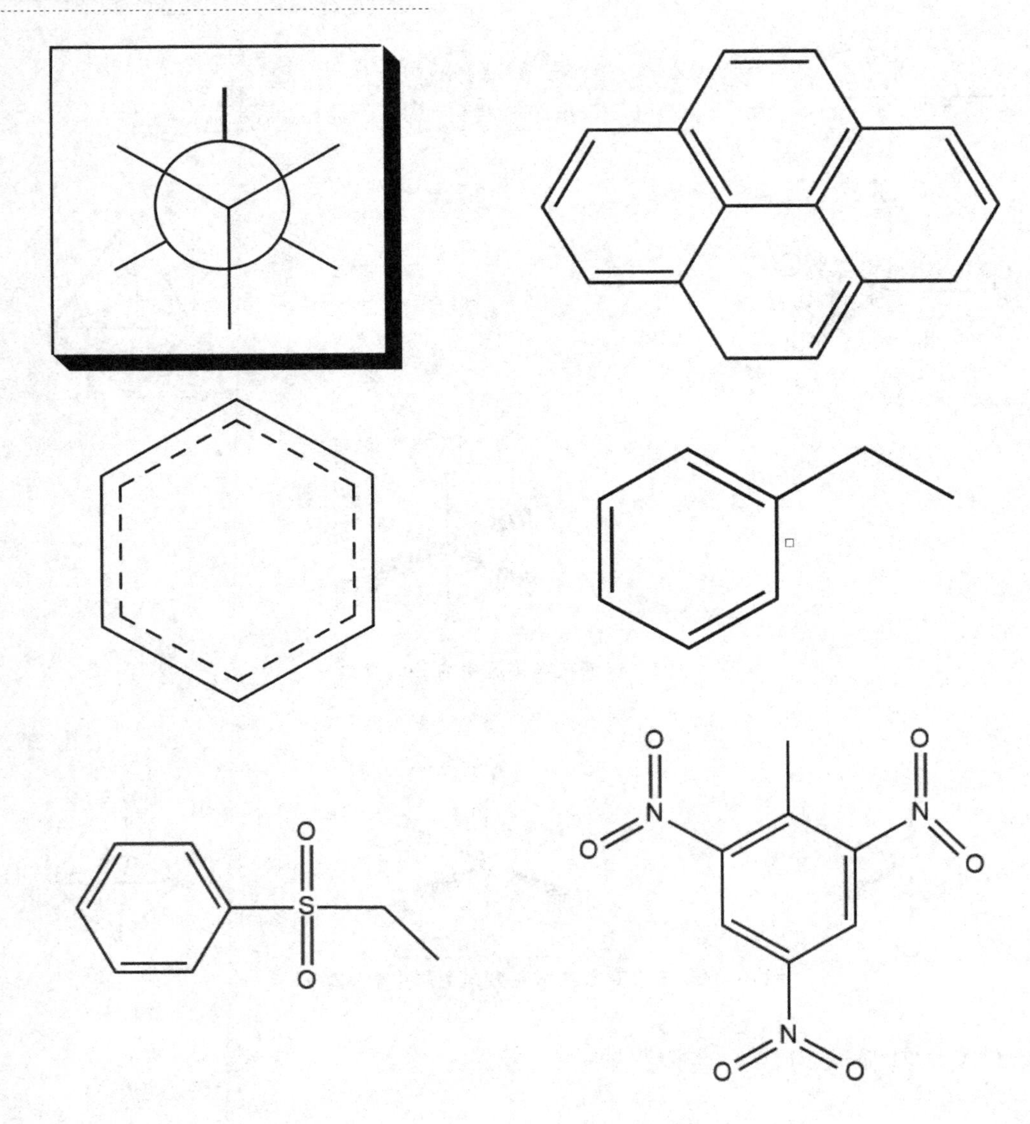

4.5 ChemBioDraw 中各元素的标记方法

利用各种化学键工具、模板和文本工具等可以创建各种常见的分子式和方程式等，例如，可以非常容易地创建一个苯环的结构，但是在有些情况下还需要将其中某些原子以元素符号的形式表示出来，虽然可以采用单键和文本工具实现，但操作过程比较麻烦。

常用的标记方法有以下几种。

4.5.1 标记被选择的原子

可以用套索或选择框工具选择苯环中的 6 个碳原子后，按一下小写字母 c，可以发现被选择的碳原子都以元素符号的形式表现出来，并且还自动地将氢原子进行了补齐(图 4-106)。

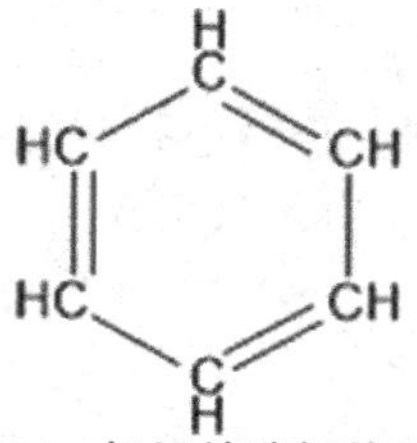

图 4-106　标记被选择的碳原子

需要注意的是，将选定的原子标注为碳原子不能按大写字母 C，按大写字母 C 则为将选定原子标为 Cl 元素(图 4-107)。

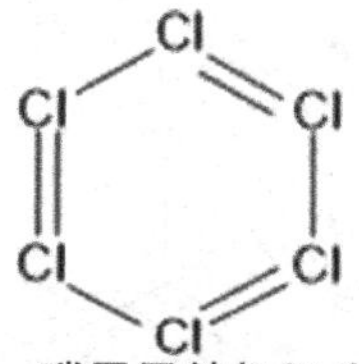

图 4-107　碳原子被标记为 Cl 元素

只要再次选择被标记的原子，按下空格(Space)键则可以取消该标记。不同字母所标注的元素列表见表 4-10。

表 4-10　不同的字母所标注的元素列表

按键	标记的符号	按键	标记的符号
A	Ac	n	N
b	Br	N	Na
c	C	o	O
C	Cl	p	P
d	D	P	Ph
e	Et	r	R
E	CO_2CH	s	S
f	F	S	Si
h	H	t	TMS
i	I	T	OTs
m	Me	x	X

4.5.2 标记最后被绘制的原子

采用苯环和单键工具绘制出下面的分子式后，将鼠标定位于最后编辑的碳原子处，按一下小写字母 c，则最后的碳原子被标记为 CH_3（图 4-108）。

图 4-108 标记最后被绘制的原子

练习：

在有机化学当中有些情况下可以用俗名来表示一些基团，如 Ph 表示苯基，Me 表示甲基等（图 4-109）。

图 4-109 俗名的标记

但是在有些情况下需要将这些简写符号变化正常的表示方法。此时可以执行“Structure/Expand Label”命令（图 4-110），就可以将该分子式中的简写符号变为正常的表示方法（图 4-111）。

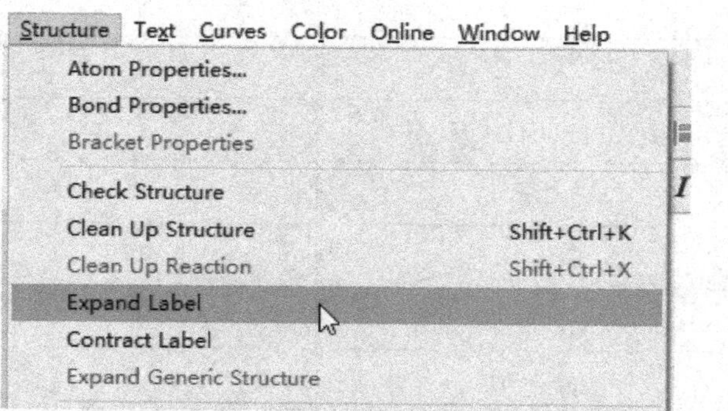

图 4-110 将该分子式中的简写符号变为正常的表示方法的命令

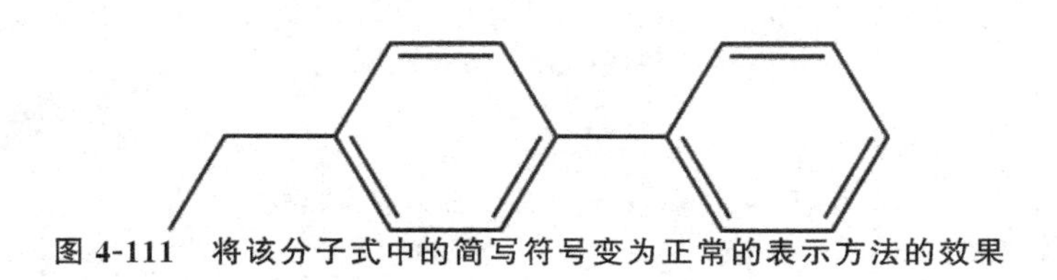

图 4-111 将该分子式中的简写符号变为正常的表示方法的效果

4.6 ChemBioDraw 中创建的符号、方程式和装置等的输出方式

利用 ChemBioDraw 制作完成的各种分子式或仪器装置图可以非常方便地应用到其他程序当中。

4.6.1 符号、方程式和装置等的输出方式 1

例如，在 ChemBioDraw 输入了苯环的结构式后，采用套索或选择框进行选择以后，单击鼠标右键后选择其中的“Copy”命令或者按“Ctrl＋C”快捷键(图 4-112)，再到一个 ppt 文件当中执行粘贴命令或“Ctrl＋V”快捷键，即可将该苯环结构应用到该文件当中。采用这种方法的优点在于，当某些苯环的结构需要修改时，只需要双击该苯环结构 ChemBioDraw 程序便会启动进行修改。但是采用这种方法也有一个缺点，当将此 ppt 移动到一台不含 ChemBioDraw 程序电脑中后双击无法进行编辑。

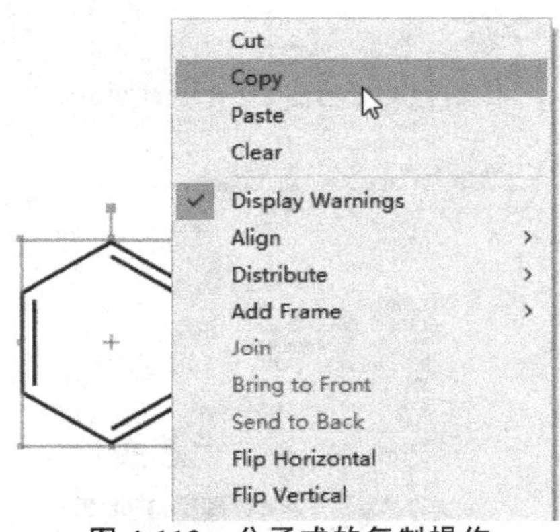

图 4-112 分子式的复制操作

4.6.2 符号、方程式和装置等的输出方式 2

将苯环结构图在 ChemBioDraw 程序中进行复制以后，在目标 ppt 文件中的空白处单击鼠标右键，选择粘贴选项中的第二项(图 4-113，粘贴为图片)。这样可以将这些 ppt 移动到其他电脑当中后仍然能正确打开，但是双击以后无法再次进行编辑。

图 4-113　将分子式粘贴为图片格式

4.6.3　符号、方程式和装置等的输出方式 3

在 ChemBioDraw 程序中绘制完苯环的结构以后，执行“File/Save As”命令，在弹出的对话框中将保存类型改为一些常用的图片格式，如 tif、wmf、emf 等(图 4-114)。

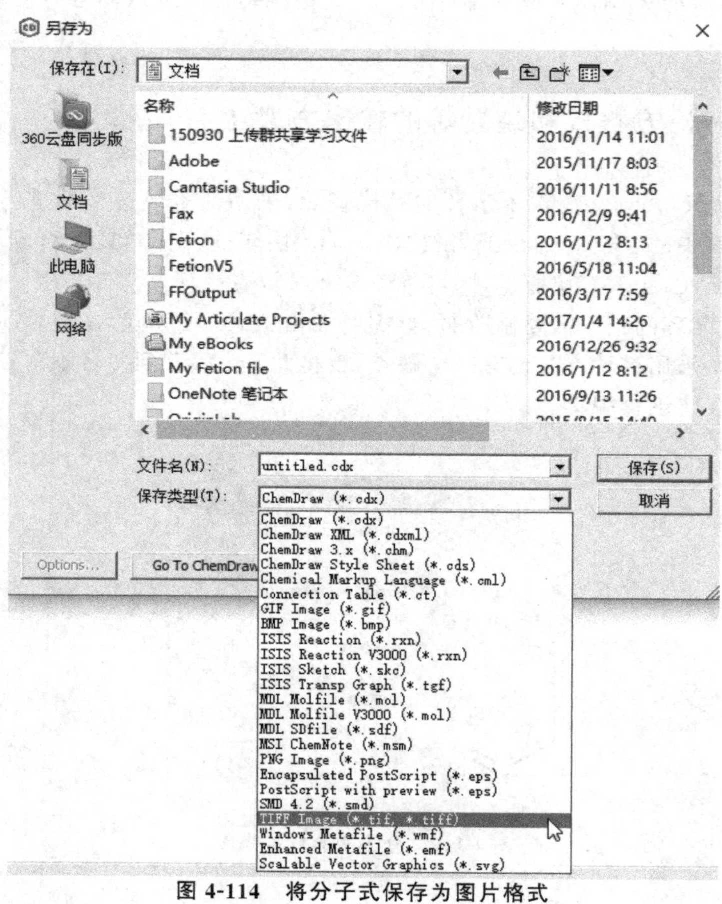

图 4-114　将分子式保存为图片格式

第5章 ChemBio3D软件的使用

ChemBio 3D软件是ChemOffice的主要模块，用于分子的三维空间模型显示与构造，并可以结合分子力学(MM)或量子力学(QC)方法对分子构型进行优化和性质计算，是一个具有较强功能的结构化学计算软件。

主要功能如下：

分子三维结构的绘制：包括原子、化学键等基本绘制功能。

构型的测量：能便捷地显示体系的键长、键角、二面角等信息。

多种分子构型的3D显示方式：包括线、棒、球-棒、球堆积等，并可制作构型变化的3D动画。

具有较强的计算功能：利用程序内嵌的基于分子力学的MM2方法，可对分子构型进行动力学模拟。同时，利用内嵌的GAMESS量子化学软件包，可对分子构型进行优化，以及计算IR、Raman以及NMR等性质。其方法覆盖了经验方法、半经验方法以及不同水平的精确从头算方法。

5.1 ChemBio3D的启动、保存和关闭

在开始菜单找到ChemBioOffice2010程序，单击其中的“ChemBio3D”就可以启动该程序，这样就可以新建一个空白的ChemBio3D文件，然后执行“File\Save As…”命令，在弹出的窗口中可以在保存类型中选择不同的文件类型，其中c3xml为ChemBio3D程序的默认保存文件类型(图5-1)。另外还可以将文件保存为一些其他类型的文件将在后面继续介绍。点击ChemBio3D程序右上角的“关闭”按钮可以将此程序关闭。

5.2 ChemBio3D的窗口介绍

ChemBio3D程序的界面(图5-2)与ChemBioDraw的非常相似，其主要包括以下几个主要部分：

(1)菜单栏

含有操作ChemBio3D应用文件和内容的命令设置。

图 5-1　将 ChemBio3D 创建的文件保存

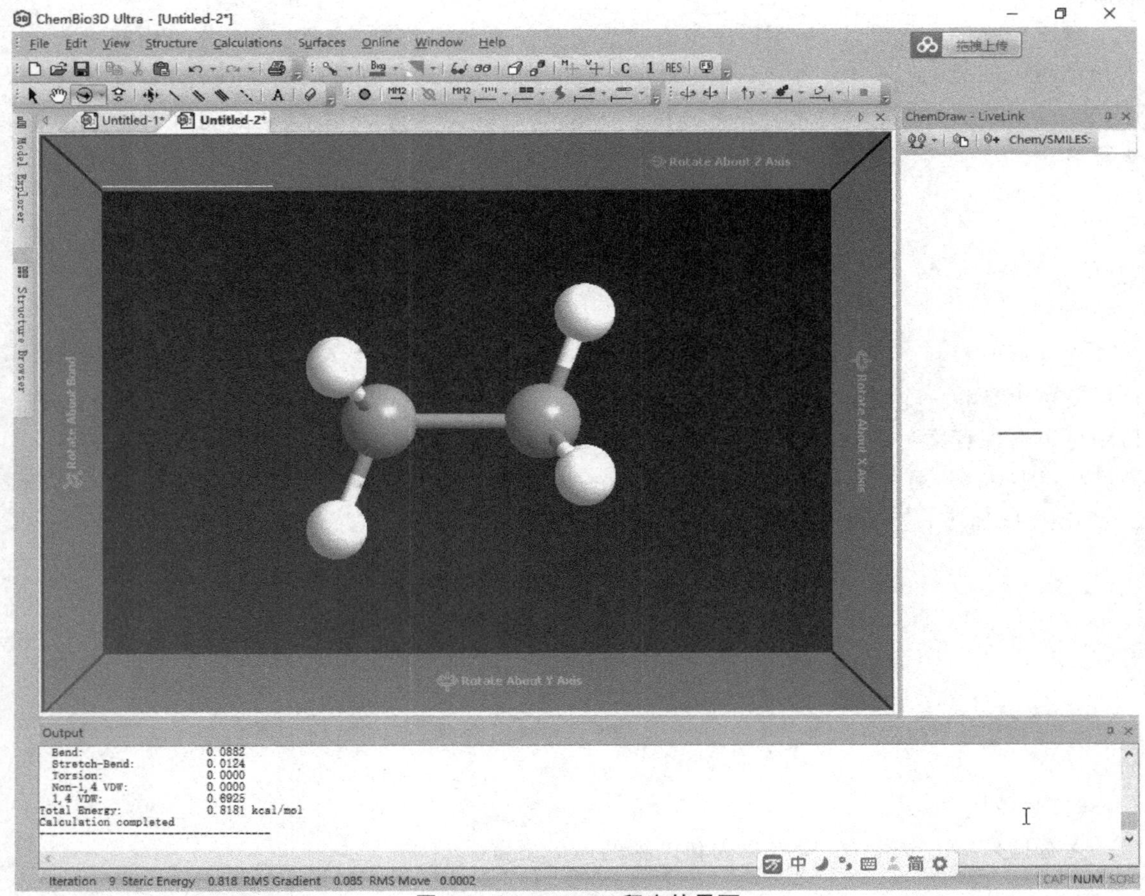

图 5-2　ChemBio3D 程序的界面

(2)各种工具栏

ChemBio3D 中较为常用的有以下几个工具栏，可以通过扫行 View/Toolbars 命令来调出或关闭这些工具栏(图 5-3)。

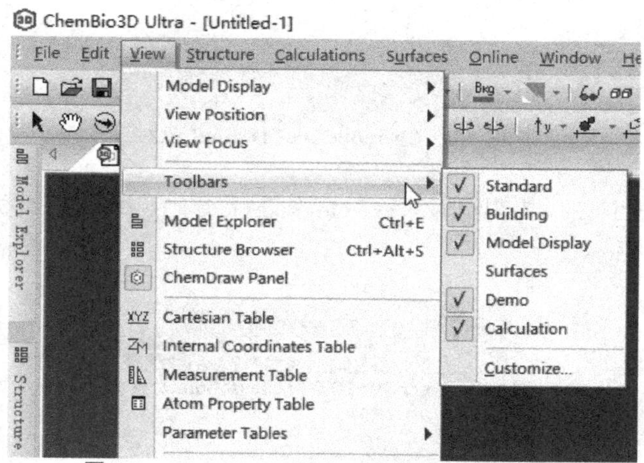

图 5-3　ChemBio3D 程序工具栏的调出或关闭

Standard：此工具栏主要包含了新建、打开、保存、复制、剪切和粘贴等基本命令(图 5-4)。

图 5-4　ChemBio3D 的 Standard 工具栏

Building：此工具栏主要包含了选择、移动、旋转、放大与缩小、移动工具，还有创建各种三维模型的单键、双键、叁键、文本输入、擦除工具等(图 5-5)。

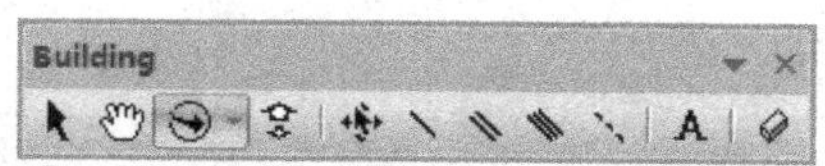

图 5-5　ChemBio3D 的 Building 工具栏

Model Display：此工具栏可以设置观察三维模型时的各种效果，可以查看物质的线状、棍状、球棍、圆柱键或比例模型(图 5-6)，并可以设置文件的背景色、背影效果、红蓝双色显示、立体效果、透视效果、显示模型的三维坐标轴、显示元素符号、原子的标号和全屏查看等命令。

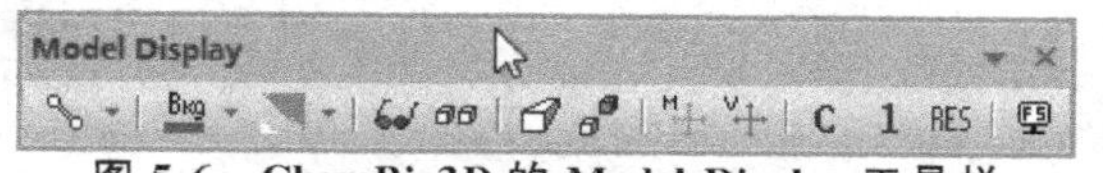

图 5-6　ChemBio3D 的 Model Display 工具栏

Surfaces：该工具栏主要用于绘制分子轨道、静电势以及电荷密度图像等(图 5-7)。

Demo：此工具栏是调节三维模型旋转时的旋转方式，包括旋转方向、旋转轴、旋转速度的控制工具(图 5-8)。

图 5-7　ChemBio3D 的 Surfaces 工具栏

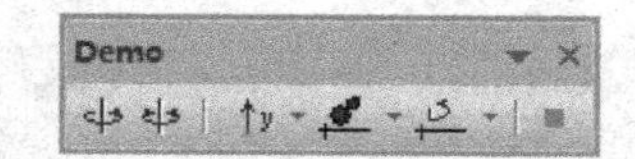

图 5-8　ChemBio3D 的 Demo 工具栏

Calculation：该工具栏主要用于对所绘制构型进行分子动力学、构型优化以及性质计算等（图 5-9）。

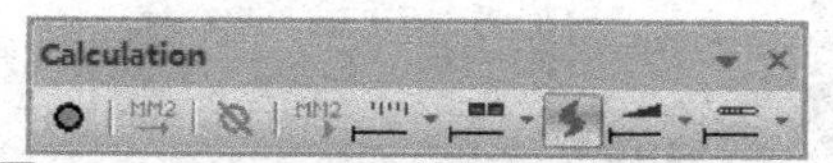

图 5-9　ChemBio3D 的 Calculation 工具栏

（3）编辑区

ChemBio3D 制作和显示三维模型的工作区域。

（4）output

主要是显示程序计算的过程和结果的窗口。

（5）Chemdraw 面板

此面版可以显示在 ChemBio3D 中建立的三维模型的平面结构，另外，还可以在此面板中直接绘制比较复杂的结构式以便同时绘制三维模型（图 5-10）。

图 5-10　ChemBio3D 的 Chemdraw 面板

5.3　使用 ChemBio3D 创建常见化学物质的三维模型

方法 1:利用 Building 工具中的单键、双键、叁键按钮来创建分子构型(图 5-5)。

按下单键工具按钮,按住鼠标拖动,绘制完一根 C—C 键后,释放鼠标按钮,然后以其中一个 C 原子为起点,继续绘制其他键。最后根据需要修改原子或基团类型(图 5-11)。

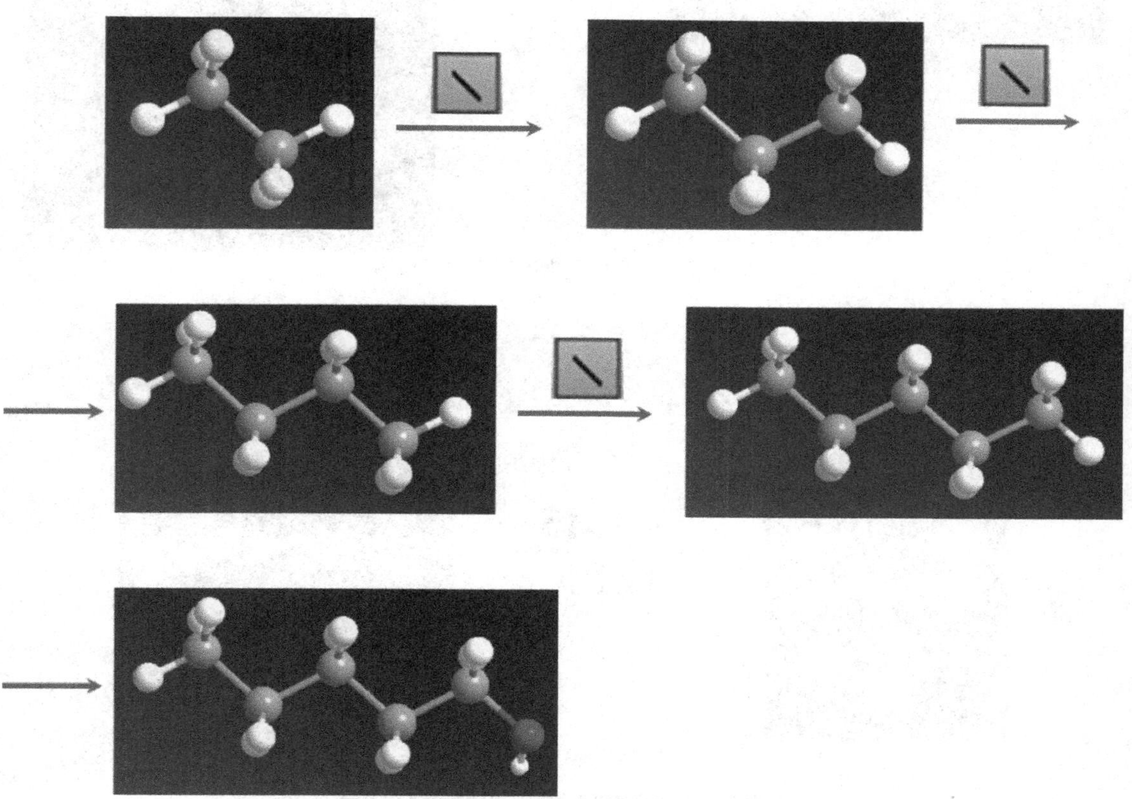

图 5-11　Building 工具中的单键工具的使用

方法 2:利用 Building 工具中的文本工具按钮来创建分子构型。

在文本区域内键入原子符号及数量(化学式)即可:

创建 4-甲基-2-戊醇的构型,CH3CH(CH3)CH2CH(OH)CH3,按下回车键即可(图 5-12)。

注意:在输入过程中括号中内的基团表示位于支链。

利用类似方法还可以在原结构上加入或修改取代基,通过文本工具点击任一需要添加取代基位置的原子,在文本区域写上新的基团(缩写或分子式均可,图 5-13)。

方法 3:利用 View 菜单下的 Chemdraw 面板来创建分子构型(用于复杂分子的构造,图 5-14)。

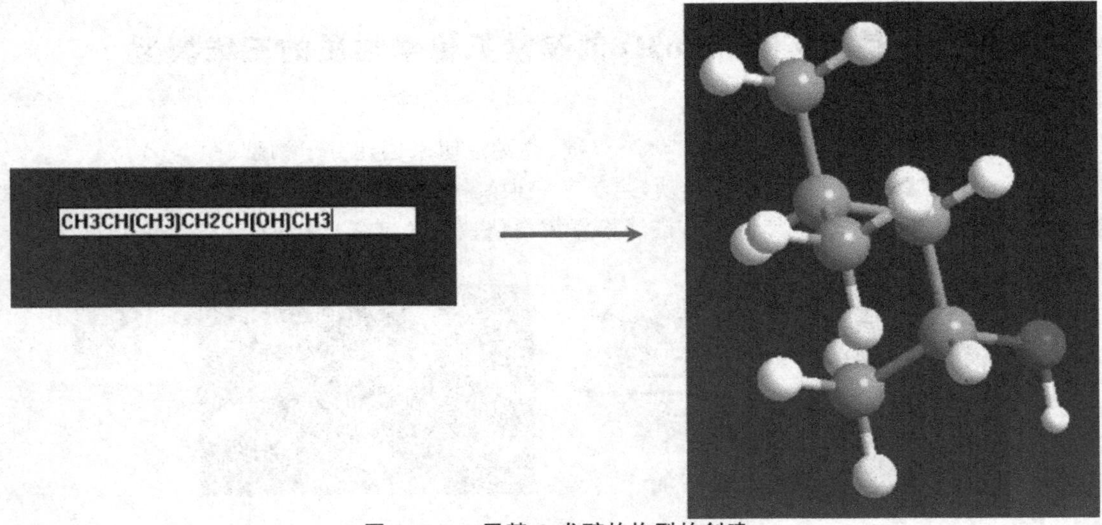

图 5-12　4-甲基-2-戊醇的构型的创建

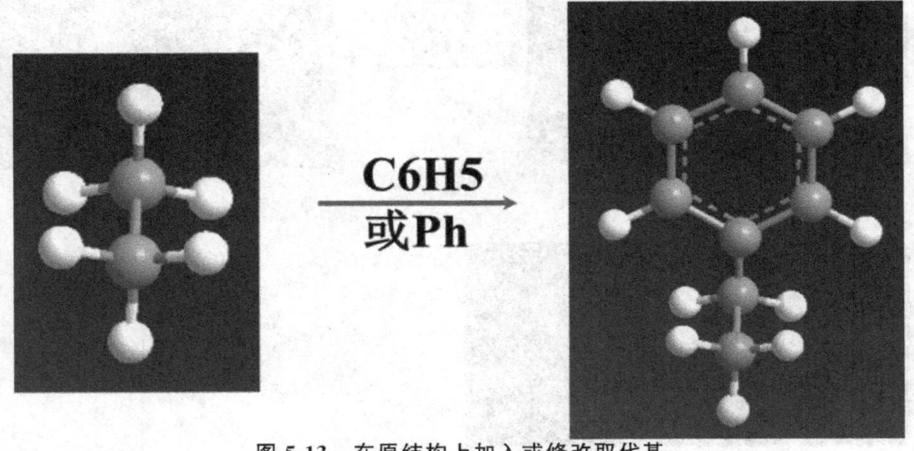

图 5-13　在原结构上加入或修改取代基

由于默认的 Chemdraw 面板的窗口比较小，所以其一些常用的工具栏和菜单都没有显示出来，此时可以在窗口中的空白处单击鼠标右键，执行“View/Show Main Toolbar”命令可以调出 Chemdraw 的“Main Toolbar”工具栏(图 5-15)，便可以在此绘制各种化学物质的结构式，并同时在编辑区能看到该物质的三维模型。

需要注意的是，只有在 Chemdraw 面板中选择了“LiveLink”模式才能在绘制结构式的同时实时看到其三维模型(图 5-16)，如果选择了“Insertion”模式则不能看到其三维模型。

另外可以选择 Chemdraw 面板中的清除按钮，将其中的所有内容删除，当然也可以使用 Chemdraw 程序中的套索或选择框命令进行选择后再进行删除。

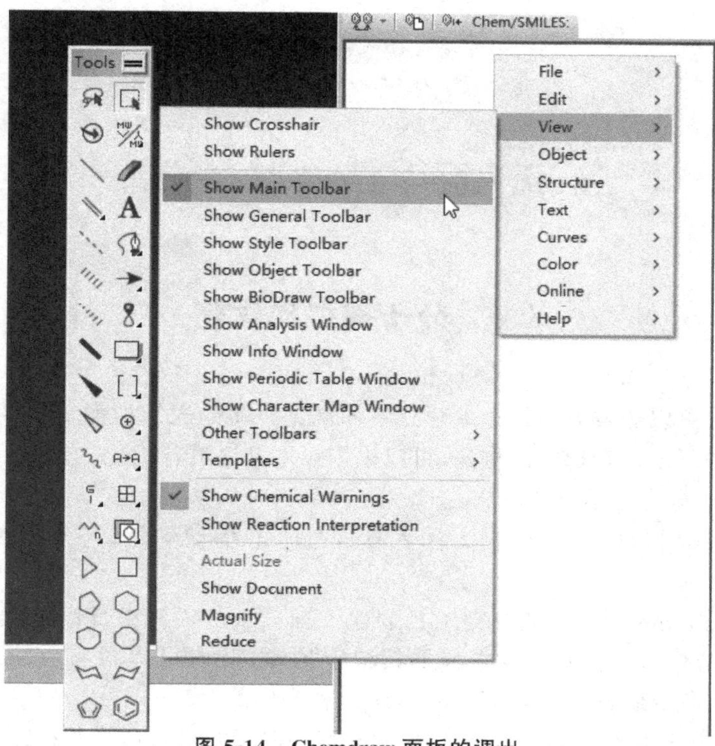

图 5-14　Chemdraw 面板的调出

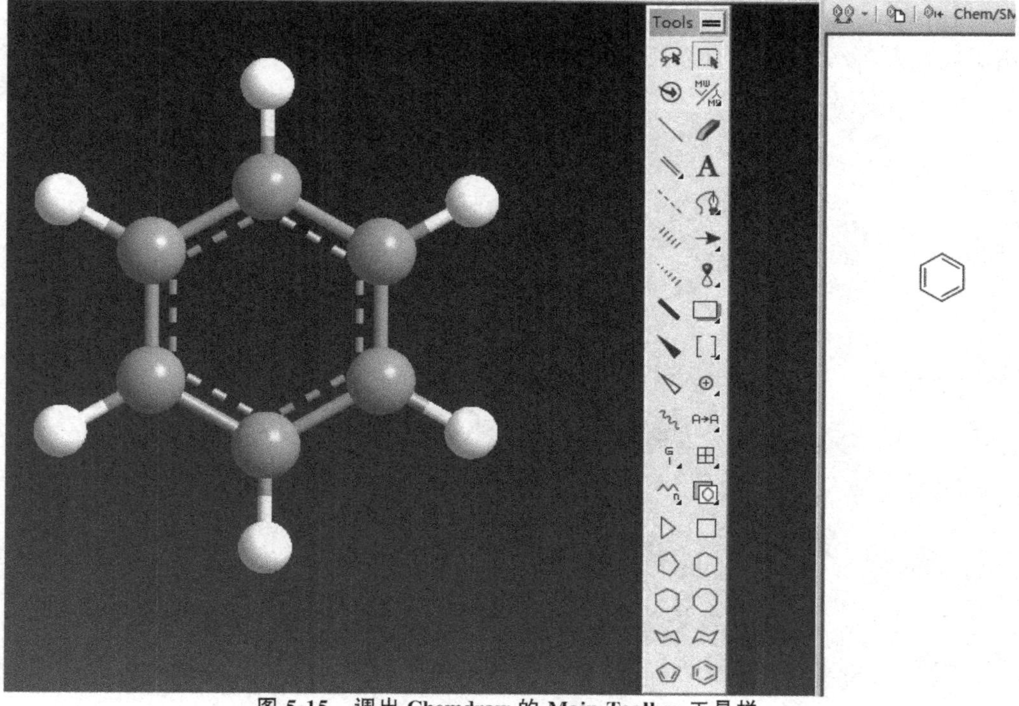

图 5-15　调出 Chemdraw 的 Main Toolbar 工具栏

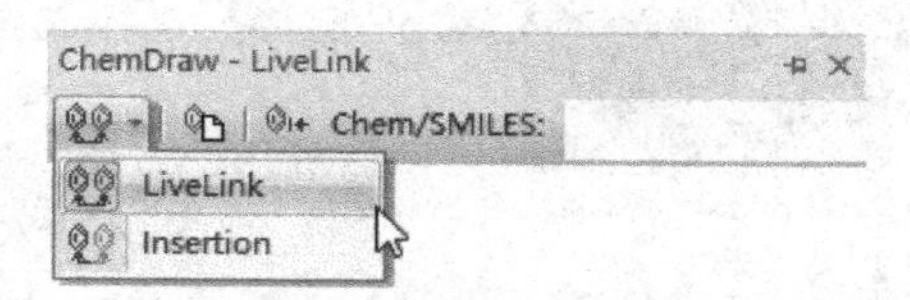

图 5-16 Chemdraw 面板中的 LiveLink 模式

5.4 分子构型的优化

利用以上方法可以非常方便快速地建立各种常见物质的三维模型，但是绘制出来的三维模型的结构可能并不是比较稳定的构象，可以采用以下办法进行优化。

(1)利用 MM2 分子力学方法

分子力学方法计算量小，适合于大体系有机分子的构型优化，这也是最简单和常用的方法。

例如，利用 Building 工具中的单键工具创建了环己烷的三维模型(图 5-17)，可以看到由于是手动创建的结构，所以其结构并不是其稳定构象，此时可以执行“Calculations/MM2/Minimize Energy”命令或者点击 Calculation 工具栏当中的“Minimize Energy”命令按钮(图 5-18)。在弹出的窗口中点击“Run”(图 5-19)，此时程序便开始进行运算并在编辑区显示最终的运算结果(图 5-20)。

(2)利用 Gamess 量子化学软件包

由于此种方法比较复杂，有兴趣的同学可以自行查阅资料学习。

图 5-17 环己烷的一种不稳定构象

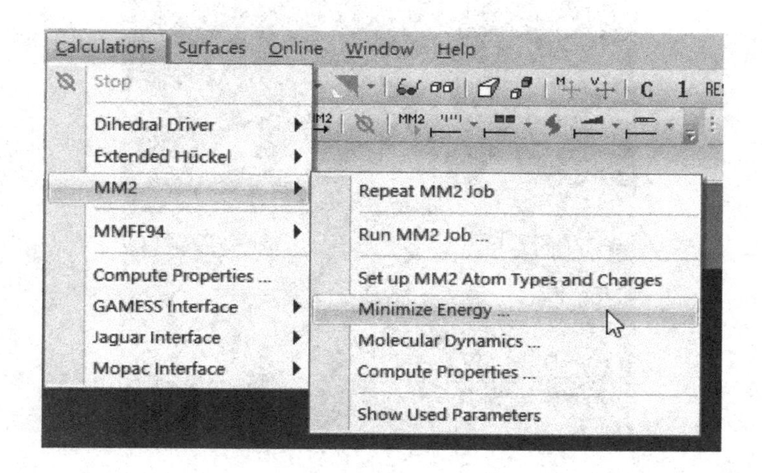

图 5-18　Minimize Energy 命令和按钮

Minimize Energy

Job Type　Dynamics　Properties　General

Job Type: Minimize Energy

☑ Setup new Atom Types before Calculation
☑ Setup new Atom Charges before Calculation

☑ Display Every Iteration
☐ Copy Measurements to Output Box
☐ Move Only Selected Atoms

Minimum RMS Gradient: 0.100

Summary: Parameter Quality: All parameters used are finalized.
Job Type: Minimize Energy to Minimum RMS Gradient of 0.100
Display Every Iteration

Save　Save As...　Cancel　Run

图 5-19　Minimize Energy 命令的窗口

图 5-20　环己烷的稳定构象

5.5　三维模型的基本操作方法

5.5.1　选择操作

用鼠标单击“选择”按钮(图 5-21)后通过点击左键操作可选择单个原子/化学键，也可按住左键，选择分子的部分或整体。此外，可结合“Shift”键，选择多个原子或化学键。选择后的对象用黄色标记(表 5-1)。

图 5-21　Building 工具栏中的“选择”按钮

注：选择好对象之后，可用“Delete”键删除原子或化学键。

表 5-1　选择不同的原子或化学键时的效果

	选择单个原子/化学键

续表

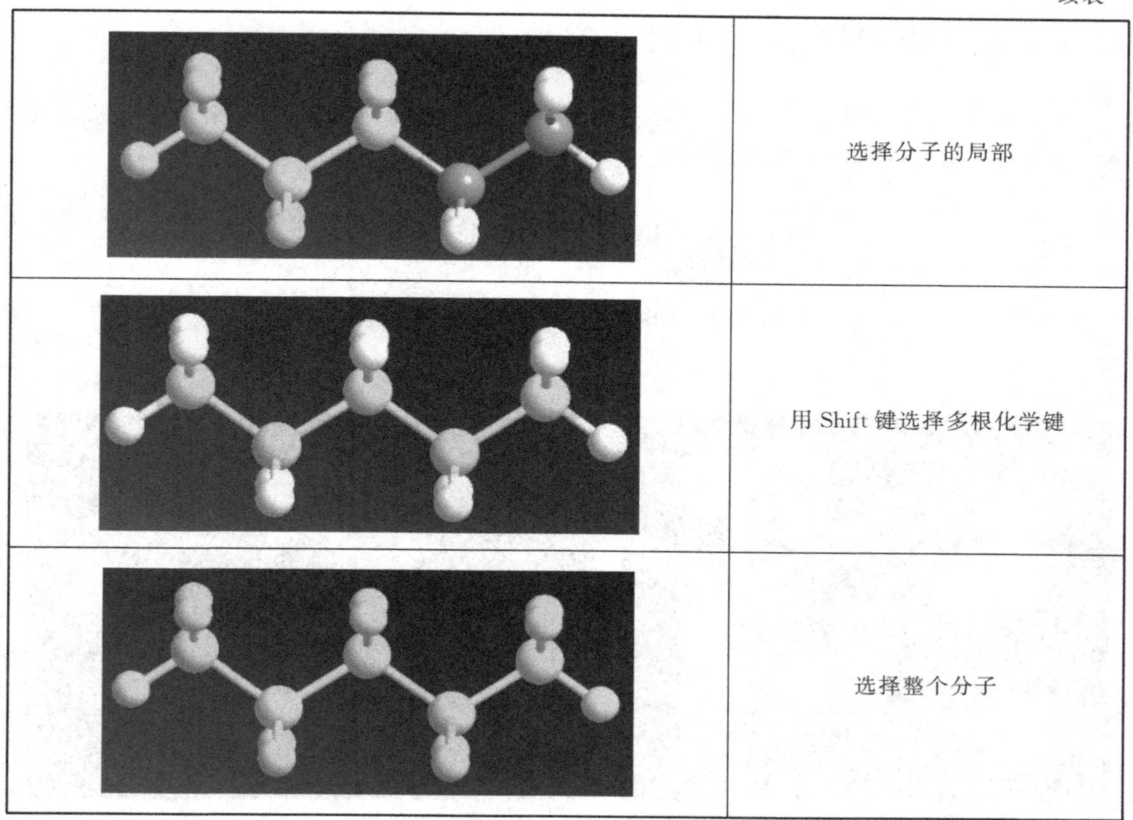

	选择分子的局部
	用 Shift 键选择多根化学键
	选择整个分子

5.5.2 放大、缩小操作

用鼠标单击“放大”与“缩小”按钮后(图 5-22),按住鼠标左键不放向上滑动鼠标则将编辑区的模型放大,而向下滑动鼠标则会将模型缩小。另外也可用鼠标中间滚轮进行操作,向上滑动为放大操作,向下滑动为缩小操作(图 5-23)。

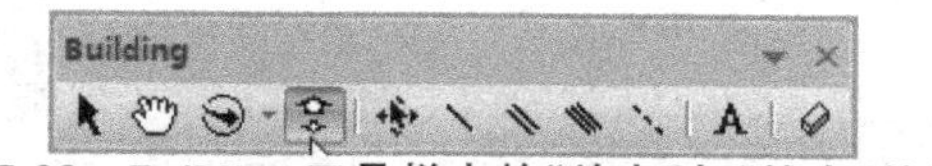

图 5-22 Building 工具栏中的“放大”与“缩小”按钮

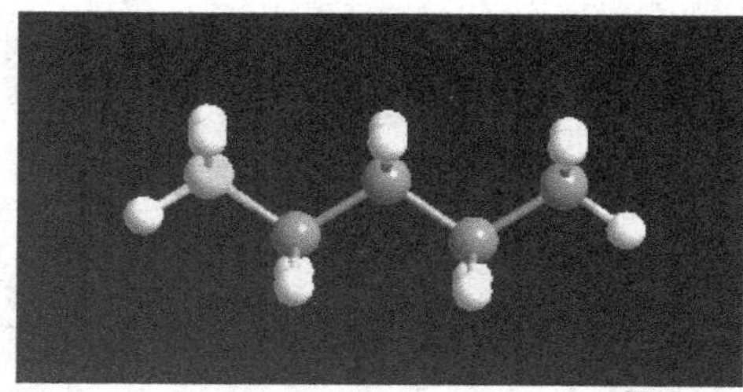

图 5-23 模型的放大操作

5.5.3 旋转操作

用鼠标单击“旋转”按钮(图 5-24)后，此时编辑区中的鼠标放成了一个小手的形状，按住鼠标不放移动鼠标就可以旋转模型(图 5-25)。

图 5-24 Building 工具栏中的“旋转”按钮

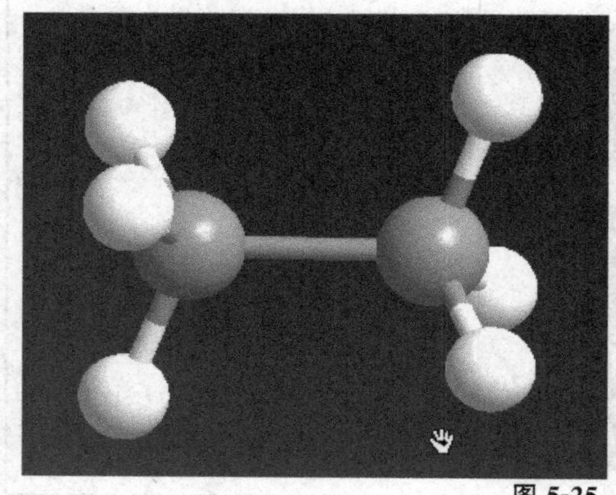

图 5-25 模型的旋转操作

另外，当用鼠标单击旋转按钮后，将鼠标移动编辑区中边缘时，编辑区的四周会出现如下的提示(图 5-26)。

Rotate About X Axis

Rotate About Y Axis

Rotate About Z Axis

Rotate About Bond

此时将鼠标放置于 Rotate About X Axis 上时则可以实现模型只围绕着 X 轴进行旋转，而将鼠标放置于 Rotate About Bond 上时与将鼠标放置于编辑区一样，可以实现任意轴的旋转操作。

以上的旋转操作不能精确确定旋转的角度，此时可以单击旋转按钮右侧的黑色的三角形(图 5-27)，在弹出的菜单中进行精确旋转操作(图 5-27)。

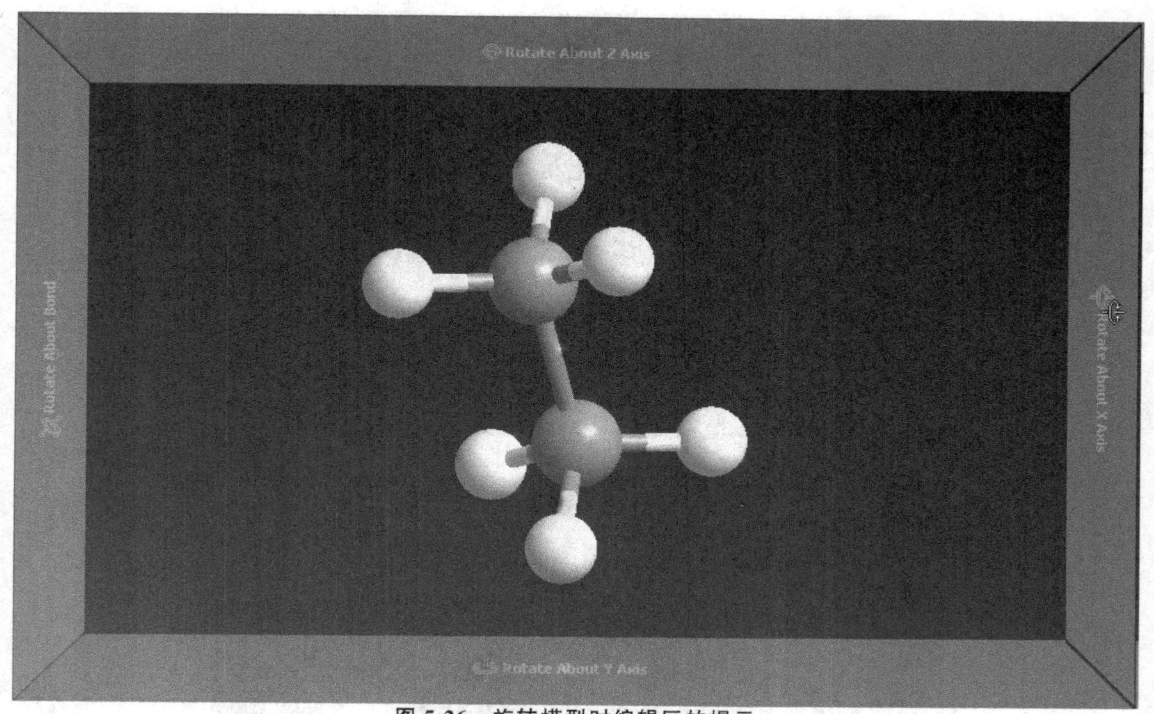

图 5-26 旋转模型时编辑区的提示

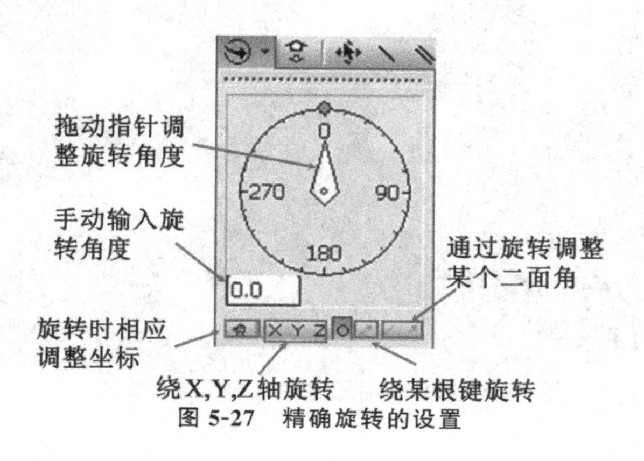

图 5-27 精确旋转的设置

可以通过鼠标拖动表盘当中的绿色圆点来精确旋转操作，同时在手动输入旋转角度栏中会出现此时的旋转角度，也可以在手动输入旋转角度栏中输入想旋转的角度。还可以通过单击 X，Y，Z 将旋转操作限定于相应的坐标轴上。

绕某根键旋转：有的情况下需要模型绕着物质中的某一根化学键进行旋转，此时可以先用选择工具选择一根键(图 5-28)，再点击旋转按钮右侧的黑色三角形并选中其中的按钮就可以实现该模型绕着选中的化学键进行旋转(图 5-29)。

图 5-28　用选择工具选择一根键

图 5-29　模型绕着选中的化学键进行旋转

通过旋转调整某个二面角：

通过选择工具选择一个化学键以后(图 5-30)，再点击旋转按钮右侧的黑色的三角形并选中其中的按钮，再用鼠标拖动表盘当中的绿色圆点则可以将此模型中的二面角进行旋转(图 5-31)。

两个和的区别在于旋转的方向不同(图 5-32)。

也可以选择化学物质模型中三条化学键进行此项操作，使用者可以自己尝试一下。

图 5-30 用选择工具选择一个化学键

图 5-31 将模型中的二面角进行旋转(1)

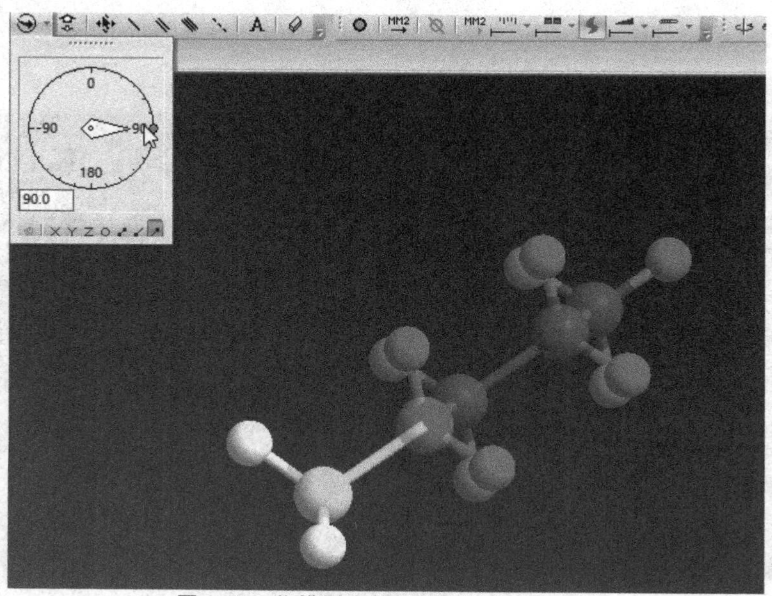

图 5-32　将模型中的二面角进行旋转(2)

5.5.4　平移操作

在某些情况下需要将物质的模型进行移动以便更好的观察，这就需要使用 Building 工具栏中的移动按钮(图 5-33)。

图 5-33　Building 工具栏中的平移按钮

1.整体平移

将鼠标切换到移动工具后，沿着不同方向拖动鼠标即可将编辑中的所有模型进行相应的移动(图 5-34)。

图 5-34　模型的整体平移

2.局部平移

如果只需要移动三维模型中的一个原子或一部分结构(图 5-35),可以先用选择工具选择需要移动的部分,再将鼠标切换到局部平移工具(图 5-36),并按住鼠标左键不放,进行拖动即可将选择的部分结构进行平移,而未选择的部分的位置则不会改变(图 5-37)。

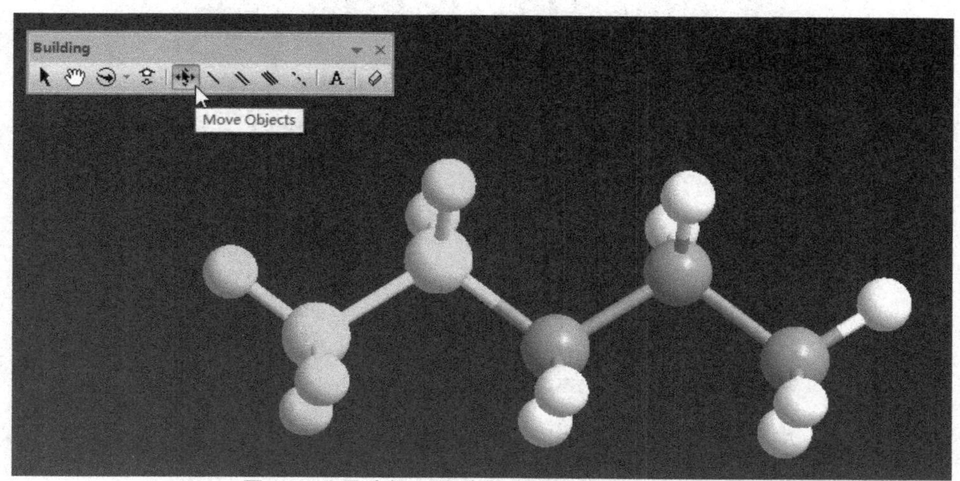

图 5-35　用选择工具选择需要移动的部分结构

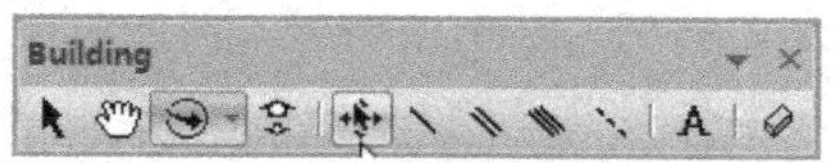

图 5-36　Building 工具栏中的局部平移按钮

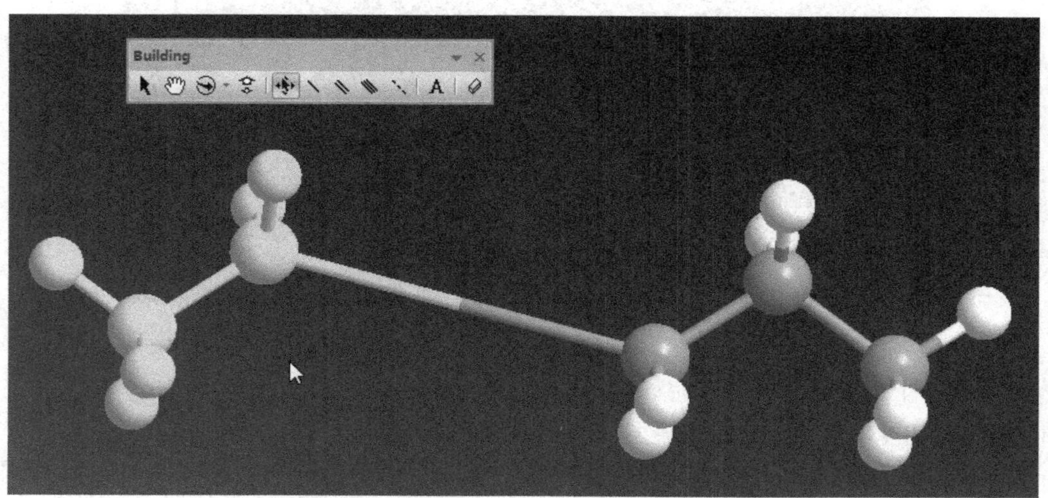

图 5-37　Building 工具栏中的局部平移按钮

5.5.5 对象属性(原子/键/标识)编辑操作

选择模型当中的原子或化学键以后,可以通过点击鼠标右键来修改对象属性(图 5-38)。

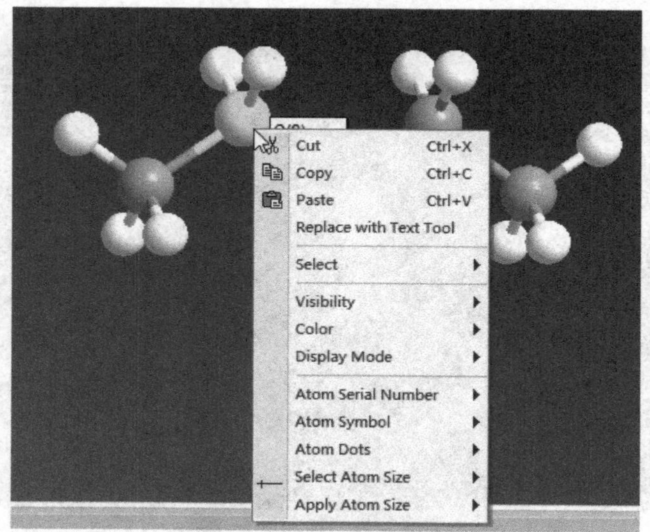

图 5-38 选择某个或某些原子时单击鼠标右键

其中可以执行多项操作,比如剪切、复制、粘贴等,例如可以先复制当前选中的一个碳原子,再到编辑区的空白处单击鼠标右键中的"Paste"命令,则可以得到一个甲烷的模型,其中的 H 原子是程序自动调整得到的(图 5-39)。

图 5-39 复制并粘贴一个碳原子

当选中一个碳原子单击鼠标右键时,其中的 Display Mode 可以设置当前选定的碳原子的显示方式,例如可以将其改为棍状模型(图 5-40)。

当选中一个碳原子单击鼠标右键时,其中的"Replace with Text Tool"(图 5-41)命令可以将当前选中的碳原子更改为其他种类的原子,回车以后在弹出的输入框中输入元素符号"O"并回车(图 5-42),选中的碳原子就变为了 O 原子,并且程序会自动调整相应的键长和 H 原子的数目(图 5-43)。

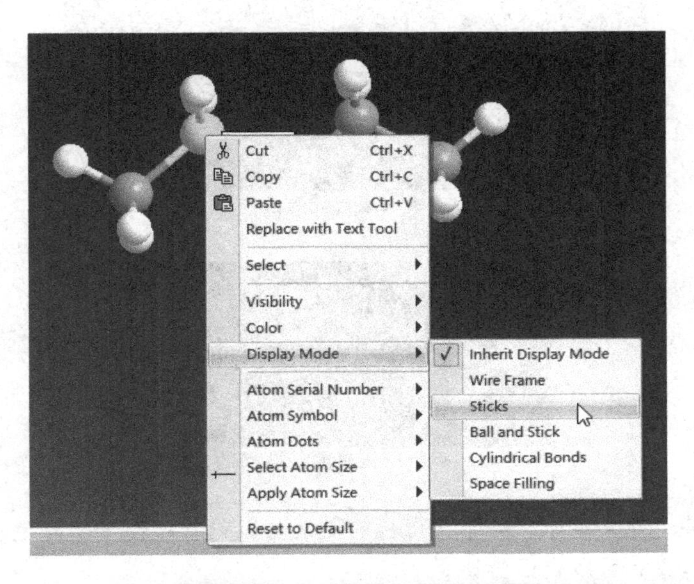

图 5-40 更改选定的碳原子的显示方式

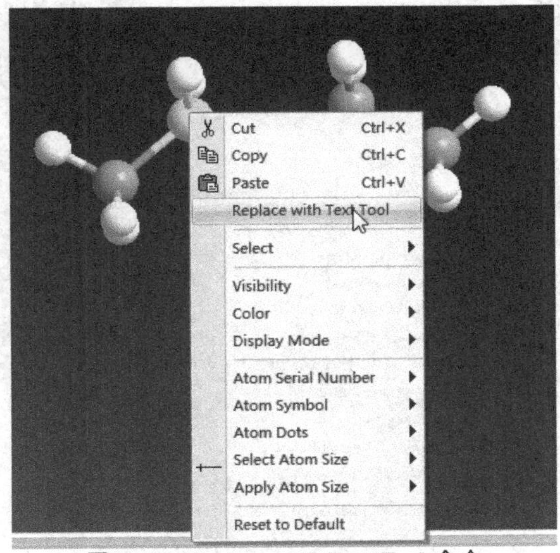

图 5-41 Replace with Text Tool 命令

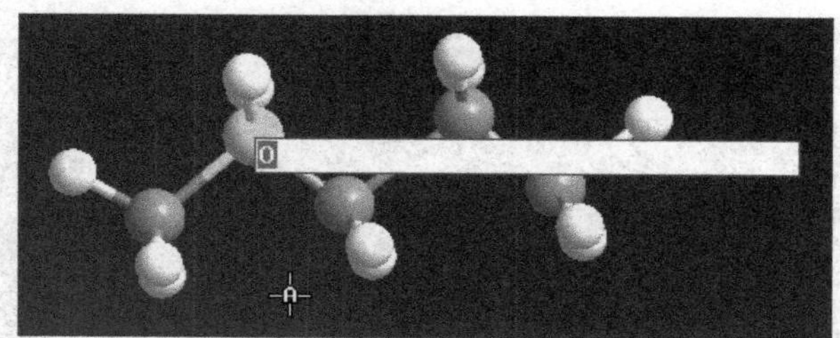

图 5-42 输入取代元素的符号 O

图 5-43 碳原子被氧原子取代的效果

另外，当选择某个或某些原子时单击鼠标右键还可以设置该原子的颜色、大小、可见性、显示原子序号等内容，读者可以自己尝试。

当选择某个或某些化学键时单击鼠标右键：也可以设置这些化学键的颜色、可见性、原子大小及显示模式等属性外，还可以更改选中的化学键的键级大小。例如，选中一条碳碳单键后单击鼠标右键，选择其中的“Set Bond Order/Double”命令（图 5-44），则可以将碳碳单键变为碳碳双键（图 5-45），并且程序会自动调整 H 原子的数目。

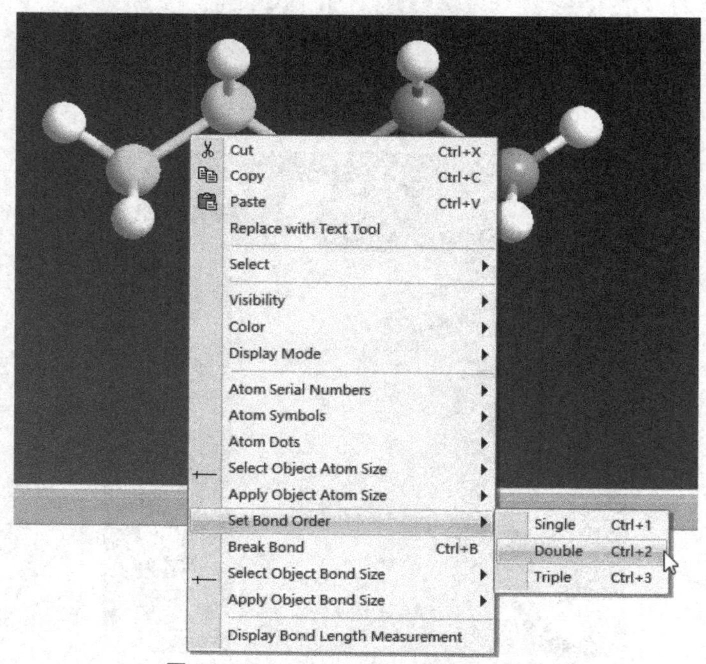

图 5-44 Set Bond Order/Double 命令

图 5-45 碳碳单键变为碳碳双键的效果

另外，还可以通过“Display Bond Length Measurement”命令(图 5-46)来显示当前选中的化学键的键长(图 5-47)。

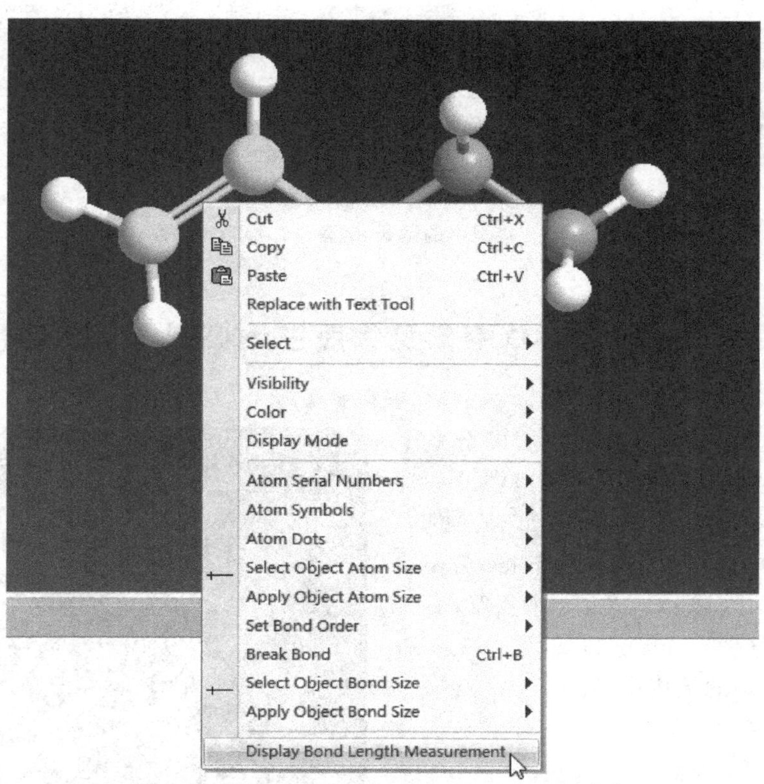

图 5-46 Display Bond Length Measurement 命令

另外，还可以利用 View 菜单下的“Internal Coordinates”来显示该模型中的键长、键角和二面角等信息(图 5-48)。

图 5-47　显示当前选中的化学键的键长

Internal Coordinates

	Atom	Bond Atom	Bond Length (Å)	Angle Atom	Angle (°)	2nd Angle Atom	2nd Angle (°)	2nd Angle Type
1	C(1)							
2	C(2)	C(1)	1.5230					
3	C(3)	C(2)	1.5230	C(1)	109.5000			
4	C(4)	C(3)	1.5230	C(2)	109.5000	C(1)	180.0000	Dihedral
5	C(5)	C(4)	1.5230	C(3)	109.5000	C(2)	180.0000	Dihedral
6	H(6)	C(2)	1.1000	C(1)	125.2500	C(3)	125.2500	Pro-R
7	H(7)	C(1)	1.1000	C(2)	120.5000	C(3)	180.0000	Dihedral
8	H(8)	C(1)	1.1000	C(2)	119.7488	H(7)	119.7488	Pro-R
9	H(11)	C(3)	1.1130	C(2)	109.4418	C(4)	109.4418	Pro-S
10	H(12)	C(3)	1.1130	C(2)	109.4618	C(4)	109.4618	Pro-R
11	H(13)	C(4)	1.1130	C(3)	109.4418	C(5)	109.4418	Pro-S
12	H(14)	C(4)	1.1130	C(3)	109.4618	C(5)	109.4618	Pro-R
13	H(15)	C(5)	1.1130	C(4)	109.5000	C(3)	180.0000	Dihedral
14	H(16)	C(5)	1.1130	C(4)	109.4418	H(15)	109.4418	Pro-S
15	H(17)	C(5)	1.1130	C(4)	109.4618	H(15)	109.4618	Pro-R

图 5-48　模型中的键长、键角和二面角等信息

5.6　ChemBio3D 中常见物质三维模型模板的使用

手动创建一些结构复杂的物质模型是比较麻烦的，为此 ChemBio3D 专门提供了一些常见的结构复杂的物质模型，例如 C60 的模型就可以通过执行“File/Sample Files/Nano/BuckminsterFullerene-C60”命令来查看，下表当中分别 C60（图 5-49）、NaCl（图 5-50）和 18-冠醚（图 5-51）的结构模型。

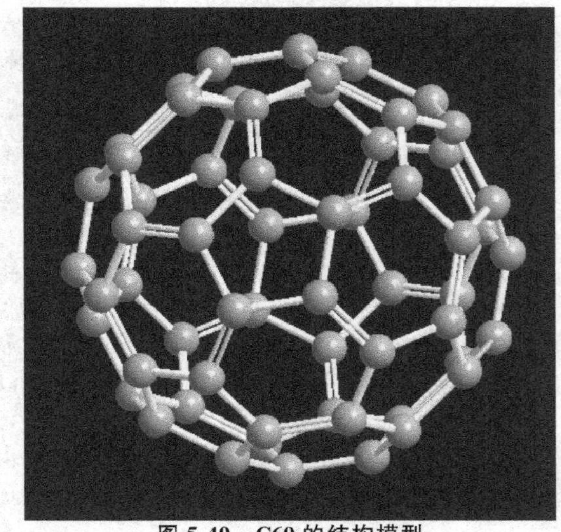

图 5-49　C60 的结构模型

图 5-50 NaCl 的结构模型

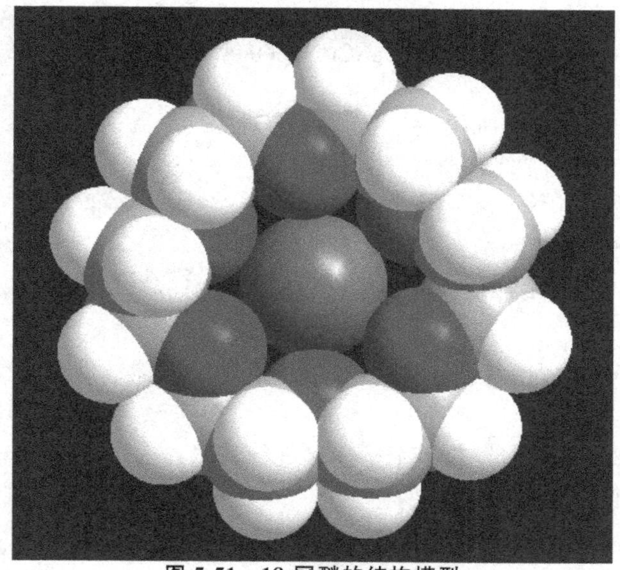

图 5-51 18-冠醚的结构模型

5.7 ChemBio3D 中创建的三维模型的输出方式

5.7.1 动画 avi 方式

此种方法是将 ChemBio3D 中创建的三维模型保存为视频文件的格式(图 5-52),这样可以非常方便地将这些模型动画使用到演示文稿 ppt 当中。

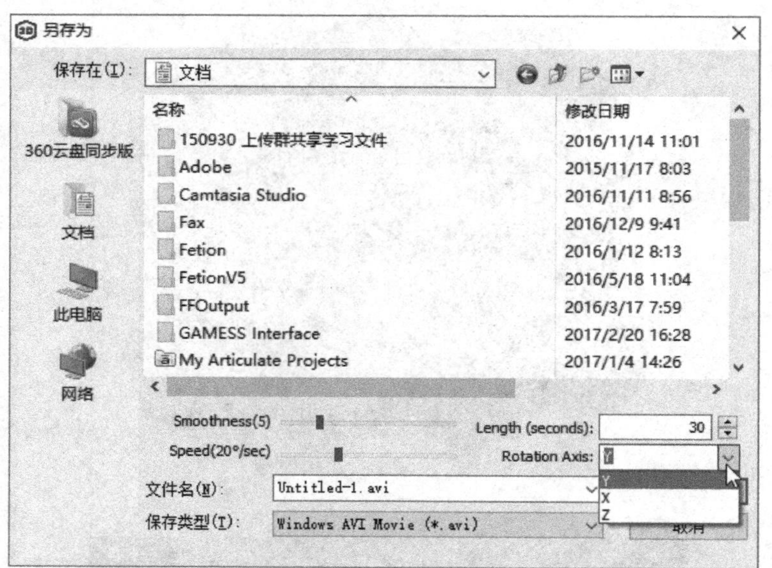

图 5-52　将 ChemBio3D 中创建的三维模型保存为视频文件的格式

在 ChemBio3D 中创建好三维模型以后，执行 File/Save As 命令将文件保存为 avi 格式，对话框可以设置生成动画的如下属性：

Smoothness：设置动画文件的平滑度，可以用鼠标拖动后面的滑块进行更改。数值越大动画文件质量越高，同时生成的动画文件体积也越大。

Length(seconds)：动画文件的时间长度(以秒为单位)，可以直接输入数值，也可以通过上下按钮进行增减。

Speed(20°/sec)：设置模型每秒旋转的角度，可以用鼠标拖动后面的滑块进行更改。数值越大模型旋转得越快。

Rotation Axis：选择模型围绕着哪个坐标轴进行旋转。

在设置好这些选项以后点击保存按钮会弹出一个视频压缩的对话框，这里可以选择某种压缩方式将视频进行压缩以减小动画文件的体积(图 5-53)。

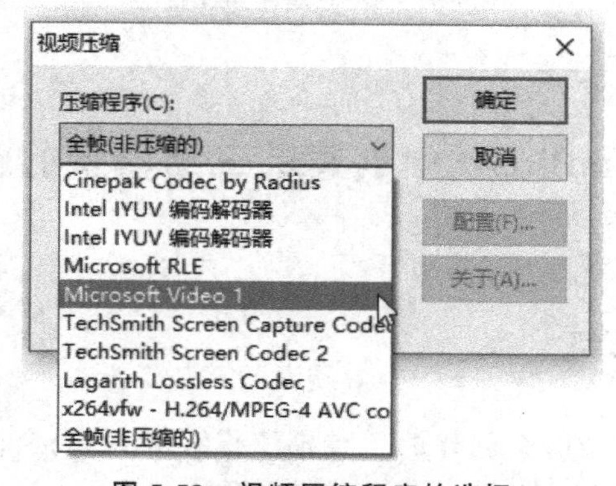

图 5-53　视频压缩程序的选择

例如，选择 Microsoft Video 1 的压缩方式以后，在弹出的对话框中还可以设置视频文件的压缩质量，可以通过拖动滑动改变压缩质量的百分比(图 5-54)。点击“确定”以后视频文件便开始进行压缩直至完成(图 5-55)。

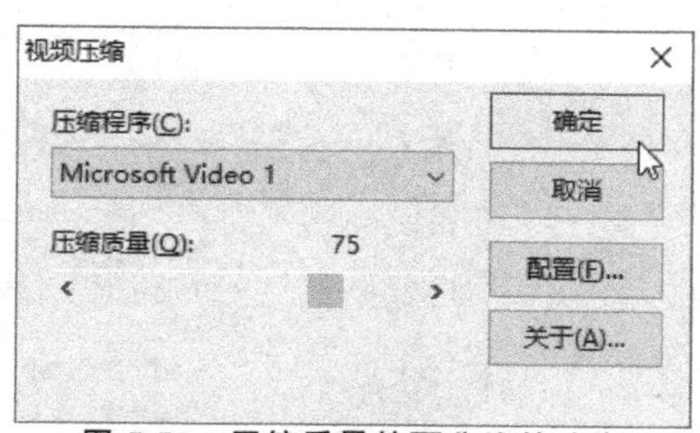

图 5-54　压缩质量的百分比的改变

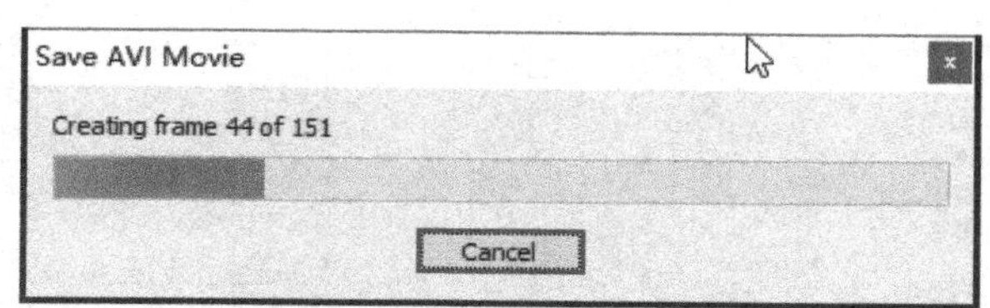

图 5-55　视频文件生成过程

利用此方法得到的动画文件在演示文稿 ppt 当中使用时非常方便，但是在 ppt 演示时不能再任意旋转模型，此问题可以采用下一种方法得到解决。

5.7.2　ppt 的控件方式

例如，ChemBio3D 中创建好一个乙烷模型以后，将文件存为 123.c3xml 或 123.c3d 文件，并将此文件保存在与目标演示文稿 ppt 同一个目录当中(本例中将两个文件都存在了 D:\abc 文件夹)。

打开目标演示文稿 ppt 后，用鼠标右击 ppt 任一选项卡的空白处，选择其中的“自定义功能区”命令(图 5-56)，会弹出“PowerPoint 选项”窗口，选中 “开发工具”选项卡(图 5-57)。

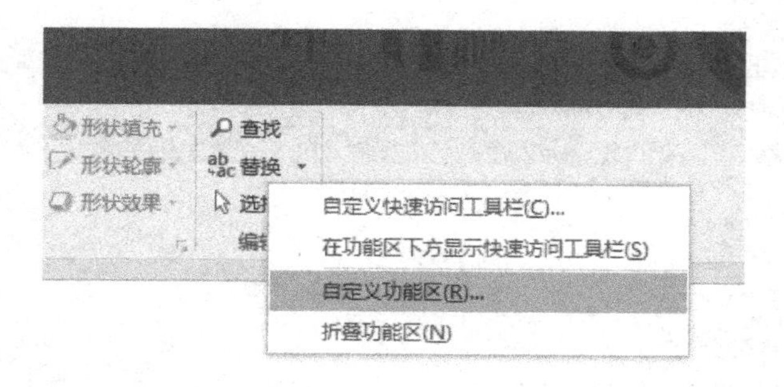

图 5-56　PowerPoint 中自定义功能区的调出方法

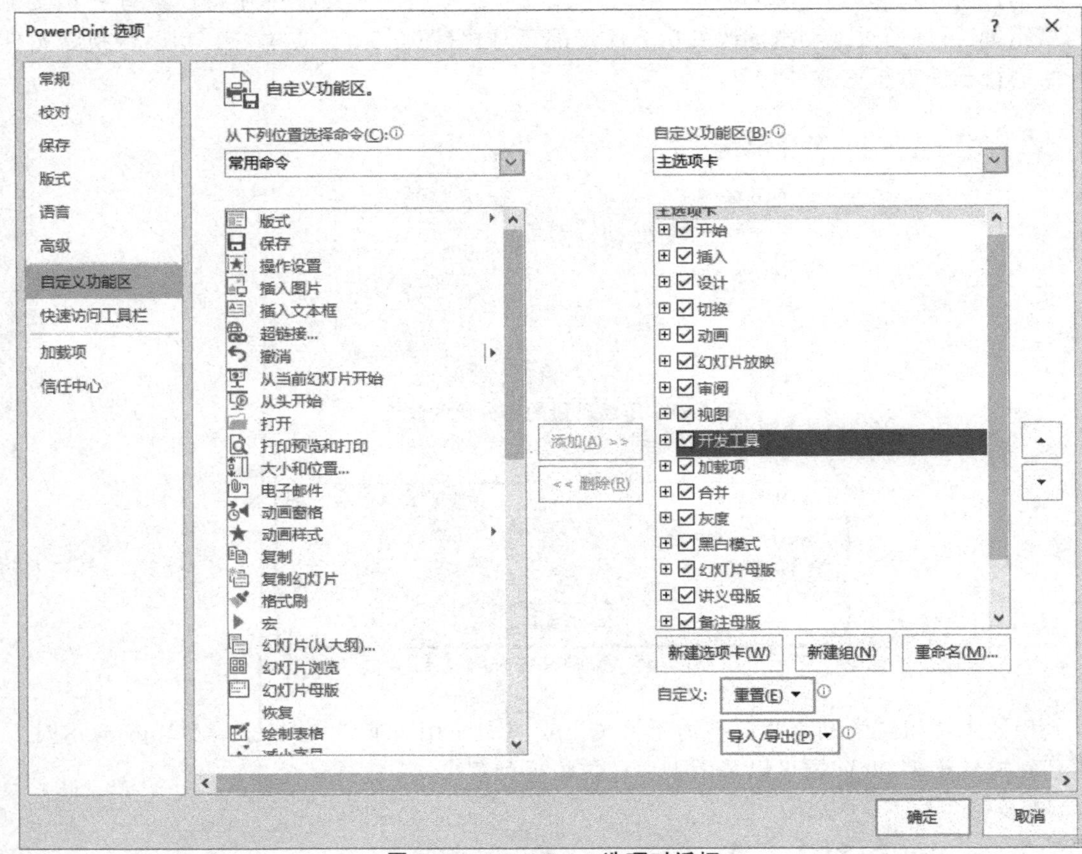

图 5-57 PowerPoint 选项对话框

点击“开发工具—控件—其他控件”,在调出的对话框中选择“CS Chem3D Control 12.0”(图 5-58),点击“确定”,然后在幻灯片中按住鼠标左键不放拖放出一个矩形区域(图 5-59)。

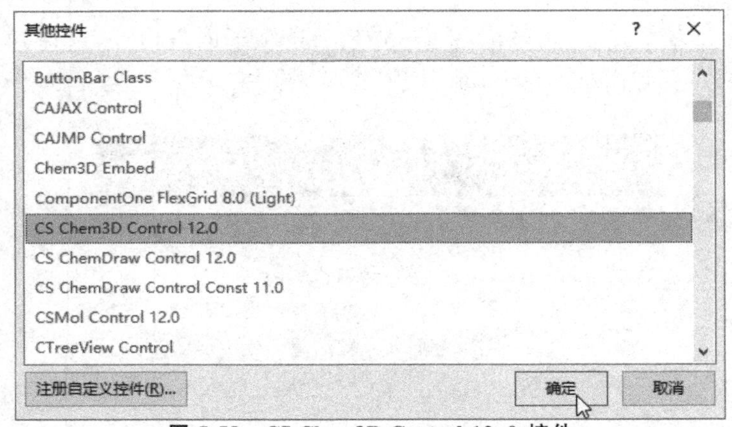

图 5-58 CS Chem3D Control 12.0 控件

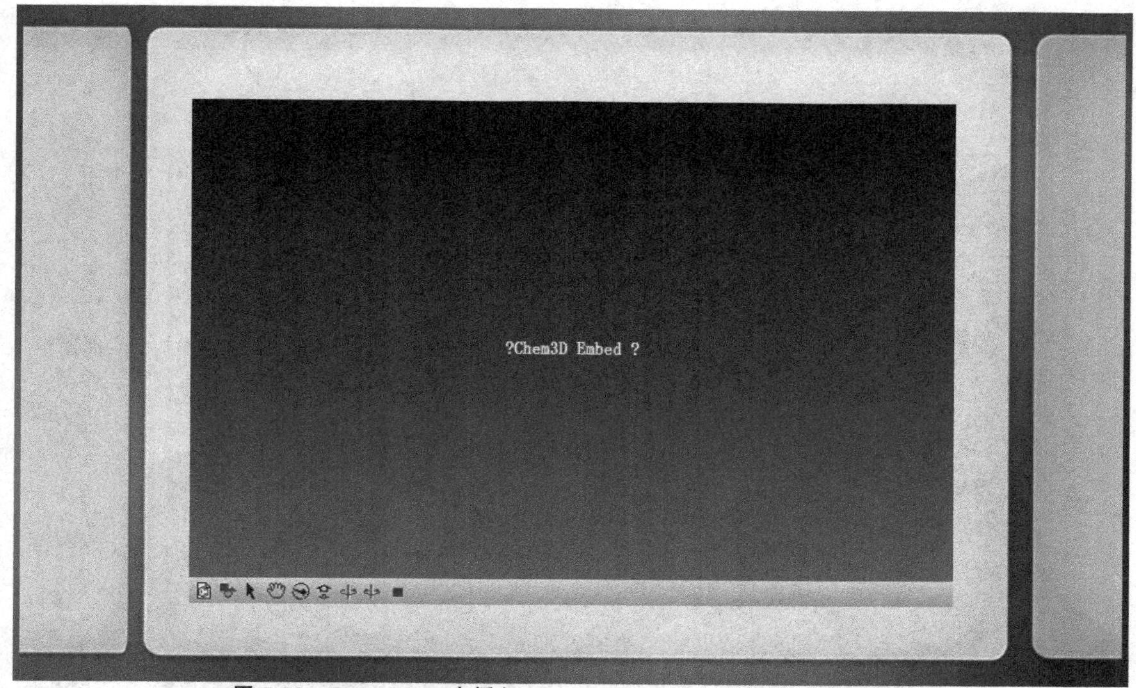

图 5-59 PowerPoint 中插入 CS Chem3D Control 12.0 控件的方法

在用鼠标选择的“CS Chem3D Control 12.0”控件的条件下，执行“开发工具/属性”命令，在弹出的控件属性窗口(图 5-60)的“DataURL”栏中输入文件的相对路径和名称“123.c3xml”或“123.c3d”。这样在幻灯片播放到此页幻灯片时就可以查看乙烷的三维模型了，并且还能对模型进行放大与缩小、平移、旋转等相关操作，具有较强的交互性(图 5-61)。

属性

Chem3DCtl1 Chem3DCtl

按字母序 | 按分类序

(名称)	Chem3DCtl1
AutoRedraw	True
DataURL	123.c3xml
DemoAxis	1 - AxisY
DemoMode	0 - DemoStatic
DemoSpeed	1
EncodeData	True
Fullscreen	False
Height	340.125
Left	110.5
Modified	True
RockAmplitude	30
Rotation	
ShowContextMenu	True
ShowRotationBar	True
ShowToolbar	4 - ShowToolbarBottom
Top	105.625
ViewOnly	False
Visible	True
Width	499

图 5-60 CS Chem3D Control 12.0 控件的属性窗口

图 5-61　PowerPoint 中应用 CS Chem3D Control 12.0 控件的效果

另外，当点击“CS Chem3D Control 12.0”控件下面的第二个按钮 时，在弹出的选项中可以采用线状、棍状、球棍、圆柱键或比例模型等方式进一步查看该模型(图 5-62)。

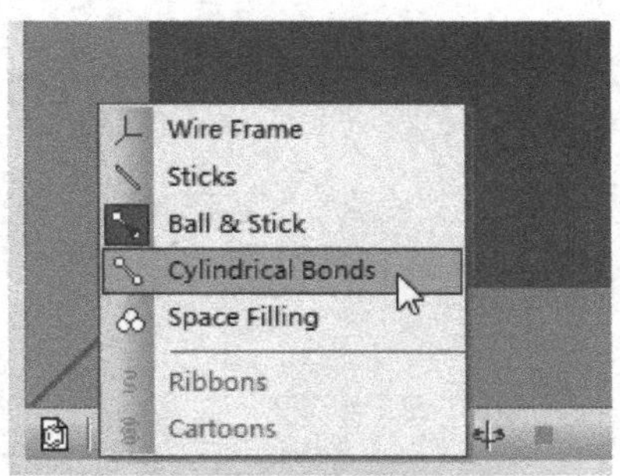

图 5-62　模型查看方式的更改

可见采用“CS Chem3D Control 12.0”控件的办法具有较强的交互性，但是采用这种方法时目标计算机当中需要安装 ChemBio3D 程序才能保证演示文稿 ppt 的正常播放。

第 6 章　Diamond 软件的使用

Diamond 软件是由德国波恩大学 Crystal Impact GbR 公司开发的一款软件，其主要用于绘制和探索晶体结构，具有较强的兼容性，支持多种格式的输入和导出。利用该软件不仅能准确创建和编辑晶体模型，还能以各种形式(线状、球棍状或空间堆积状、多面体形式等)展示晶体模型和分子结构模型，且模型可以根据需要被自由地旋转、移动和缩放，便于从各个方位观察晶体的结构。不仅如此，还可以记录三维晶体结构的运动过程，将其制成动画形式，这一点更增加了 Diamond 软件的独特魅力。还可以利用软件中的 POV-Ray 文件，可以为晶体结构添加更加丰富多彩的材质和背景。总之，在制作晶体三维结构方面，是许多其他软件所无法比拟的。

6.1　Diamond 的下载与安装

使用者可以到网站 http://www.crystalimpact.com/中下载并安装此软件，双击安装包以后会弹出程序的安装向导(图 6-1)，点击“Next”后会出现软件的安装协议页，选择“I accept the terms in the license agreement”项，点击“Next”继续(图 6-2)。

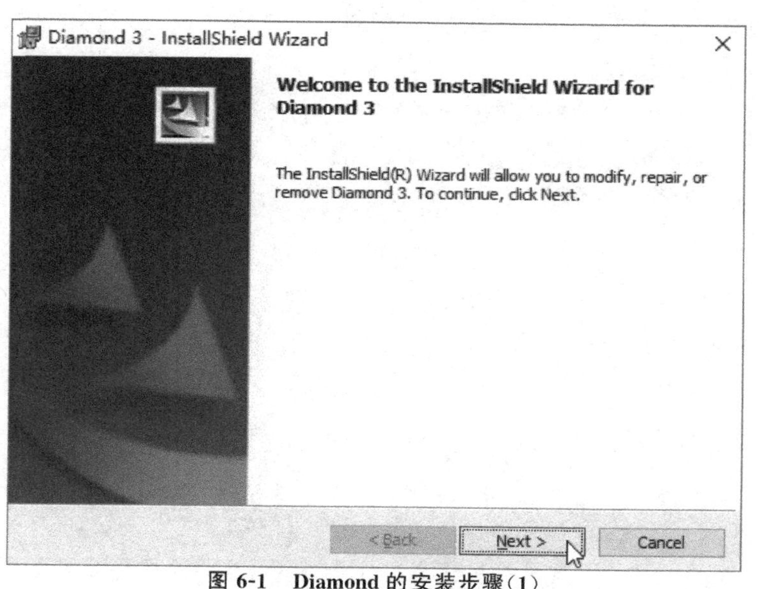

图 6-1　Diamond 的安装步骤(1)

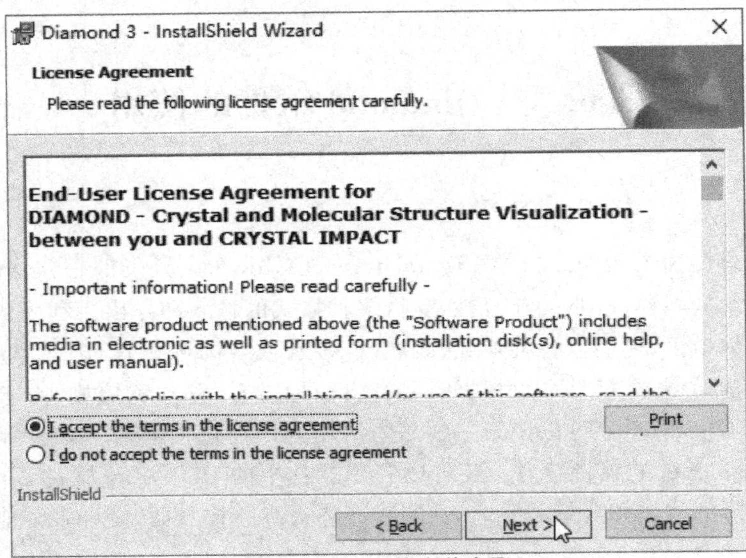

图 6-2　Diamond 的安装步骤(2)

下一步可以选择该软件的安装位置,软件默认安装位置为"C:\program files\diamond 3\目录"(图 6-3),用户可以点击"Change"按钮来调整软件的安装位置。在接下来的页面中选择"Install"按钮后软件就开始安装(图 6-4),安装成功,点击"Finish"按钮以退出安装程序(图 6-5)。

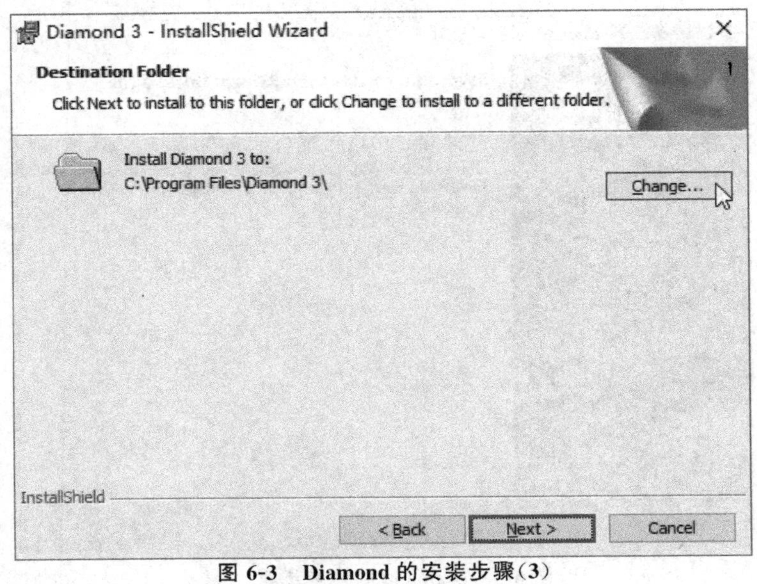

图 6-3　Diamond 的安装步骤(3)

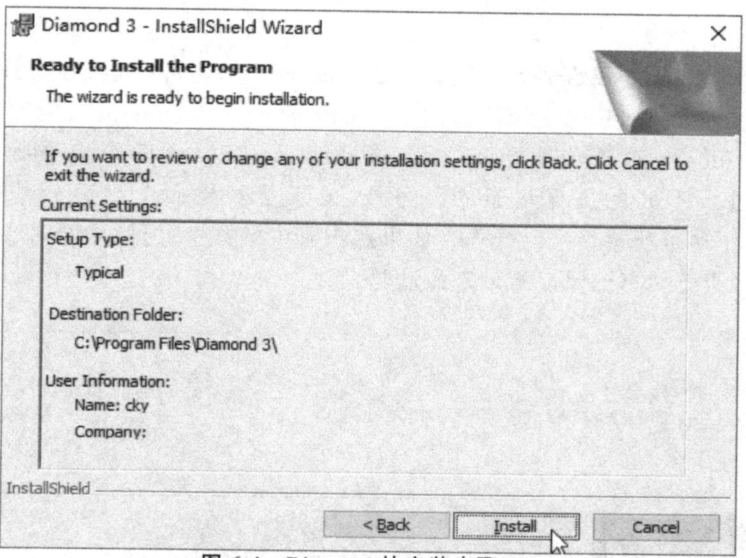

图 6-4　Diamond 的安装步骤(3)

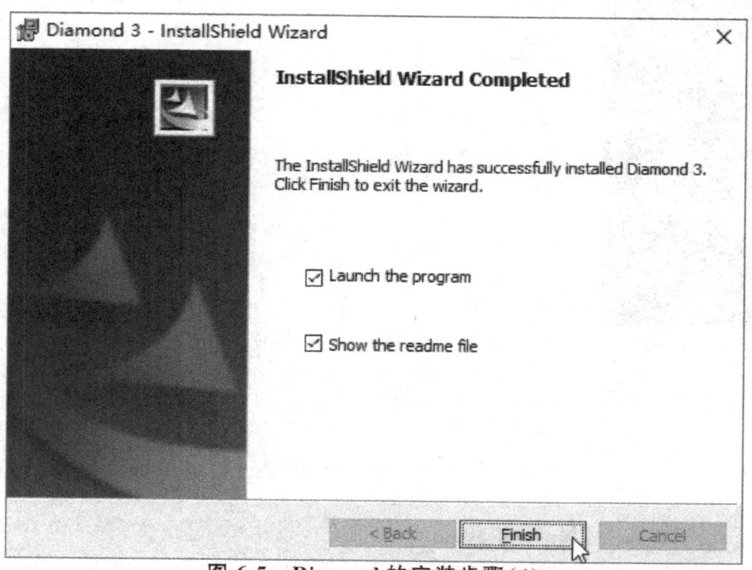

图 6-5　Diamond 的安装步骤(4)

6.2 Diamond 的启动、保存和关闭

软件安装完成以后，在开始菜单中找到 Diamond 程序单击即可运行此程序，用户可以通过选择“Open a file”（打开一个已有文件）、“Create a new document”（创建一个新文档）、“Browse sample files”（浏览范例文件）、“Read the tutorial”（阅读用户手册）这些选项（图 6-6），直接切换进入不同的工作场景中。另外，位于首页界面上半部分的“File”和“Last access”中则显示了最近所进行过的操作。如果点击其中的某个文件，则会进入以往所进行过的操作，从而可以避免因忘记保存所带来的遗憾。

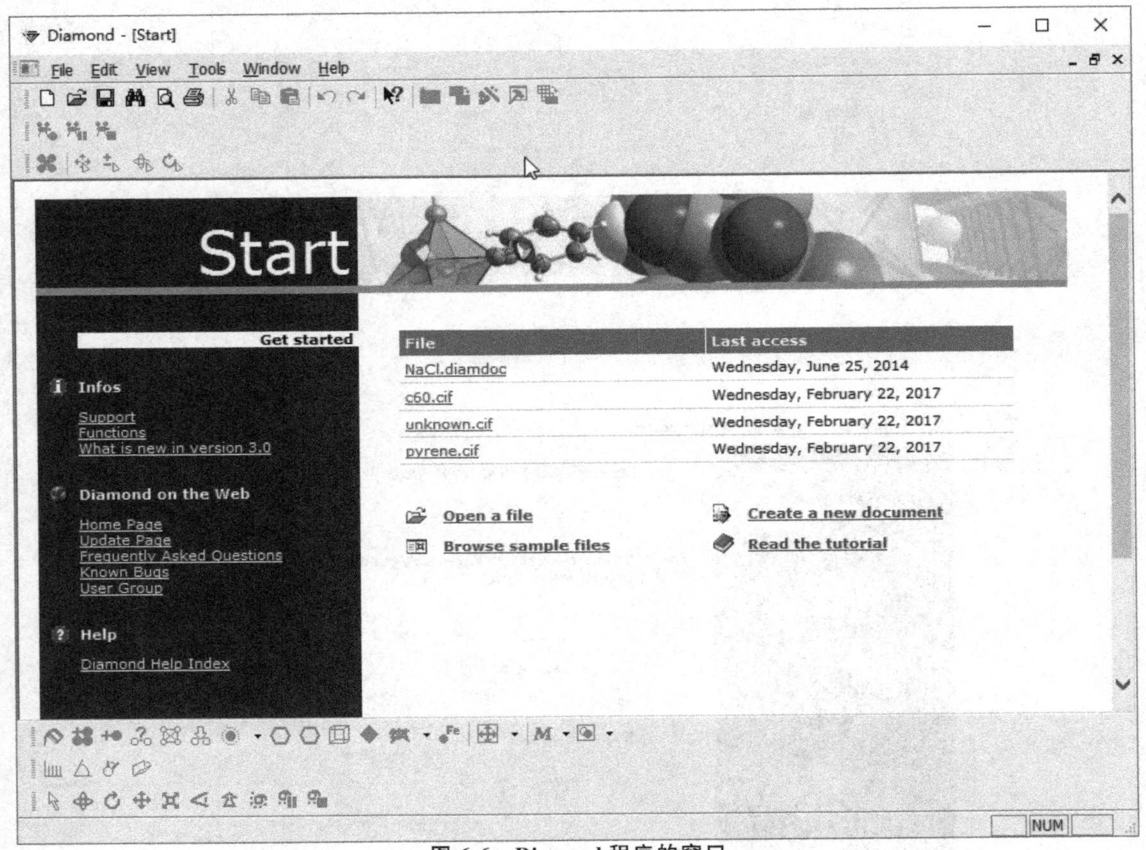

图 6-6　Diamond 程序的窗口

例如，用户打开一个名为“NaCl.diamdoc”的文件，可以看到此文件中包含了 NaCl 晶体的模型（图 6-7），并且程序具有较强的交互性，可以对模型进行放大与缩小、移动和旋转等操作。用户还可以对模型进行修改，此时执行“File/Save As/ Save Document As”命令将文件另存，Diamond 程序文件的默认文件扩展名为 diamdoc（图 6-8）。当完成文件的查看或修改以后点击程序右上角的“关闭”按钮即可将程序关闭。

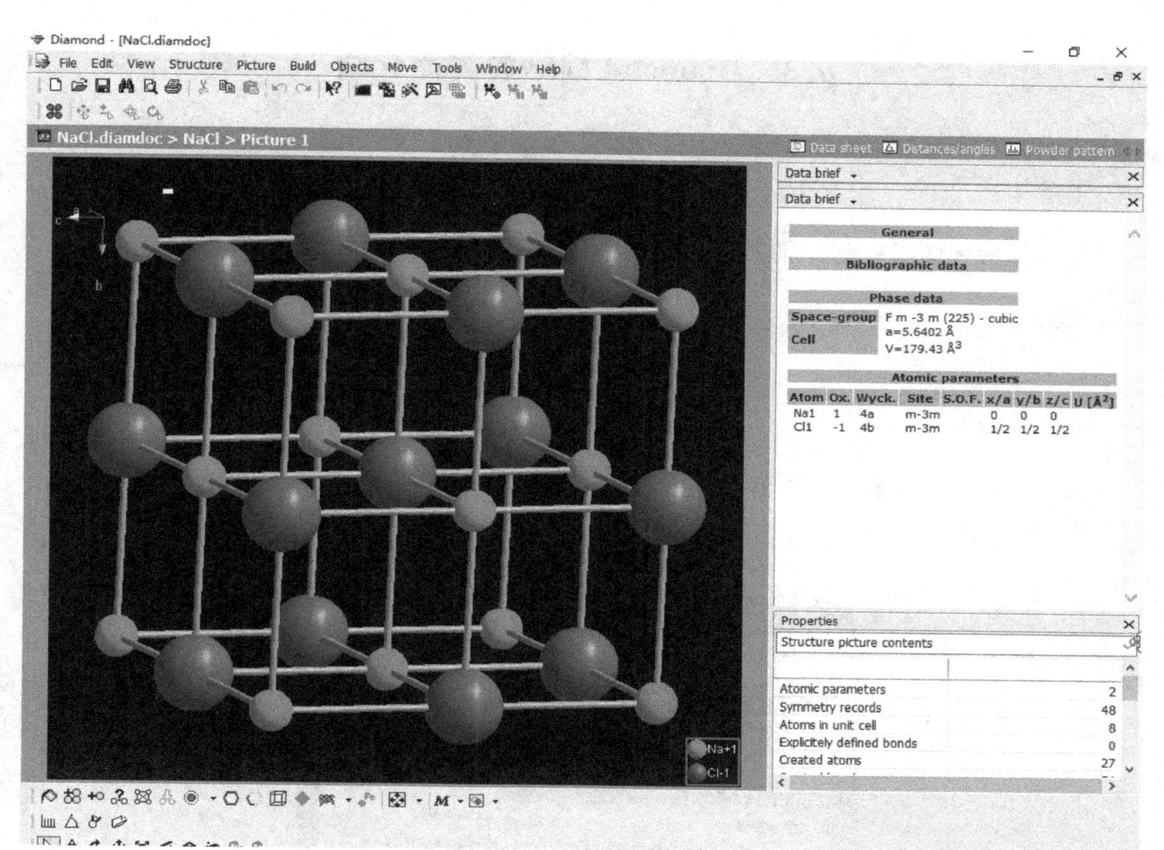

图 6-7　NaCl 晶体的模型

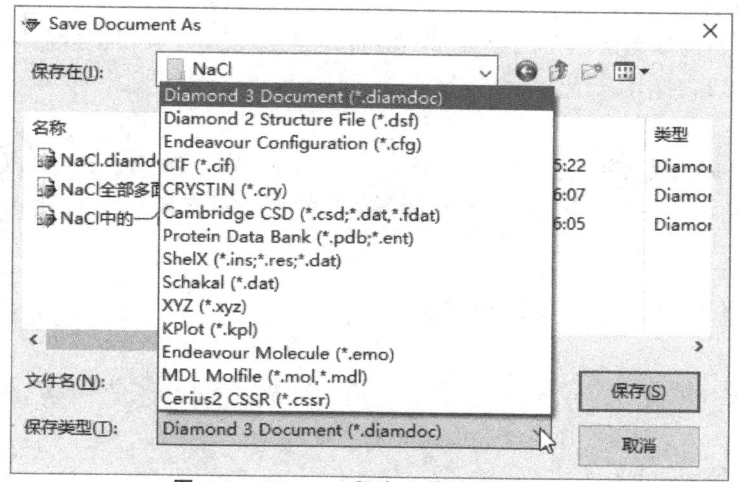

图 6-8　Diamond 程序文件的保存类型

6.3 Diamond 程序的界面介绍

1.菜单栏

包含了程序的所有命令，将在后面作相应的介绍(图 6-9)。

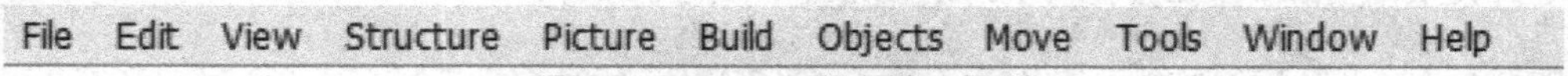

File Edit View Structure Picture Build Objects Move Tools Window Help

图 6-9 Diamond 程序的工具栏

2.工具栏

Diamond 程序包含了 6 个常用的工具栏，用户可通过“View/Toolbars”命令调出相应的工具栏(图 6-10)。

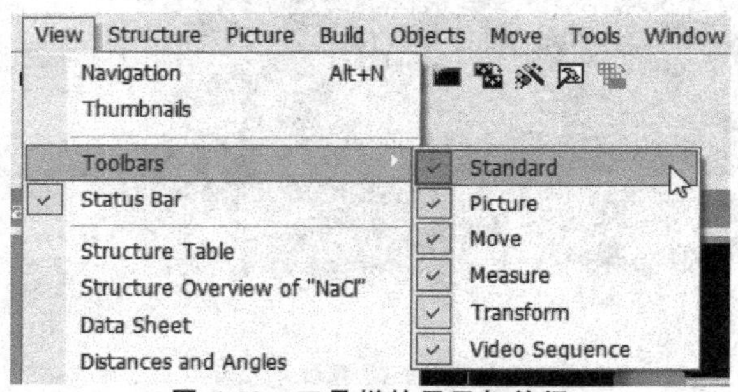

图 6-10 工具栏的显示与关闭

(1)Standard 工具栏

此工具栏主要包括新建、打开、保存、查找、打印预览、打印、剪切、复制、粘贴、撤销和重做等基本命令(图 6-11)。

图 6-11 Diamond 程序的 Standard 工具栏

(2)Picture 工具栏

Picture 工具栏(图 6-12)中各按钮的功能见表 6-1。

图 6-12 Diamond 程序的 Picture 工具栏

(3)Move 工具栏

Move 工具栏(图 6-13)中各按钮的功能见表 6-2。

表 6-1　Picture 工具栏中各按钮的功能

图标	按钮名称	功能
	显示原子	显示整个晶胞范围内所有的原子
	显示并添加原子	在场景中将涉及的所有类型原子都显示出来
	添加原子	在指定坐标处添加指定的原子
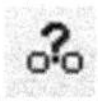	显示连接	显示原子之间相互连接情况的参数
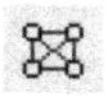	连接原子	将场景中相互间有连接的原子用键连接起来，使原子不单独存在
	插入化学键	在选定的两个原子间插入一条化学键
	填充原子	显示场景中指定原子周围的连接情况
	直接得到分子结构	对于分子晶体，如果场景中未显示其结构，可以直接得到分子结构图
	连接原子	不仅将场景中零散的原子连接起来，并且显示原子周围完整的连接情况
	晶胞边框	显示晶胞的边框，以框定晶胞内的原子
	直接添加多面体	为选定的多个原子直接添加具有默认效果的多面体
	删除命令	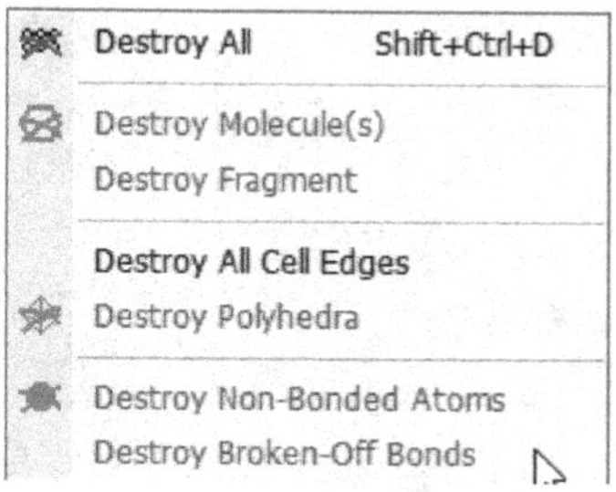 Destroy All　Shift+Ctrl+D Destroy Molecule(s) Destroy Fragment Destroy All Cell Edges Destroy Polyhedra Destroy Non-Bonded Atoms Destroy Broken-Off Bonds 点击按钮右侧的三角形可有选择性地进行删除操作
	直接显示元素符号标签	为待定的多个原子直接添加元素符号标签
	中心调整	使结构处于场景中心，并自动调整其大小，使其位置处于最佳
	显示模式	可以将模型设置为线状、球状、球棍和比例模型

续表

图标	按钮名称	功能
	显示设置	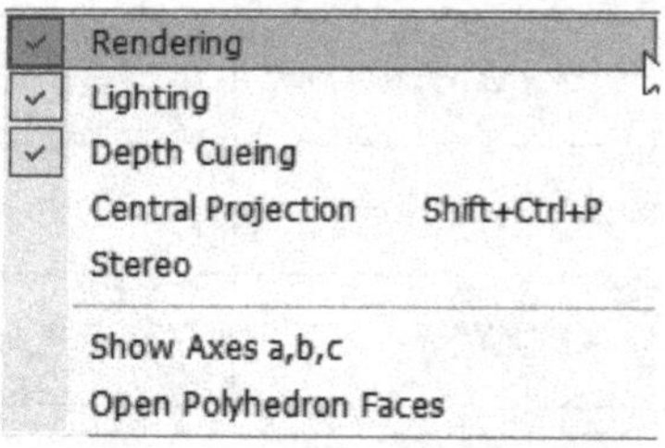 Rendering Lighting Depth Cueing Central Projection Shift+Ctrl+P Stereo Show Axes a,b,c Open Polyhedron Faces 点击按钮右侧的三角形可以设置是否进行渲染和打光等操作

图 6-13　Diamond 程序的 Move 工具栏

表 6-2　Move 工具栏中各按钮的功能

图标	按钮名称	功能
	箭头工具	退出程序当前正在执行的命令
	旋转	使结构沿 x/y 轴进行旋转操作
	旋转	使结构沿 z 轴旋转
	平移	使结构在场景中上下左右移动
	缩放	放大或缩小场景中的结构
	透视	从透视方向观察结构
	前后移动	在软件内定的大小基础上沿特定方向放大结构并进入结构内部，也可以恢复到原来大小
	自动按钮	与旋转、旋转、平移、缩放、透视、前后移动这 6 个联合使用时，使运动过程自动连续
	暂停自动按钮	暂停连续运动
	停止自动按钮	停止连续运动

(4)Measure 工具栏

Measure 工具栏(图 6-14)中各按钮的功能见表 6-3。

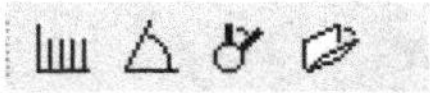

图 6-14　Diamond 程序的 Measure 工具栏

表 6-3　Measure 工具栏中各按钮的功能

图标	按钮名称	功能
	测量键长	测量结构当中任意两个原子间的距离
	测量键角	测量结构当中任意两条键间的夹角
	测量扭矩	测量结构中任意扭矩的数值
	测平面的夹角	测量结构中任意两个平面的夹角

(5)Transform 工具栏

Transform 工具栏(图 6-15)中 为插入原子命令,可以在选定的多个原子中心添加一个"假原子"。

图 6-15　Diamond 程序的 Transform 工具栏

(6)Video Sequence 工具栏

Video Sequence 工具栏(图 6-16)中各按钮的功能见表 6-4。

图 6-16　Diamond 程序的 Video Sequence 工具栏

表 6-4　Video Sequence 工具栏中各按钮的功能

图标	按钮名称	功能
	开启视频记录	开始记录结构的运动过程
	暂停视频记录	暂停记录结构的运动过程
	停止视频记录	结束记录结构的运动过程并保存为 avi 文件

3.场景区

创建物质模型的工作区域,还包括坐标轴和原子种类的标识。

4.数据区

在此区域可以更改物质的一些基本数据(图 6-17),并且还可以点击 Data brief 右侧的三角形切换至其他数据。

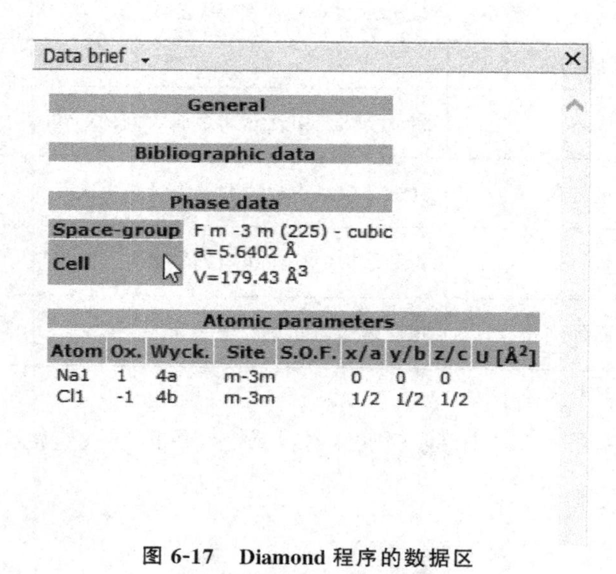

图 6-17 Diamond 程序的数据区

5.属性区

此区域内当前物质中的一些数据属性以供查看(图 6-18)。

Properties

Structure picture contents

Atomic parameters	2
Symmetry records	48
Atoms in unit cell	8
Explicitely defined bonds	0
Created atoms	27
Created bonds	54
Cell corners	8
Cell edges	12
Atom labels	0
Bond labels	0
Texts	0
Polyhedra	0
Polyhedron faces	0
Distances	0
Angles	0

图 6-18 Diamond 程序的属性区

6.4　利用 Diamond 创建物质模型的方法

构建晶体的基本步骤可以概括如下：

(a)确定构建哪个晶体的模型。

(b)收集资料，即查找该晶体的晶胞参数和晶体中原子的坐标参数。

(c)在 Diamond 软件中建模。

(d)在 Diamond 软件的操作场景中对晶体模型进行修改、美化、标注和观察。

6.4.1　方法 1：利用晶体结构参数

以创建 NaCl 晶体结构为例：

在相关的化学工具书中查得 NaCl 晶体结构参数：

空间群及晶系：Fm－3m(225)　　　　晶胞参数：a＝5.6402 埃

原子坐标参数：Na＋1(0,0,0)　Cl－1(0.5,0.5,0.5)

启动 Diamond 软件，在首页界面中选择“Create a new document”或选择“File/New”命令。

在弹出的对话框中有三种选择形式，由于已查得 NaCl 晶体的结构参数，故选择其中的第二个选项“Create a document and type in structure parameters”(图 6-19)。点击“OK”后，则显示创建新结构的辅助界面(图 6-20)，用户点击“下一步”继续。

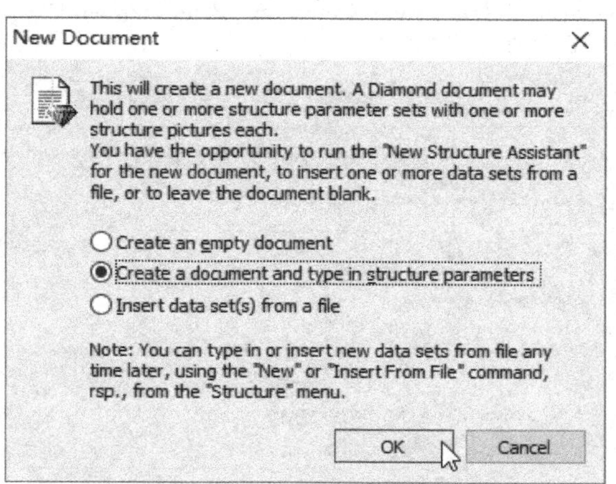

图 6-19　创建 NaCl 晶体模型步骤(1)

在弹出的对话框当中点击“Browse”按钮(图 6-21)，选择 NaCl 晶体的空间群 Fm-3m(225)(图 6-22)，点击“OK”后返回上一页面，然后在“cell length”中输入 NaCl 的晶胞参数 a＝5.6402(图 6-23)，在“Title of the new”中给结构取名为 NaCl，点击下一步继续。

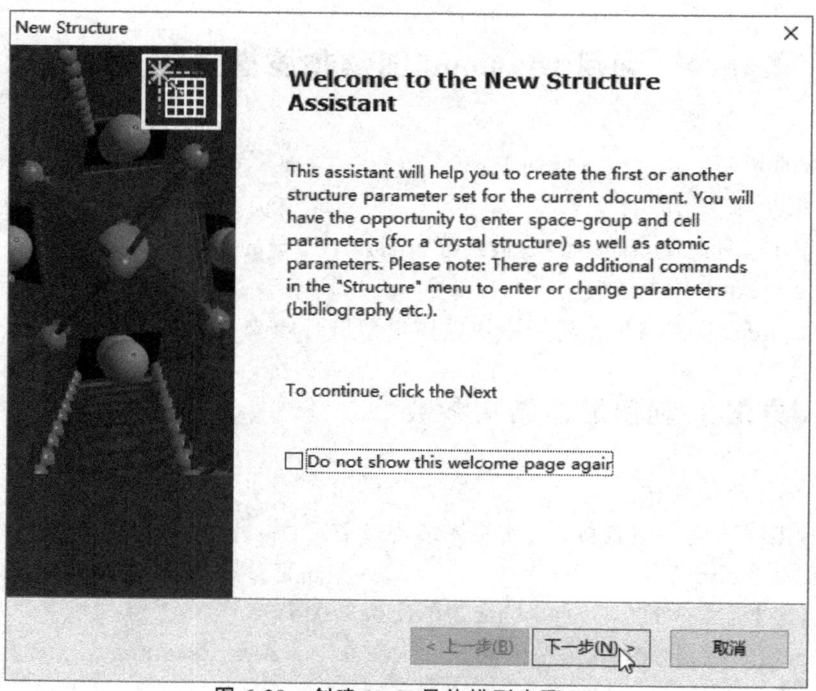

图 6-20　创建 NaCl 晶体模型步骤(2)

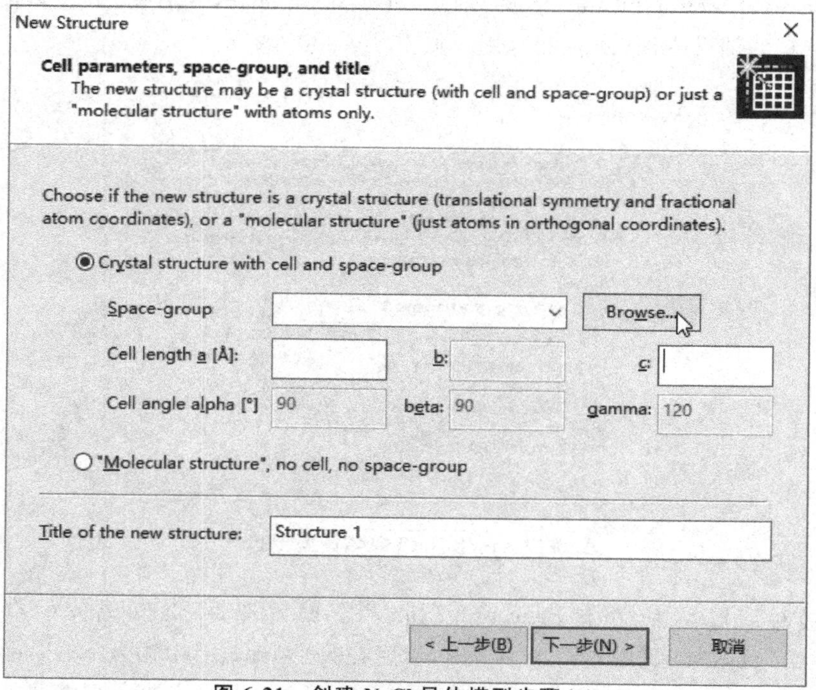

New Structure

Cell parameters, space-group, and title

The new structure may be a crystal structure (with cell and space-group) or just a "molecular structure" with atoms only.

Choose if the new structure is a crystal structure (translational symmetry and fractional atom coordinates), or a "molecular structure" (just atoms in orthogonal coordinates).

Crystal structure with cell and space-group

Space-group　Browse...

Cell length a [Å]:　b:　c:

Cell angle alpha [°] 90　beta: 90　gamma: 120

"Molecular structure", no cell, no space-group

Title of the new structure: Structure 1

< 上一步(B)　下一步(N) >　取消

图 6-21　创建 NaCl 晶体模型步骤(3)

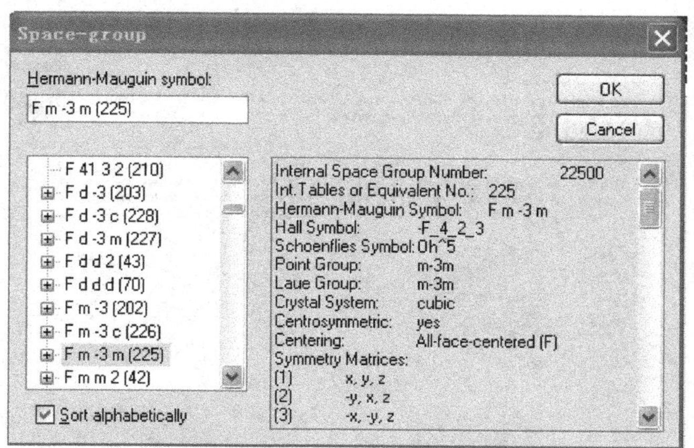

图 6-22　创建 NaCl 晶体模型步骤(4)

New Structure

Cell parameters, space-group, and title

The new structure may be a crystal structure (with cell and space-group) or just a "molecular structure" with atoms only.

Choose if the new structure is a crystal structure (translational symmetry and fractional atom coordinates), or a "molecular structure" (just atoms in orthogonal coordinates).

Crystal structure with cell and space-group

Space-group　F m -3 m (225)　Browse...

Cell length a [Å]: 5.6402　b: 5.6402　c: 5.6402

Cell angle alpha [°] 90　beta: 90　gamma: 90

"Molecular structure", no cell, no space-group

Title of the new structure: NaCl

< 上一步(B)　下一步(N) >　取消

图 6-23　创建 NaCl 晶体模型步骤(5)

在弹出的对话框中输入晶胞中各种原子坐标参数(原子符号后写上该原子的价态)后，点击下一步继续(图 6-24)。接着会弹出已完成建新结构的辅助界面，此时可以选择 Launch the Structure Picture Creation Assistant(图 6-25)来开启下一步绘制物质结构图的辅助界面，点击“完成”按钮继续。

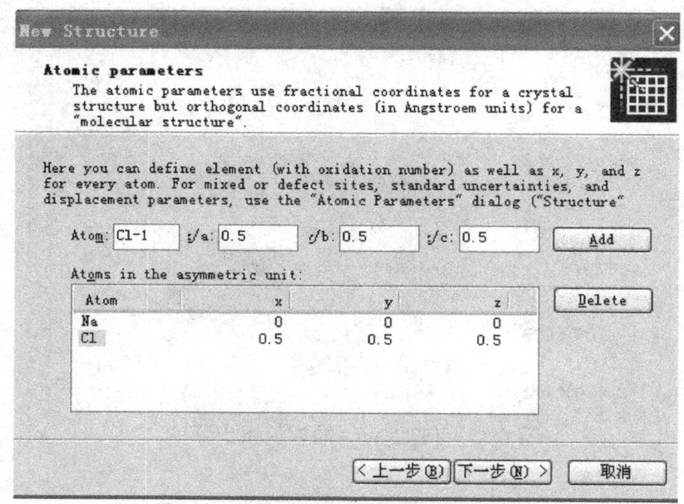

图 6-24 创建 NaCl 晶体模型步骤(6)

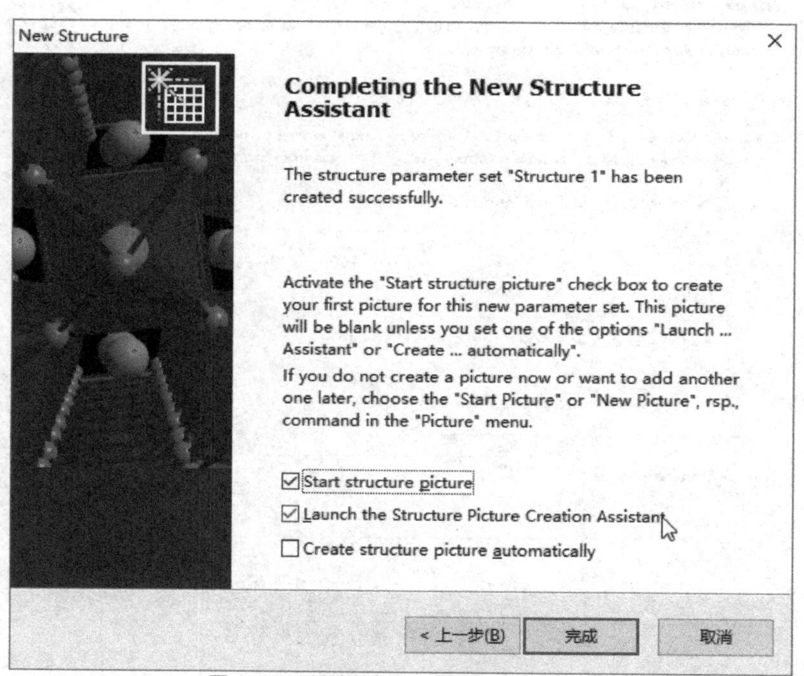

图 6-25 创建 NaCl 晶体模型步骤(7)

接着会弹出绘制物质结构图的辅助界面(图 6-26),点击“下一步”以后再选择如何创建 NaCl 的晶体结构。这里可以选择“Fill cell range with atoms”选项中的“Range Unit cell”(图 6-27),点击“下一步”继续。接下来的几个页面当中可以设置物质结构图的背影色和观察角度等信息(图 6-28),这些内容也可以到以后再进行调整,所以只需要点击“下一步”继续即可(图 6-29),在最后一个页面当中点击“完成”按钮后即可完成结构的基本绘制(图 6-30),并可以使用旋转、平移、缩放、透视、前后移动等工具查看 NaCl 的三维结构。

Create Structure Picture
Welcome to the Structure Picture Creation Assistant
This assistant offers you a summary of the most used functions to build up and to design a structure picture in a few steps. You can also use this assistant later to re-design a structure picture.
Destroy all atoms, bonds, etc.
To continue, click the Next
< 上一步(B)
下一步(N) >
完成
取消

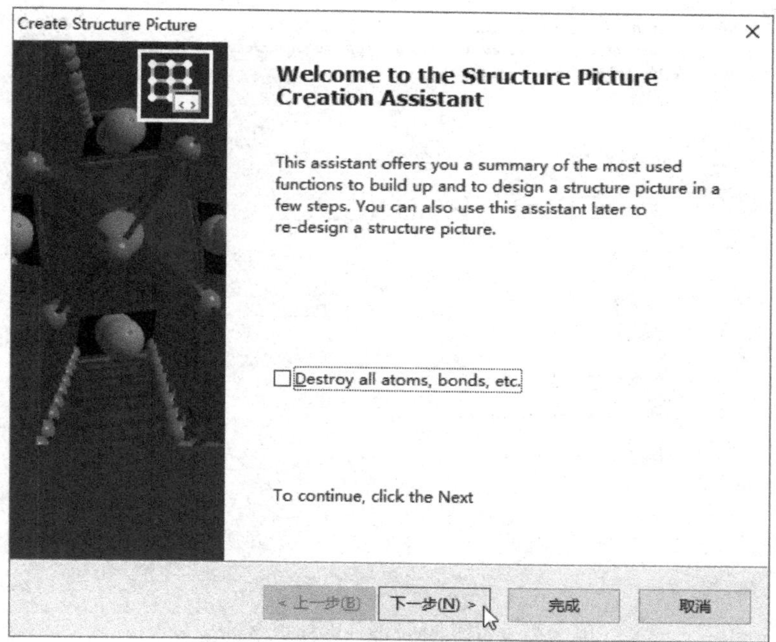

图 6-26　创建 NaCl 晶体模型步骤(8)

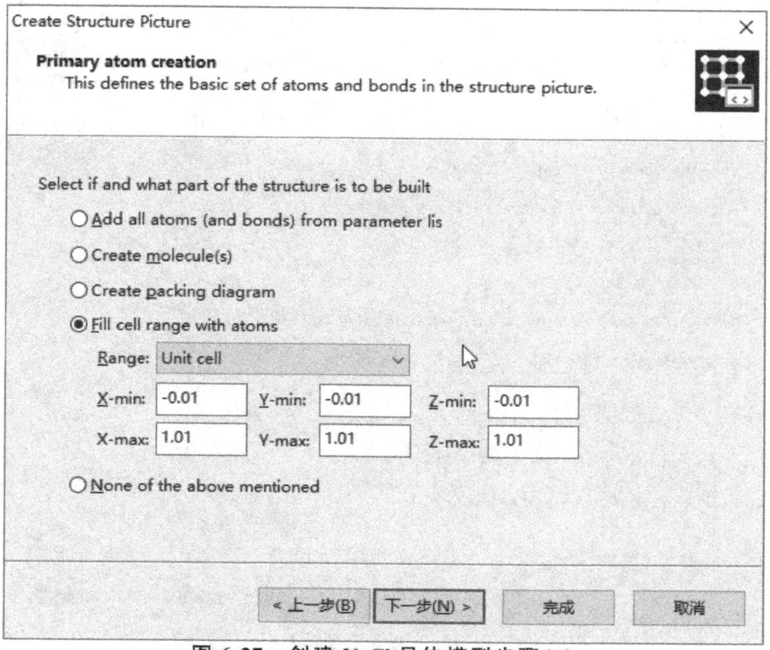

Create Structure Picture
Primary atom creation
This defines the basic set of atoms and bonds in the structure picture.
Select if and what part of the structure is to be built
Add all atoms (and bonds) from parameter lis
Create molecule(s)
Create packing diagram
Fill cell range with atoms
Range: Unit cell
X-min: -0.01
Y-min: -0.01
Z-min: -0.01
X-max: 1.01
Y-max: 1.01
Z-max: 1.01
None of the above mentioned
< 上一步(B)
下一步(N) >
完成
取消

图 6-27　创建 NaCl 晶体模型步骤(9)

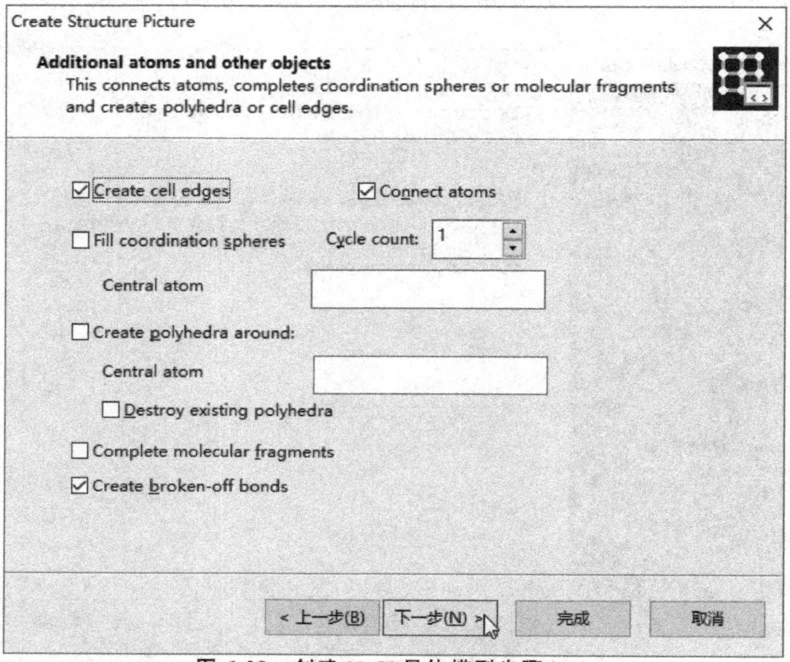

Create Structure Picture

Additional atoms and other objects

This connects atoms, completes coordination spheres or molecular fragments and creates polyhedra or cell edges.

☑ Create cell edges ☑ Connect atoms

☐ Fill coordination spheres Cycle count: 1

Central atom

☐ Create polyhedra around:

Central atom

☐ Destroy existing polyhedra

☐ Complete molecular fragments

☑ Create broken-off bonds

< 上一步(B) 下一步(N) > 完成 取消

图 6-28 创建 NaCl 晶体模型步骤(10)

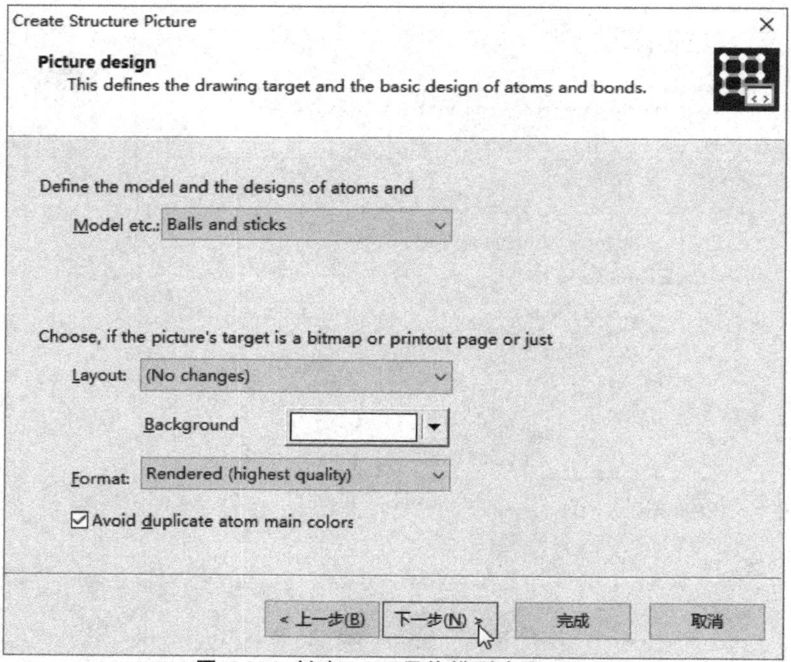

Create Structure Picture

Picture design

This defines the drawing target and the basic design of atoms and bonds.

Define the model and the designs of atoms and

Model etc.: Balls and sticks

Choose, if the picture's target is a bitmap or printout page or just

Layout: (No changes)

Background

Format: Rendered (highest quality)

☑ Avoid duplicate atom main colors

< 上一步(B) 下一步(N) > 完成 取消

图 6-29 创建 NaCl 晶体模型步骤(11)

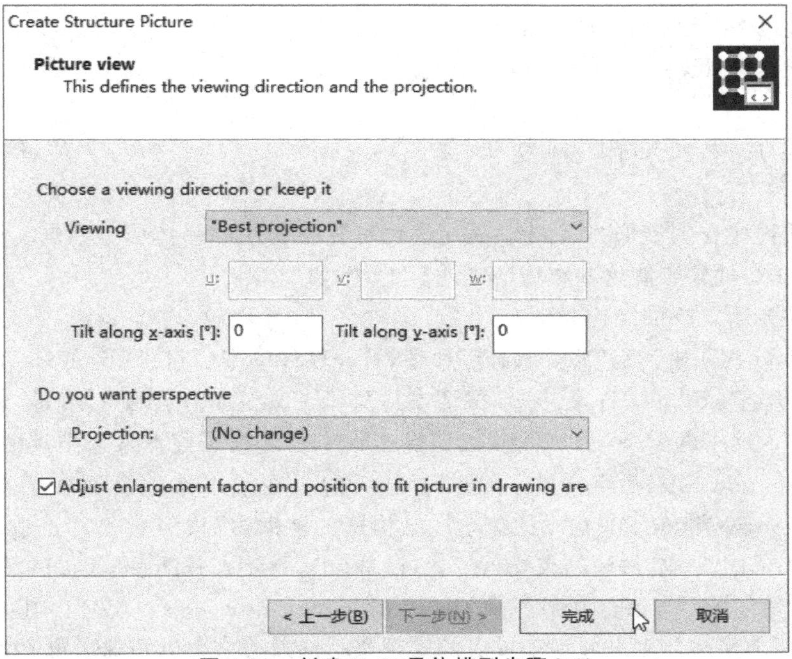

Create Structure Picture

Picture view

This defines the viewing direction and the projection.

Choose a viewing direction or keep it

Viewing　"Best projection"

u:　v:　w:

Tilt along x-axis [°]: 0　Tilt along y-axis [°]: 0

Do you want perspective

Projection:　(No change)

☑ Adjust enlargement factor and position to fit picture in drawing are

< 上一步(B)　下一步(N) >　完成　取消

图 6-30　创建 NaCl 晶体模型步骤(12)

练习：请根据 CsCl 的晶体结构参数制作其晶体结构图(图 6-31)。

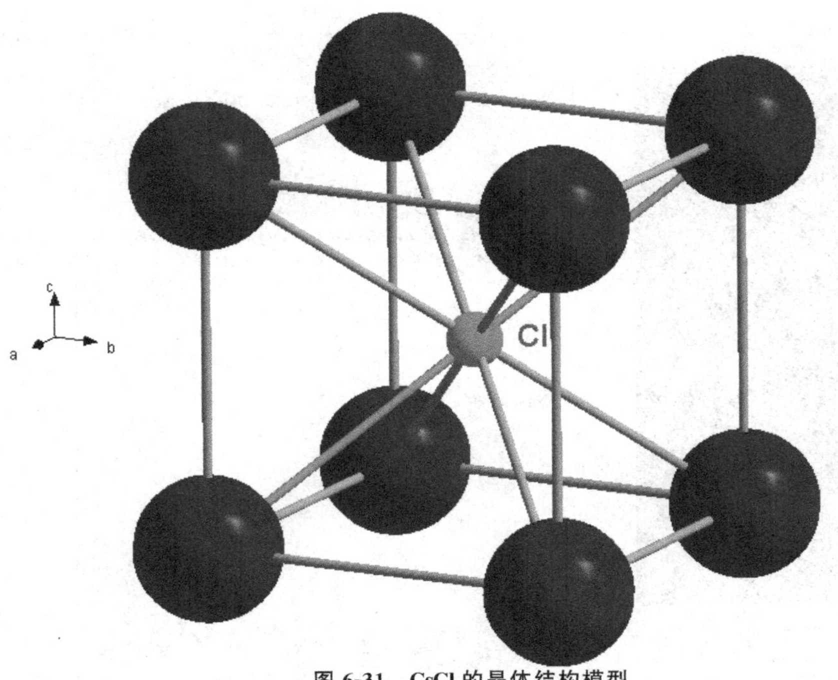

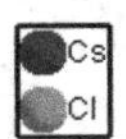

图 6-31　CsCl 的晶体结构模型

空间群及晶系：Pm-3m(221)

晶胞参数：a=4.115A(0.4115nm)

原子坐标参数：Cs+1(0,0,0)　Cl−1(0.5,0.5,0.5)

6.4.2　方法2：利用cif文件

Diamond程序在安装时已经自带了一些比较复杂物质的晶体信息数据cif文件，使用者也可以通过cif文件来绘制这些物质的结构。

下面就以构建C60的结构为例：

在Diamond程序中执行“File\Open”命令，打开软件的安装目录（比如C:\Program File\Diamond)，打开Tutorial文件夹，并且保证文件类型为cif，双击名为“C60.cif”的文件。会弹出一个文件导入助手的辅助窗口（图6-32），点击下一步继续。接下来选中其中的“Crystallographic Information File”后点击“下一步”（图6-33）。在接下来的页面中选择“Launch the Picture Creation Assistant”来启动绘制物质结构图的辅助窗口（图6-34），点击“下一步”后在弹出的页面中单击“完成”按钮结束文件导入（图6-35），并将打开助手辅助窗口（图6-36）。

在启动的绘制物质结构图的辅助窗口中选择“Creat molecule(s)”选项（图6-37），点击“下一步”继续。接下来的几个页面当中可以设置物质结构图的背影色和观察角度等信息，这些内容也可以到以后再进行调整，所以只需要点击“下一步”继续即可，最后即可以在场景当中看到C60的三维模型了（图6-38）。此时执行“File/Save As/Save Document As”命令将文件另存为C60.diamdoc（图6-39）。

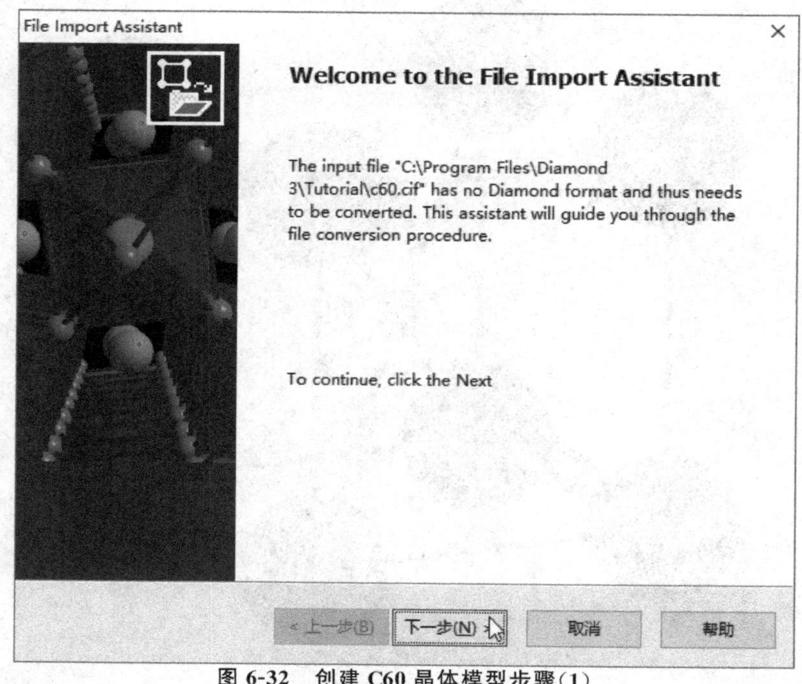

图6-32　创建C60晶体模型步骤(1)

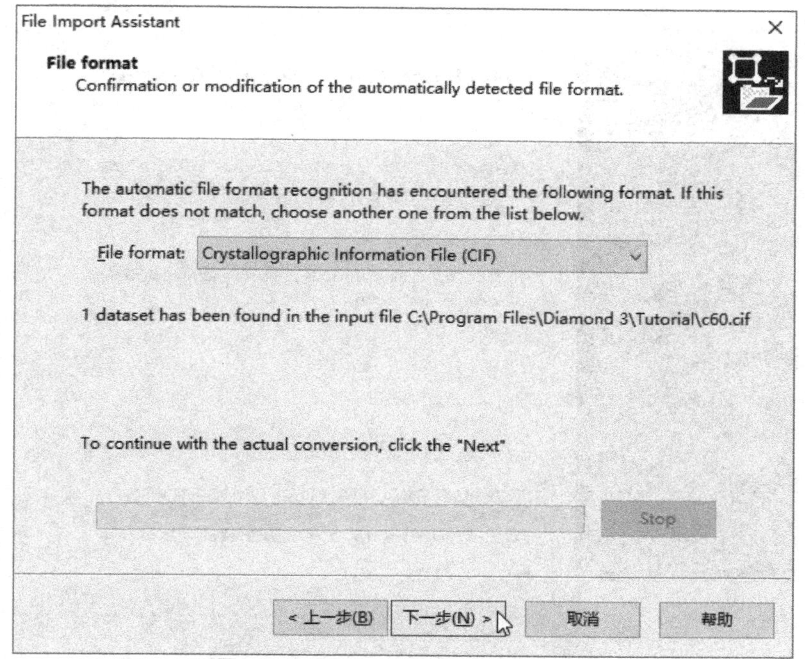

图 6-33　创建 C60 晶体模型步骤(2)

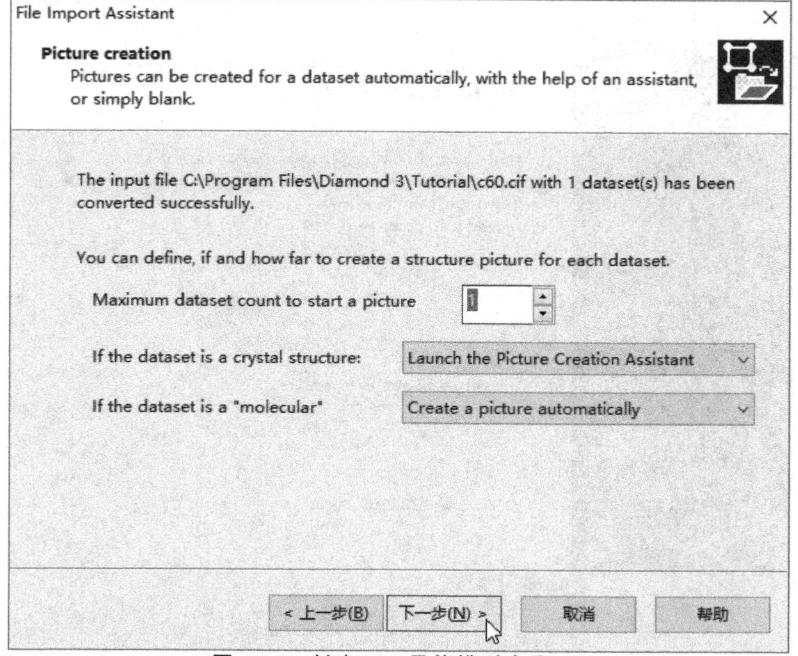

图 6-34　创建 C60 晶体模型步骤(3)

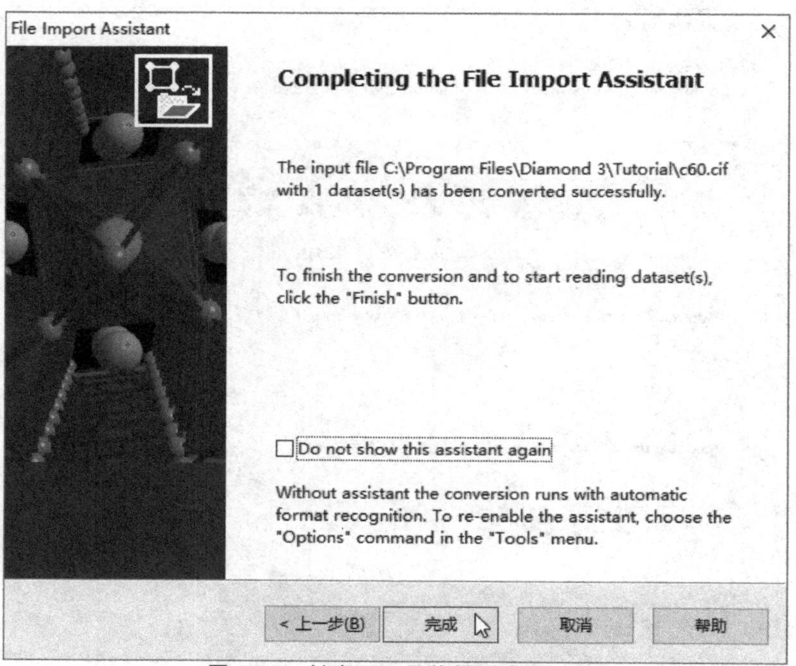

图 6-35　创建 C60 晶体模型步骤(4)

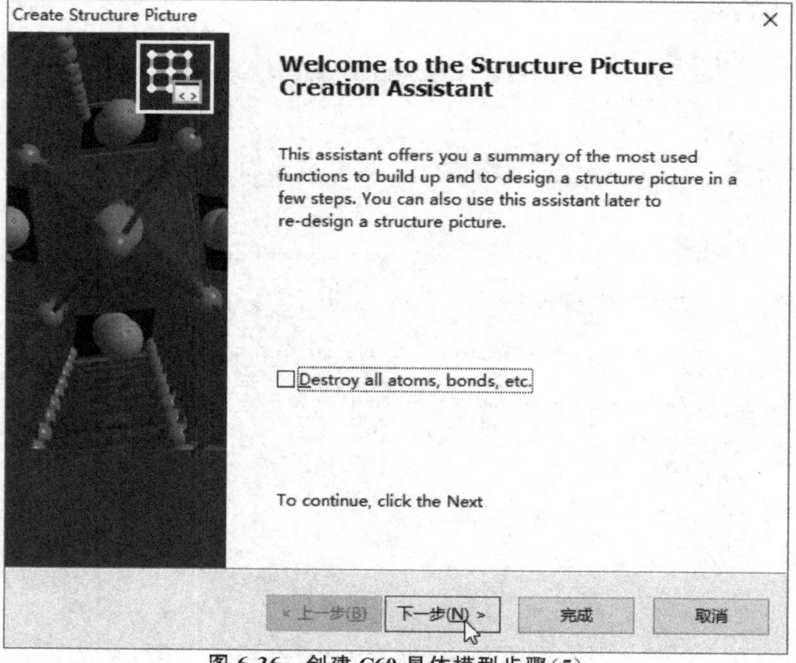

图 6-36　创建 C60 晶体模型步骤(5)

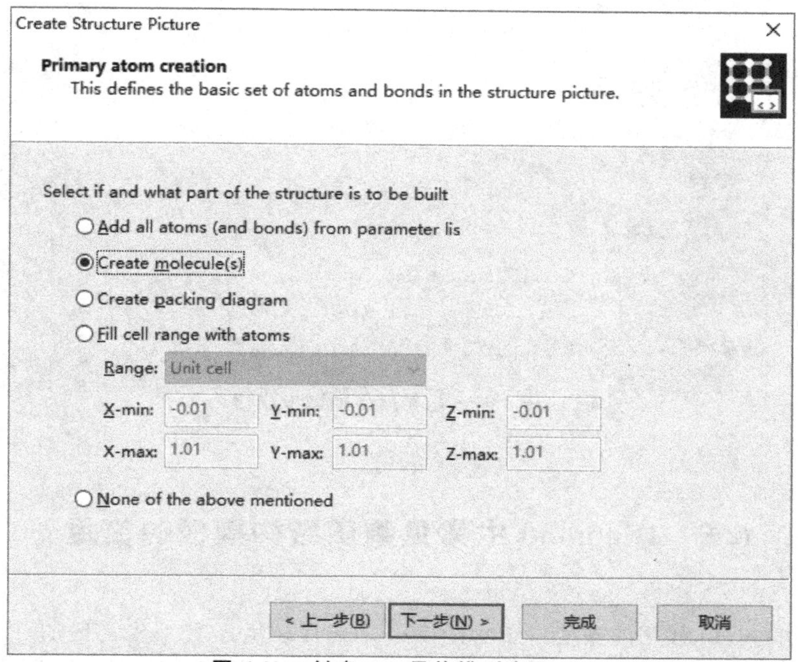

图 6-37　创建 C60 晶体模型步骤(6)

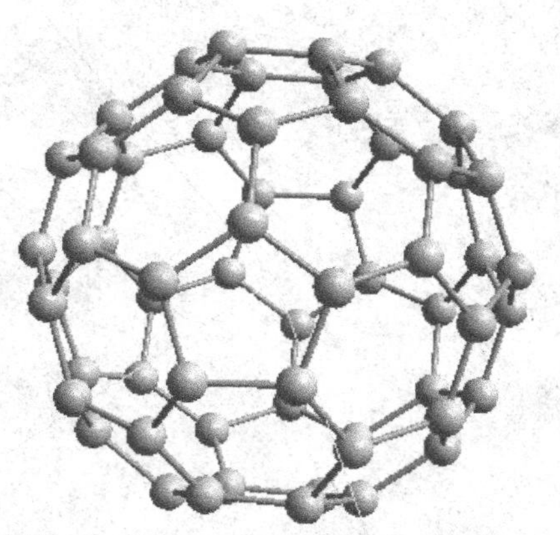

图 6-38　创建 C60 晶体模型步骤(7)

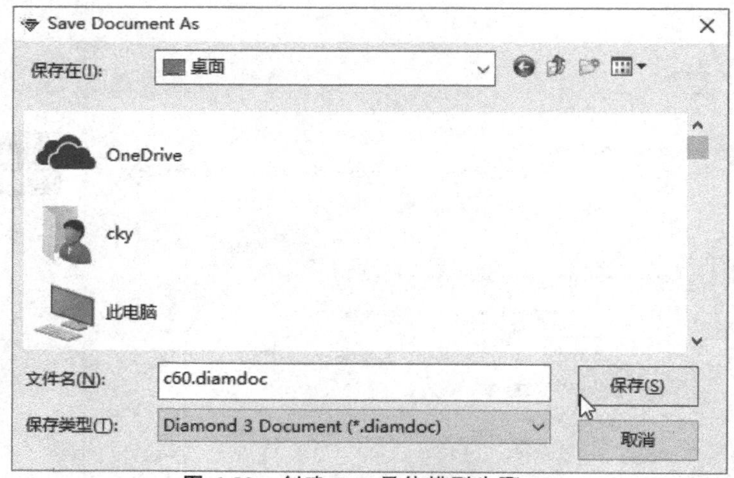

图 6-39　创建 C60 晶体模型步骤(8)

6.5　Diamond 中常见物质结构模板的使用

另外,在 Diamond 程序的安装目录中的 Tutorial 目录里还有一些其他的 cif 文件可供使用(表 6-5)。同时 Diamond 程序的安装目录中的 Samples 目录里有一些扩展名为 dsf (Diamond 2 程序所创建文件的扩展名)的文件(表 6-6),这些都是一些常见的矿物结构(图 6-40 至图 6-42),使用者可以根据自己的兴趣进行查看。

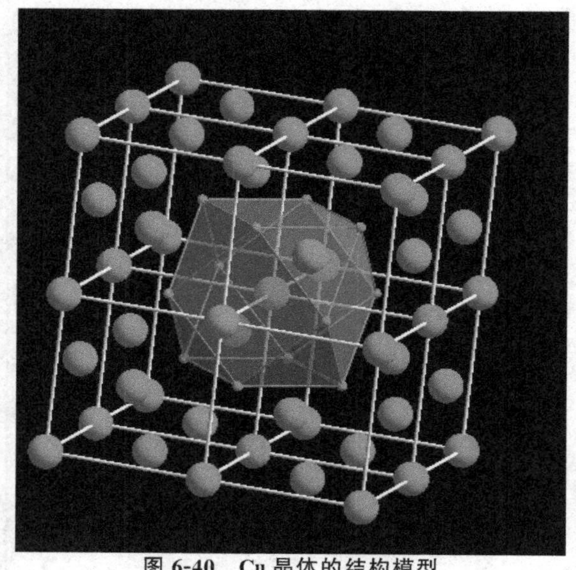

图 6-40　Cu 晶体的结构模型

图 6-41　金刚石的结构模型

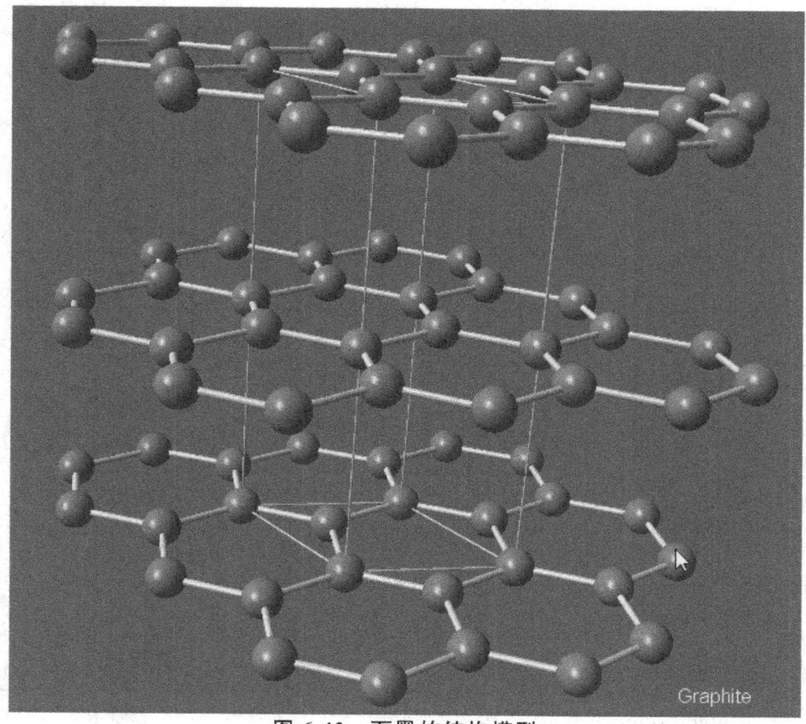

图 6-42　石墨的结构模型

表 6-5　安装目录中的 Tutorial 目录中的 cif 对应的物质

faujasite.cif	八面沸石
pyrene	嵌二萘
quartz.cif	石英

表 6-6　安装目录中的 Samples 目录中的 dsf 对应的物质

Anatase.dsf	二氧化钛,锐钛矿
Anhydrite.dsf	硬石膏,$CaSO_4$
Beryl.dsf	绿柱石
Borax.dsf	硼砂
Brookite.dsf	板钛矿
Calcite.dsf	方解石
Chalcopyrite.dsf	黄铜矿
Copper.dsf	Cu
Corundum.dsf	刚玉
Cristobalite.dsf	方石英,白硅石
Cuprite.dsf	赤铜矿
Diamond.dsf	金刚石
Faujasite.dsf	八面沸石
Fluorite.dsf	萤石
Gmelinite.dsf	钠菱沸石
Graphite.dsf	石墨
Halite.dsf	岩盐,石盐,矿盐
Hydrophilite.dsf	氯钙石,天然氯化钙
Ilmenite.dsf	钛铁矿
Iron.dsf	铁
Manganite.dsf	水锰矿
Molybdenite.dsf	辉钼矿

续表

Anatase.dsf	二氧化钛，锐钛矿
Niccolite.dsf	红砷镍矿
Olivine.dsf	橄榄石
Perovskite.dsf	钙钛矿
Phenakite.dsf	硅铍石
Pyrite.dsf	黄铁矿
Quartz.dsf	石英
Rutile.dsf	金红石
Sodalite.dsf	方钠石
Spinel.dsf	尖晶石
Sulphur.dsf	硫磺
Talc.dsf	滑石，云母
Tapiolite.dsf	重钽铁矿
Topaz.dsf	黄玉，黄宝石
Tridymite.dsf	鳞石英
Wurtzite.dsf	纤锌矿
Zinkblende.dsf	闪锌矿
Zircon.dsf	锆石

6.6　晶体结构的查看与修改

6.6.1　背景颜色、晶胞边框、坐标轴和原子种类标签的修改

使用 Diamond 程序打开刚才建立的 C60.diamdoc 文件，可以看到场景的背景颜色为白色，可以执行“Picture/Layout”命令进行修改。选择弹出的对话框中的“Background”选项卡(图 6-43)，点击 Background 右侧的三角形可以进行背景颜色的选择。

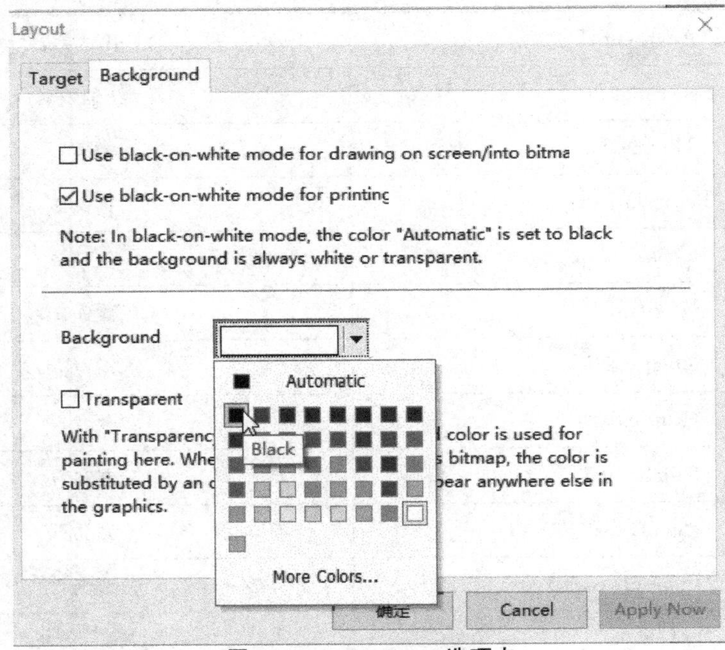

图 6-43 Background 选项卡

可以观察到场景中的晶体结构存在着白色的晶胞边框，可以执行“Picture/ Cell Edges Design”命令(图 6-44)，在弹出的对话框中可以修改晶胞边框的颜色、线条类型和粗细等内容(图 6-45)。

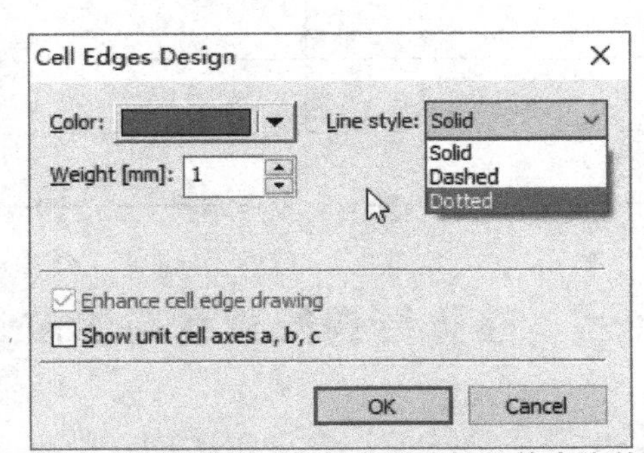

图 6-44 晶胞边框的颜色、线条类型和粗细等内容的修改(1)

另外可以执行“Build/Destory/All Cell Edges”命令，将晶胞边框删除以更方便地观察晶体结构。也可以点击 Picture 工具栏中删除按键 右侧的三角形，选择其中的“Destory All Cell Edges”命令也可以实现同样的功能(图 6-46)。

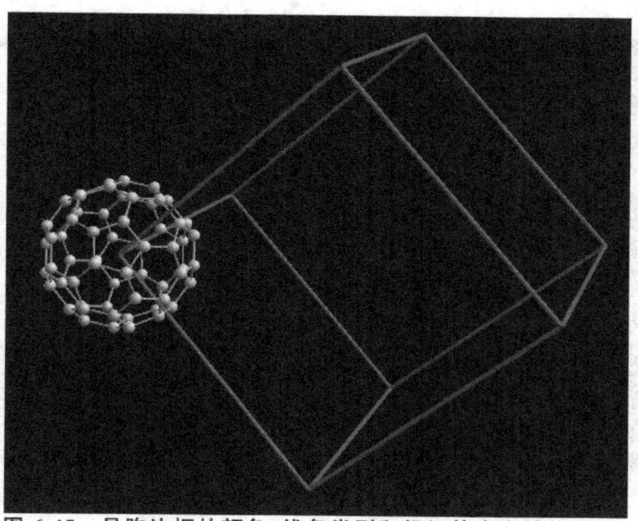

图 6-45　晶胞边框的颜色、线条类型和粗细等内容的修改(2)

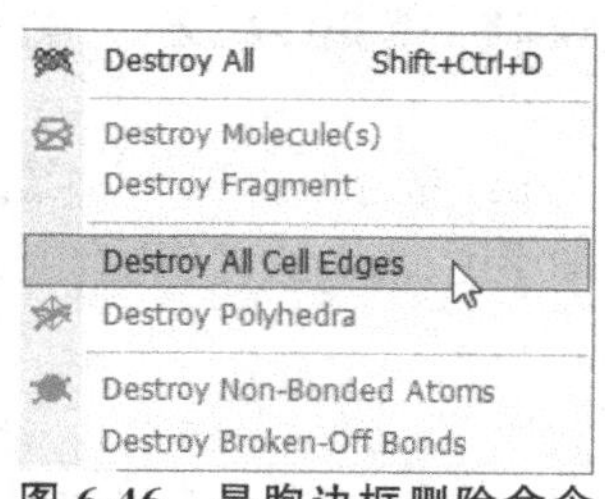

图 6-46　晶胞边框删除命令

6.6.2　模型的展示形式的修改

点击 Picture 工具栏中显示模式按钮 *M* - 右侧的三角形，在弹出的菜单中可以将模型设置为线状、球状、球棍和比例模型(图 6-47～图 6-50)。

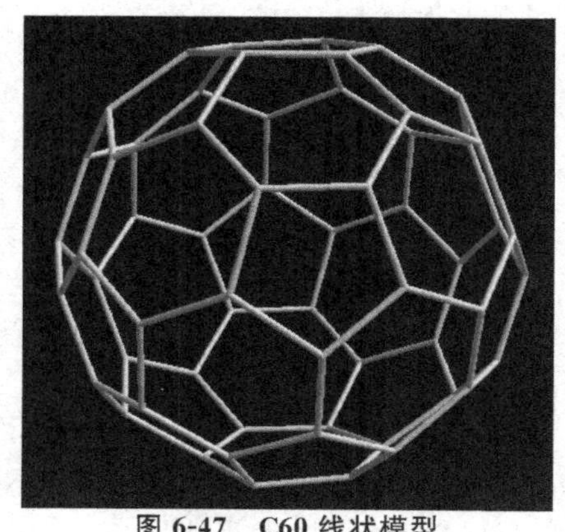

图 6-47　C60 线状模型

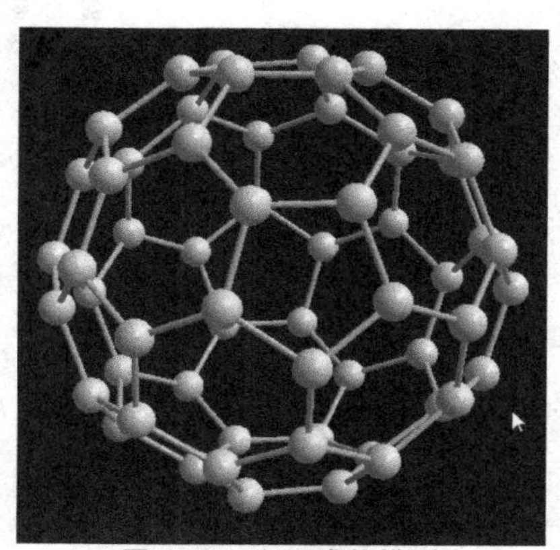

图 6-48　C60 球状模型

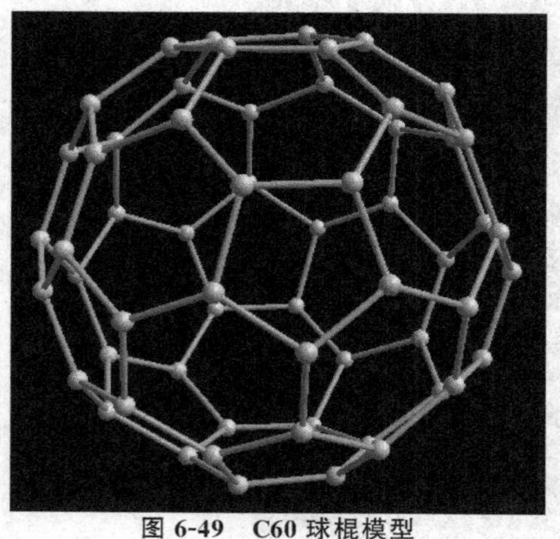

图 6-49　C60 球棍模型

图 6-50　C60 比例模型

6.6.3　原子的颜色、大小和标签的修改

执行“Picture/Atom Group Designs”命令(图 6-51),点击“Style and Colors”选项卡中的“Color”项右侧的三角形,将 C60 原子中 C 原子的颜色更改为其他颜色(图 6-52)。

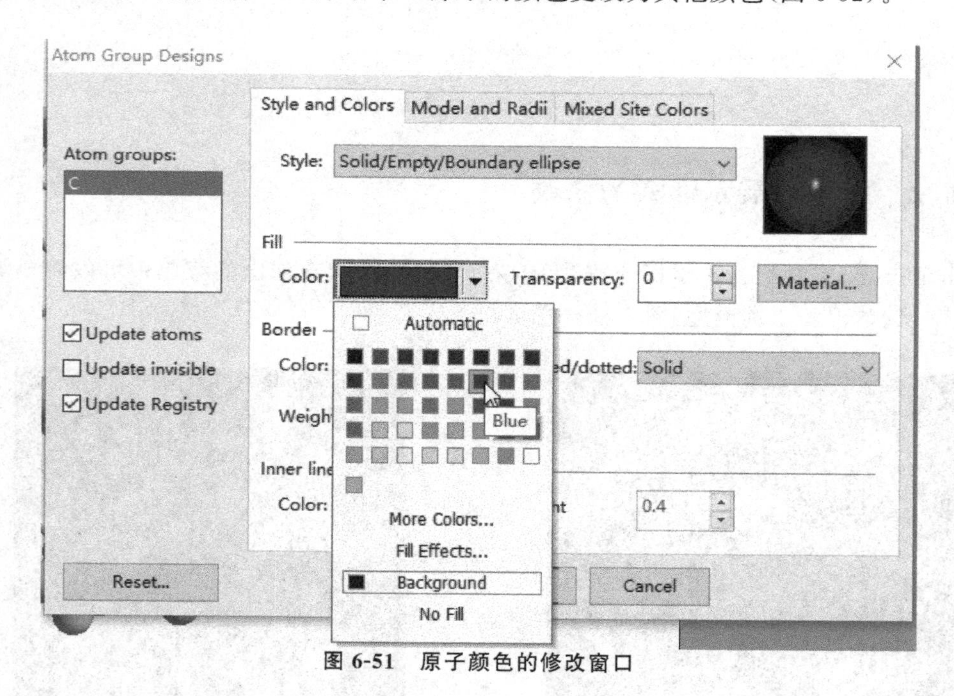

图 6-51　原子颜色的修改窗口

执行“Picture/Atom Group Designs”命令,点击“Model and Radii”选项卡中的“Radius [A] for the Standard”(图 6-53)栏右侧的微调按钮即可调整 C 原子的大小(图 6-54)。

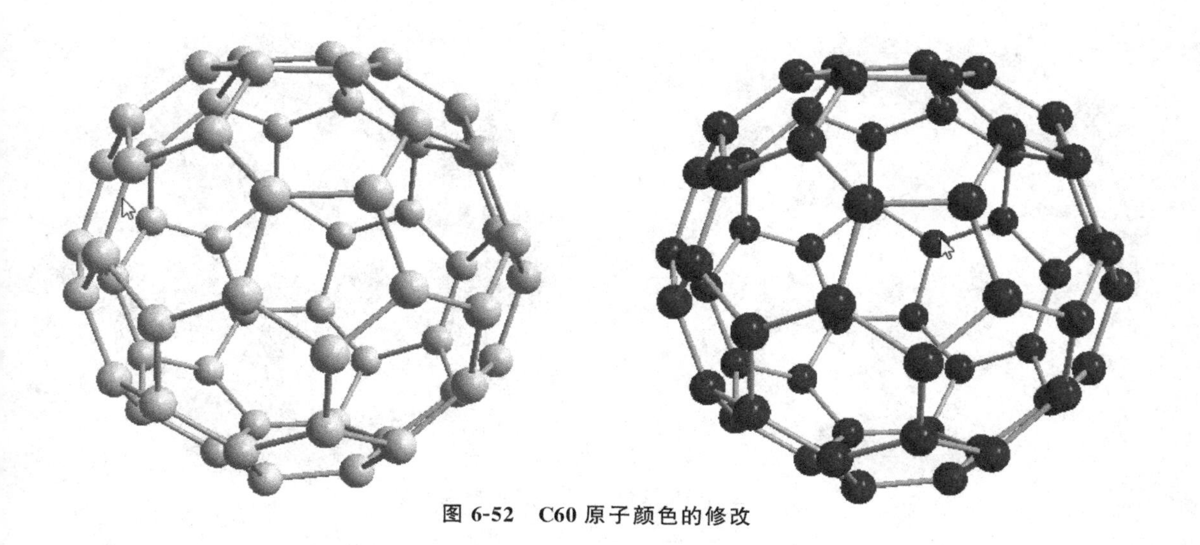

图 6-52　C60 原子颜色的修改

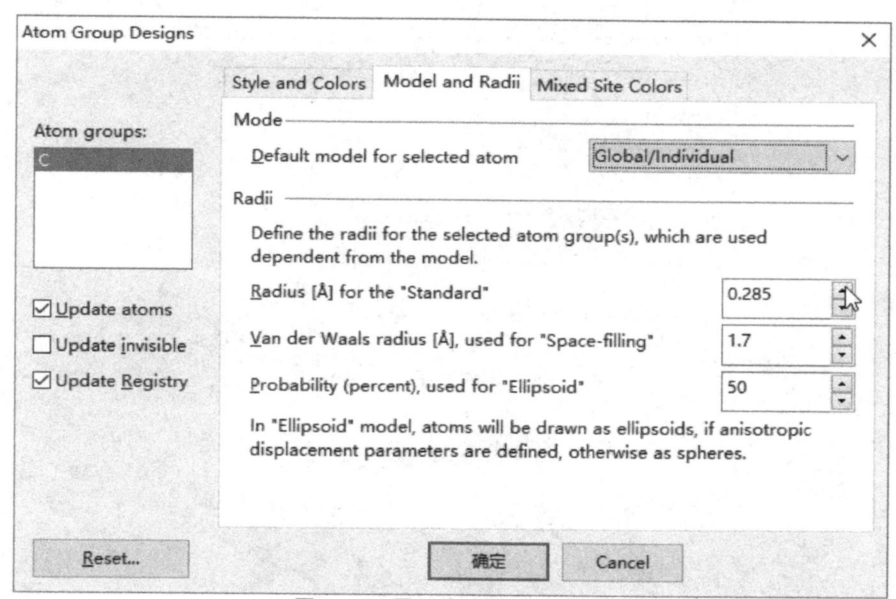

图 6-53　原子大小的修改窗口

另外在有些情况下需要将晶体结构中的某些原子加个元素符号的标签，可以将鼠标切换到箭头工具以后单击选择目标原子，执行鼠标右键中的“Add/Atom Labels”命令，在弹出的对话框将“Content”项调整为“Element symbol”“Format”项为“Fe”(即元素符号的标准写法)，另外还可以标签的字体、字号和颜色等设置(图 6-55 至图 6-56)，并且所增加的原子标签会随着晶体结构旋转而旋转。

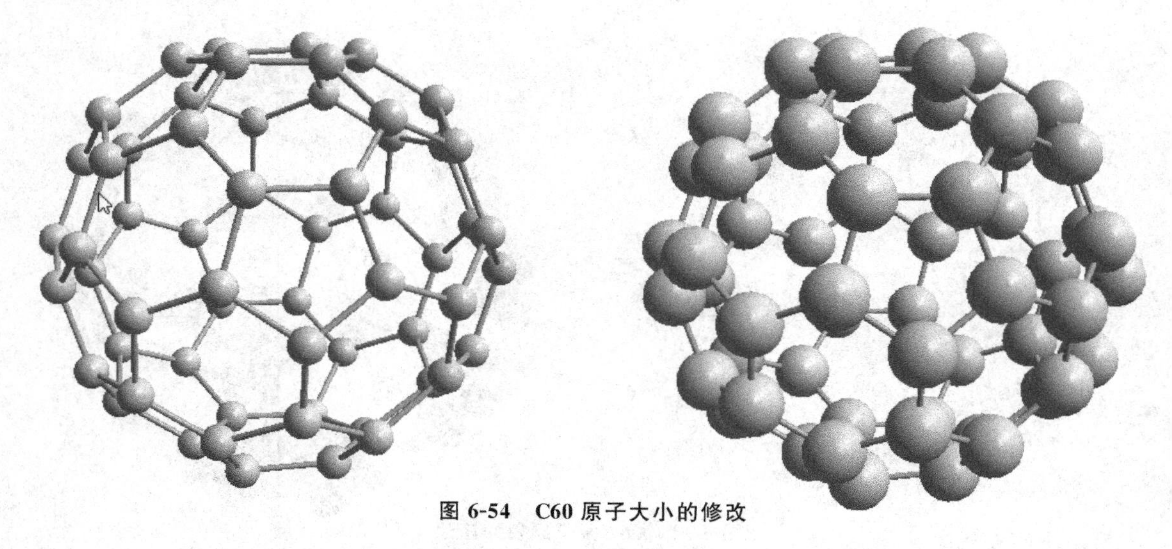

图 6-54　C60 原子大小的修改

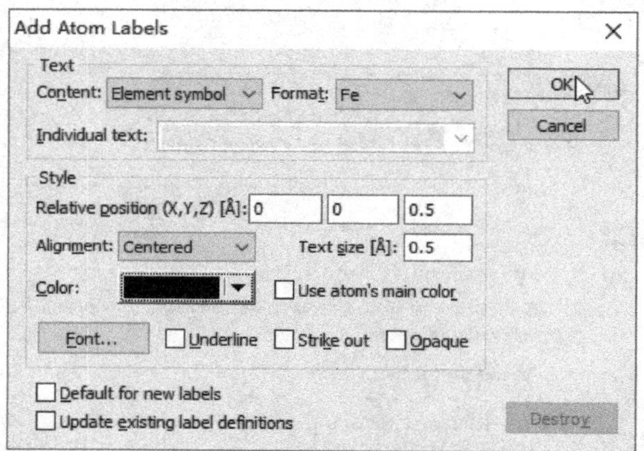

图 6-55　增加原子的标签窗口

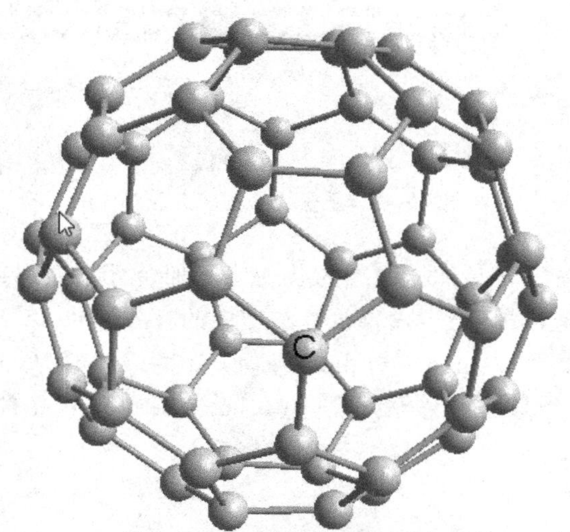

图 6-56　C60 原子标签的增加

6.6.4　键长和键角等数据的查看

1.查看键长

点击 Measure 工具栏中的测量键长按钮 后,再用鼠标分别单击两个原子,则可以相应地查看键长数据(图 6-57)。

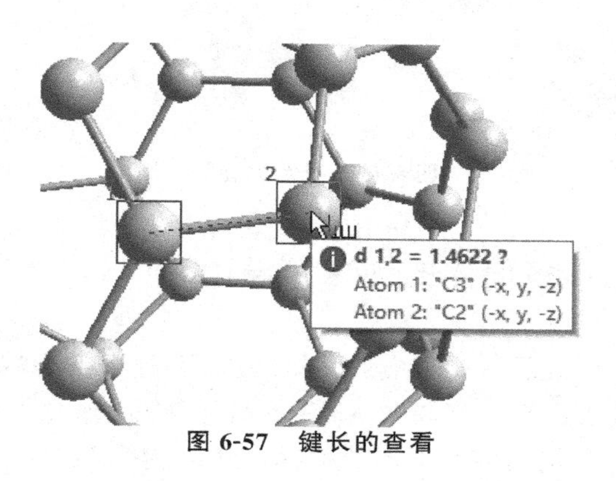

图 6-57　键长的查看

2.查看键角

点击 Measure 工具栏中的测量键角按钮 后,再用鼠标分别单击三个原子,则可以相应地查看键角数据(图 6-58)。

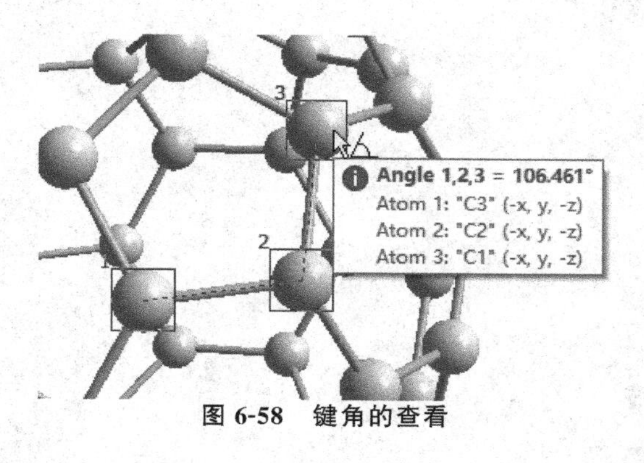

图 6-58　键角的查看

3.查看扭矩

点击 Measure 工具栏中的测量扭矩按钮 后,再用鼠标分别单击四个原子,则可以相应地查看扭矩数据(图 6-59)。

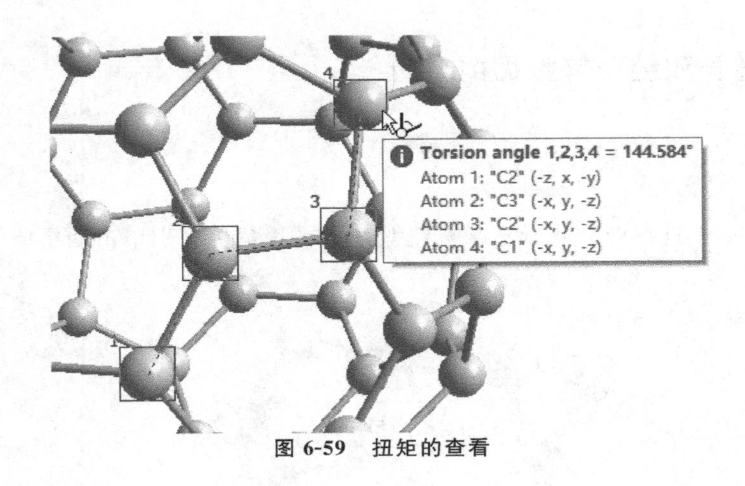

图 6-59　扭矩的查看

6.6.5　晶体结构中多面体的创建和设计

在很多情况下不仅需要展示一些物质的晶体结构，而且还需要将物质中的某些原子的配位环境以多面体的方式表现出来。例如在 NaCl 的晶体结构中，一个 Na 周围有六个 Cl，一个 Cl 周围有六个 Na，其配位环境均为八面体结构（图 6-60）。

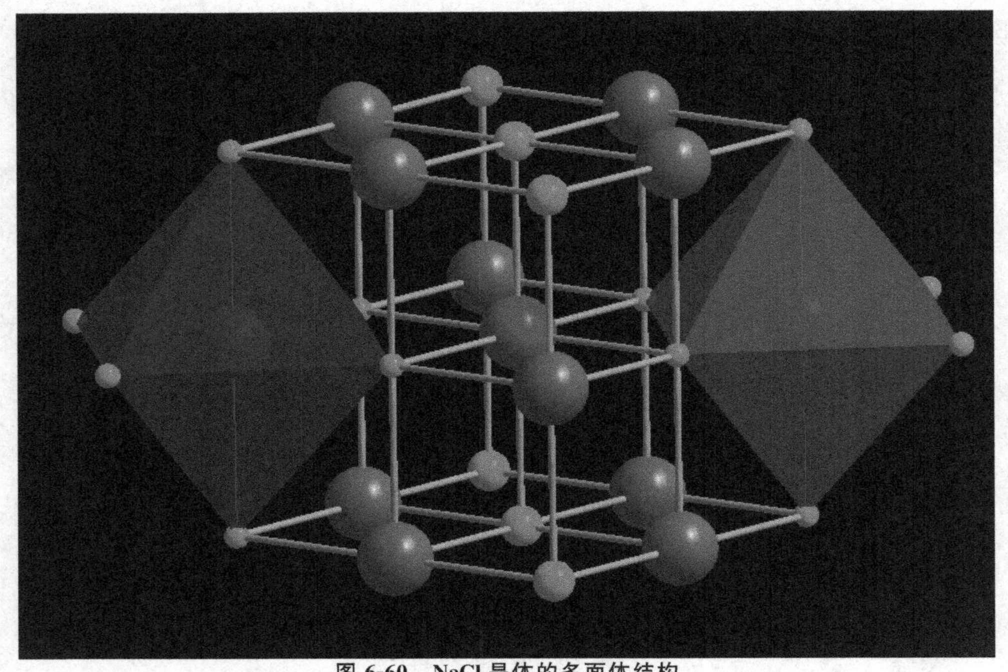

图 6-60　NaCl 晶体的多面体结构

具体方法如下：

首先打开前面制作的 NaCl 的晶体结构文件，用箭头工具选择处于晶胞最中间的 Cl 原子，再执行“Build/Polyhedra/Add Polyhedra”命令(图 6-61)，在弹出的对话框中将“Ligand atom groups”中的配位原子选择为“Na”原子，由于刚才已经选择了晶胞最中间的 Cl 原子，此时的“Central atom groups”的中心原子中间已不能再进行选择。

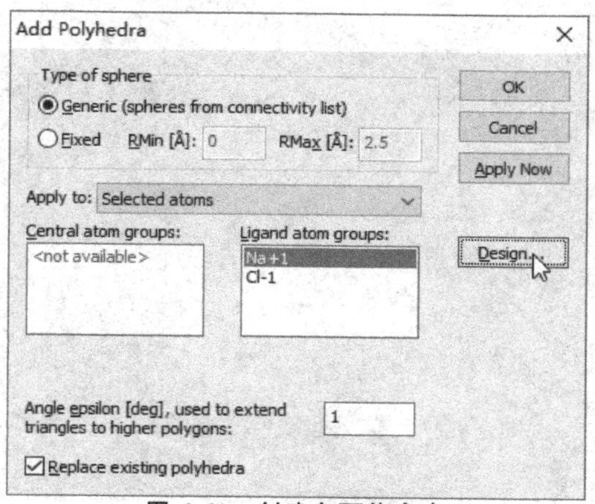

图 6-61　创建多面体命令

点击“Design”按钮，在弹出的对话框对多面体的各种属性进行设置(图 6-62)。其中 Fill 栏中的 Color 项表示多面体表面的颜色，Transparency 项表示多面体的透明度。Border 栏中的 Color 项表示多面体棱边的颜色，Weight 项表示多面体棱边线条的粗细。另外，Style 项表示多面体的封闭情况。其中 Open faces 项表示多面体开放式，Front faces open 项表示多面体前面的面为开放式，Closed faces 项表示多面体为封闭的表面，使用者可以根据需要进行相应的设置(图 6-63)。

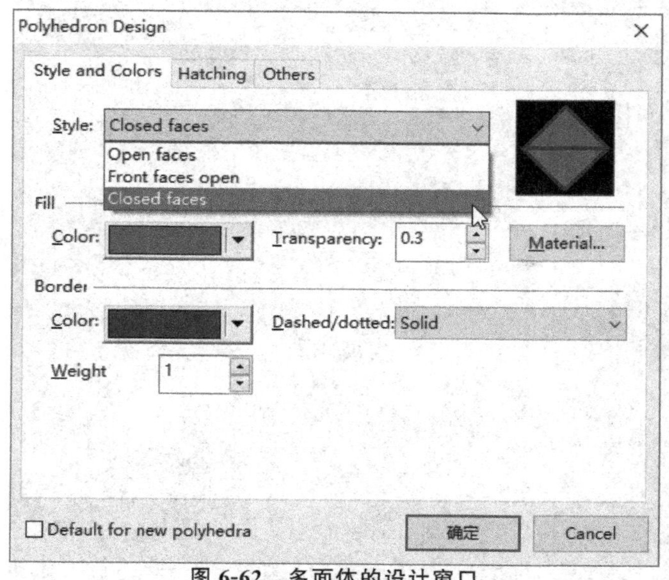

图 6-62　多面体的设计窗口

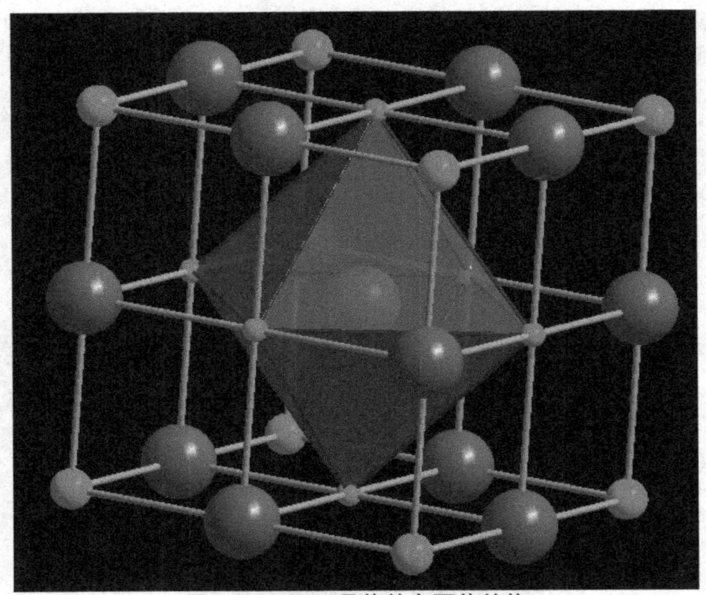

图 6-63　NaCl 晶体的多面体结构

那么如何以 Na 为中心以 Cl 为配体的多面体呢？为此可以先用箭头工具选择一个 Na 原子，再点击 Picture 工具栏中的填充原子按钮 ，可以看到 Na 原子周围的六个 Cl 被补充出来了(图 6-64)。接着在保证刚才的 Na 原子仍然被选择的情况下执行“Build/Polyhedra/Add polyhedra”命令，在弹出的对话框中将 Ligand atom groups 中的配位原子选择为 Cl 原子，并对多面体的颜色进行相应的设置后就得到以 Na 为中心的多面体(图 6-65)。

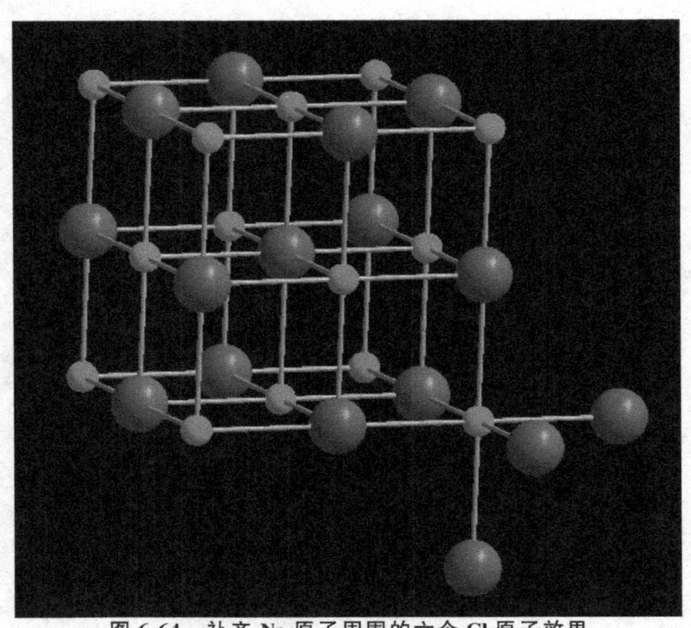

图 6-64　补齐 Na 原子周围的六个 Cl 原子效果

图 6-65　NaCl 晶体的多面体结构

下面以 C60 为例来讲解一下如何创建比较复杂的多面体(图 6-66)。

图 6-66　C60 的多面体结构

使用 Diamond 程序打开刚才建立的 C60.diamdoc 文件，C60 的结构当中有 12 个为正五边形和 20 个为正六边形。本例中要将所有的五边形和六边形建立不同颜色的表面以便于观察。具体步骤如下：

(a)前面 NaCl 结构中的多面体创建时有明确的中心原子配位原子，但是 60 当中的五边形或六边形当中没有中心原子，为此需要人为地加入一种假原子以实现多面体的创建。

先用箭头工具选择一个碳原子，并按住 Shift 键不放并用鼠标分别选择同一个五边形当中的其他四个碳原子。用鼠标单击 Transform 工具栏中的插入原子命令图标，则会弹出一个插入假原子的对话框(图 6-67),可以看到当前插入的假原子的系统默认名称为 Dummy,点击"OK"键以后可以看到在刚才的五个碳原子的中心位置出现了一个新插入的假原子(图 6-68)。这个新建的假原子就是作为下面要建立的多面体的中心原子。可以采用键长测量工具测量一下这个假原子与周围的五个碳原子的距离大约在 1.2 埃,与更远的碳原子距离都在 2.5 埃以上。

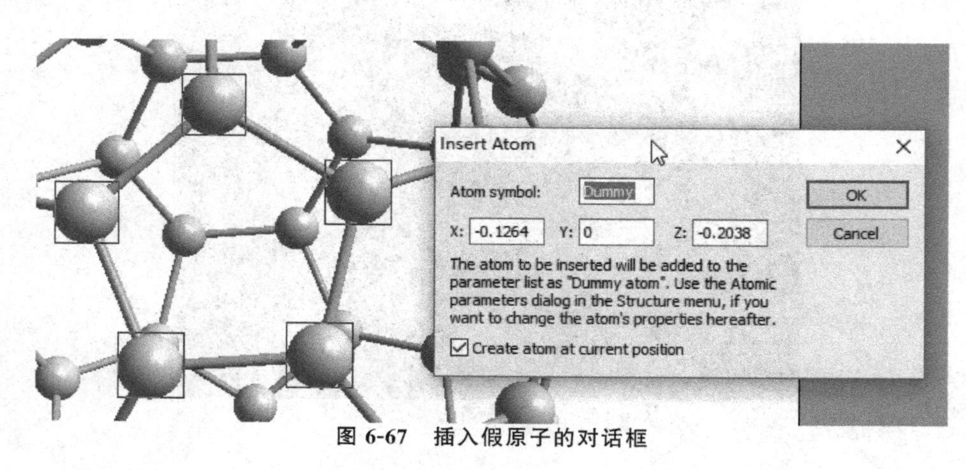

图 6-67　插入假原子的对话框

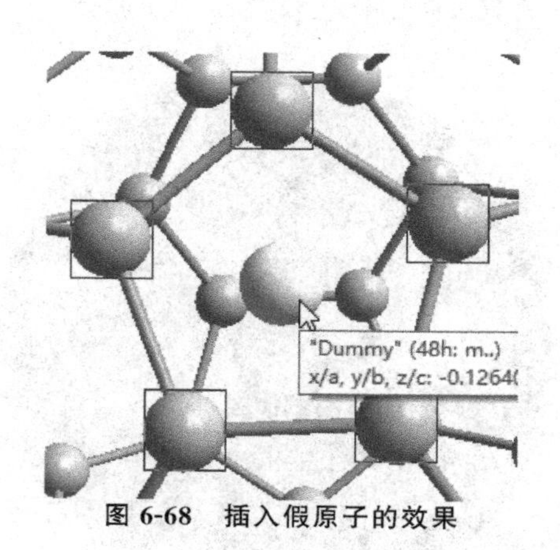

图 6-68　插入假原子的效果

(b)在没有任何碳原子的前提下,用鼠标单击 Picture 工具栏中的显示连接按钮 ,在弹出的对话框(图 6-69)中可以看到刚才插入的假原子是以"?"代替的。并且碳原子与假原子的距离如果在 1.440~2.880 埃范围之内时理论上都是可以连接的。在此将其范围修改为 1.0~1.5 埃后点击"Connect Now"按钮并按"OK"按钮将对话框关闭(图 6-70)。

此时在场景中可以看到刚才的假原子已经和周围的五个碳原子相连接,并且并没有与更远的碳原子相连(图 6-71)。在没有任何碳原子的前提下,再点击 Picture 工具栏中的填充原子按钮 ,可以看到 C60 当中所有五边形中的中心位置都出现了一个假原子,并且都与其周围的碳原子相连接(图 6-72)。

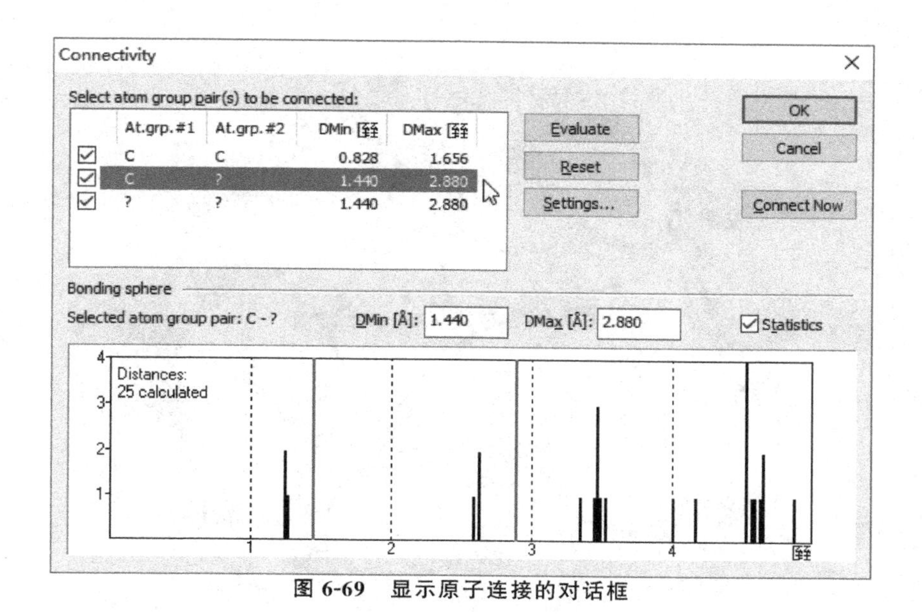

图 6-69　显示原子连接的对话框

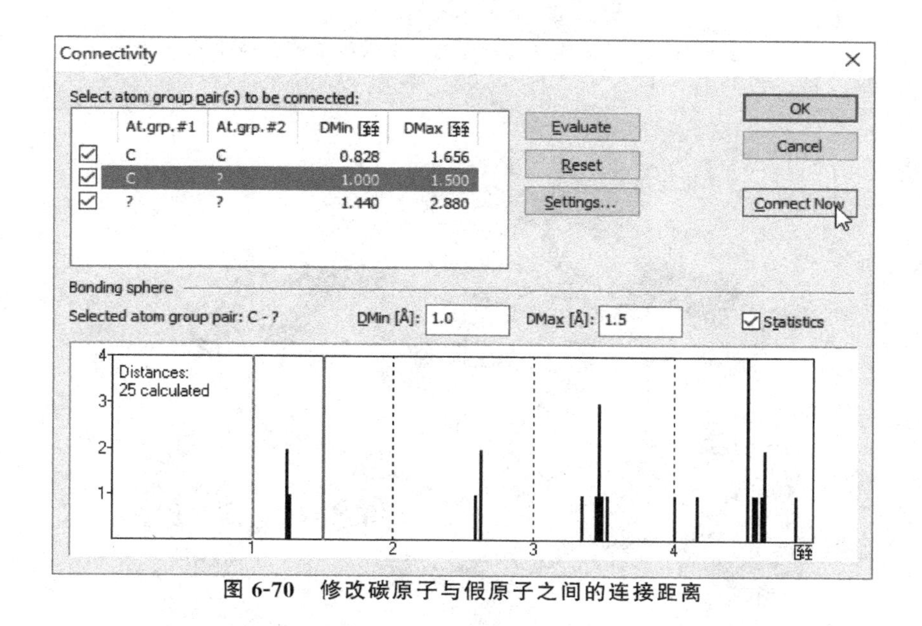

图 6-70　修改碳原子与假原子之间的连接距离

(c)执行“Build/Polyhedra/Add Polyhedra”命令,将中心原子设置为假原子“?”,将配位原子设置为碳原子 C,并点击 Design 按钮设置多面体的颜色等。可以看到场景中所有五边形都建立了一个粉色的平面,当 C60 在旋转时,这些平面好像不完全水平。将设置多面体对话框中的“Angle epsilon[deg],used to extend triangles to higher polygonst”的值由 1 改为 10(图 6-73)则可以解决这个问题(图 6-74)。

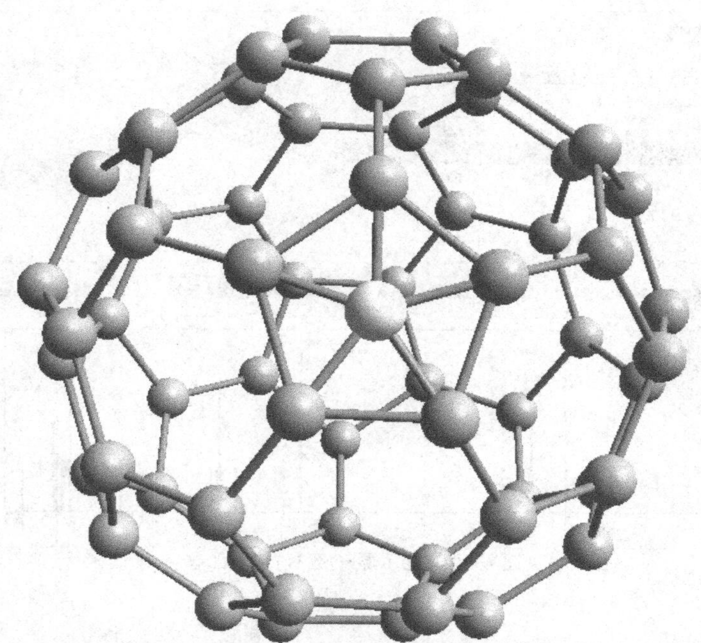

图 6-71　一个假原子与周围的五个碳原子的连接情况

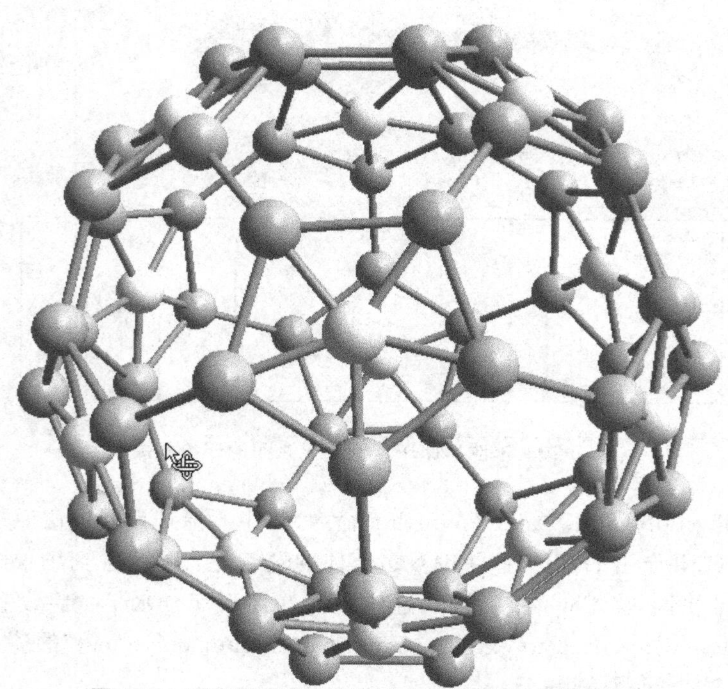

图 6-72　所有假原子与周围的五个碳原子的连接情况

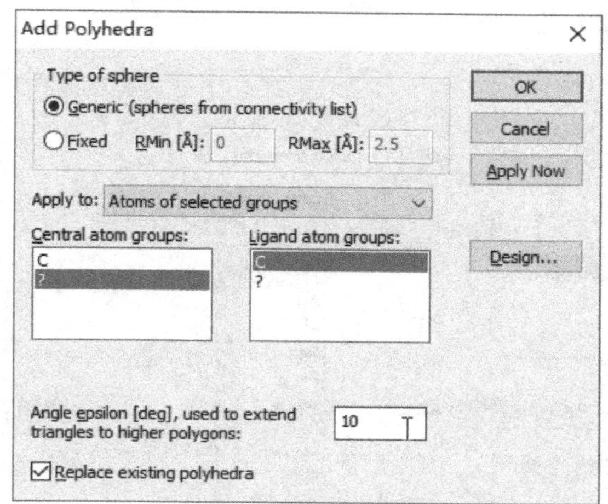

图 6-73　多面体设置对话框

图 6-74　建立五边形的多面体效果

(d)执行“Structure/Atomic Parameters”命令(图 6-75),点击对话框左侧的假原子“?”后,将 Definition 选项卡的 Element 选项中的“?”号改为其他一种非碳原元素符号(例如 Ac)。这样的目的是刚才插入的假原子与下一步要插入的假原子进行区分。

(e)接着用箭头工具选择 C60 当中一个六边形中的六个碳原子,用鼠标单击 Transform 工具栏中的插入原子命令图标 ,则会弹出一个插入原子的对话框,可以看到当前插入的假原子的系统默认名称为Dummy1(图6-76),点击OK键以后可以看到在刚才的六个碳原子的中心位置出现了一个新插入的假原子。

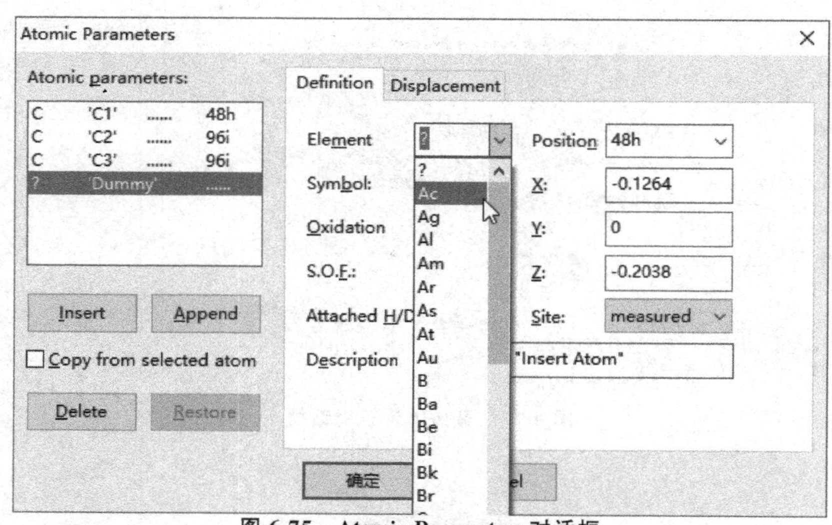

图6-75 Atomic Parameters对话框

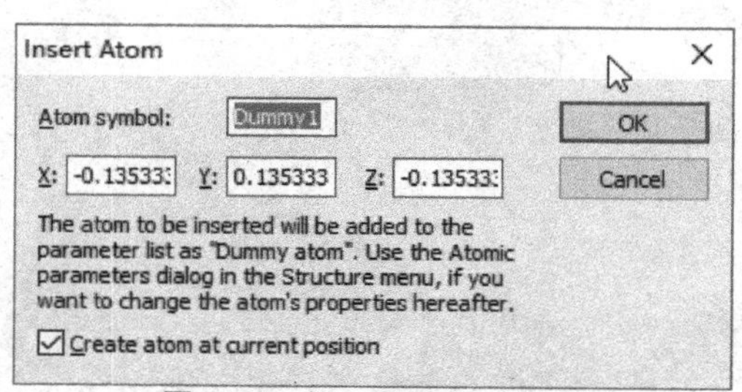

图6-76 插入假原子对话框

在没有任何碳原子的前提下,用鼠标单击Picture工具栏中的显示连接按钮,在弹出的对话框中可以看到在五边形插入的假原子的符号已经改为了Ac。而在六边形中插入的假原子的符号为“?”。与上面类似将假原子与碳原子的距离范围也修改为1.0~1.5埃(图6-77),并且也要将六边形中的假原子“?”与五边形中的假原子“Ac”的距离范围也修改为1.0~1.5埃以防止两种假原子相连接。设置完成后点击“Connect Now”按钮,并按“OK”按钮将对话框关闭。

此时在场景中可以看到刚才的假原子已经和周围的六个碳原子相连接,并且没有与更远的碳原子相连。在没有任何碳原子的前提下,再点击Picture工具栏中的填充原子按钮,可以看到C60当中8个六边形的中心位置都出现了一个假原子,并且都与其周围的碳原子相连接(图6-78)。再执行“Build/Polyhedra/Add polyhedra”命令为8个六边形创建一个不同颜色的多面体(图6-79)。

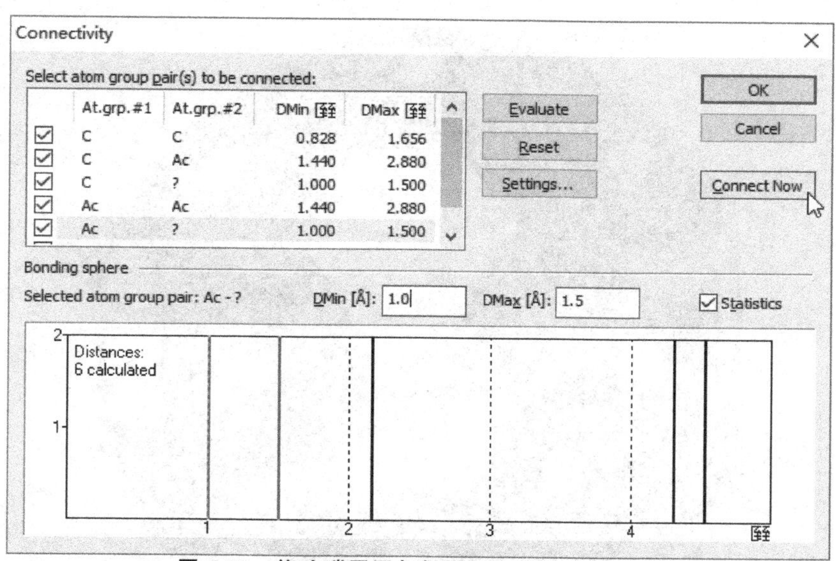

图 6-77　修改碳原子与假原子之间的连接距离

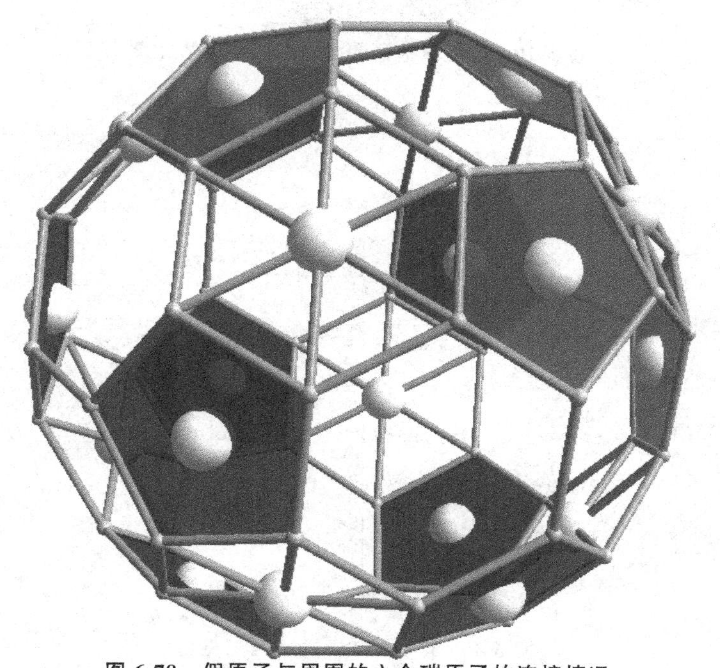

图 6-78　假原子与周围的六个碳原子的连接情况

(f)执行“Structure/Atomic Parameters”命令，点击对话框左侧的假原子“?”后，在 Definition/Element 选项卡中，将“?”号改变为其他一种非碳原元素符号(例如 Ag)。这样的目的是刚才插入的假原子与下一步要插入的假原子进行区分(图 6-80)。

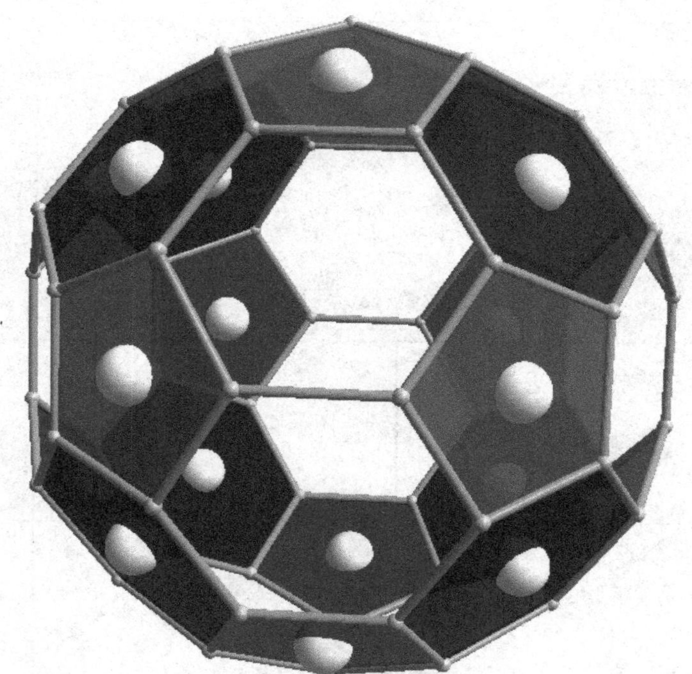

图 6-79 建立五边形和六边形的多面体效果

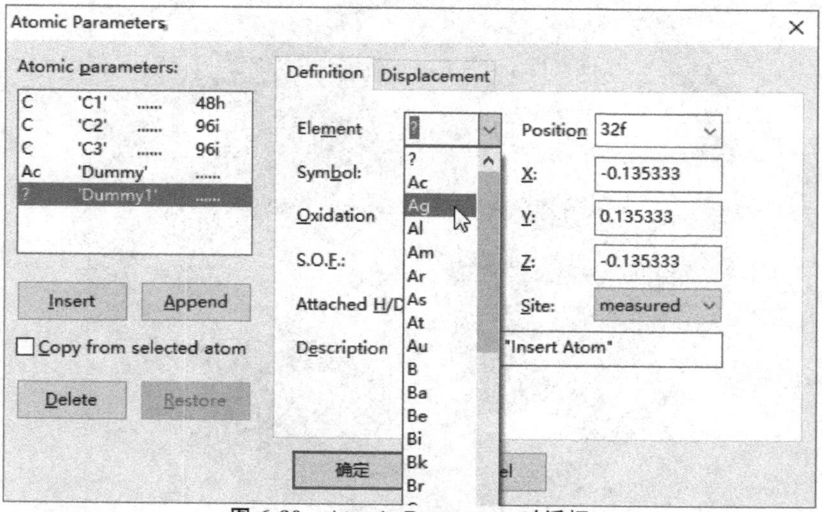

图 6-80 Atomic Parameters 对话框

(g)接着用箭头工具选择 C60 当中一个没有多面体六边形中的六个碳原子，用鼠标单击 Transform 工具栏中的插入原子命令图标 ，则会弹出一个插入原子的对话框，可以看到当前插入的假原子的系统默认名称为 Dummy2(图 6-81)，点击"OK"键以后可以看到在刚才的六个碳原子的中心位置出现了一个新插入的假原子。

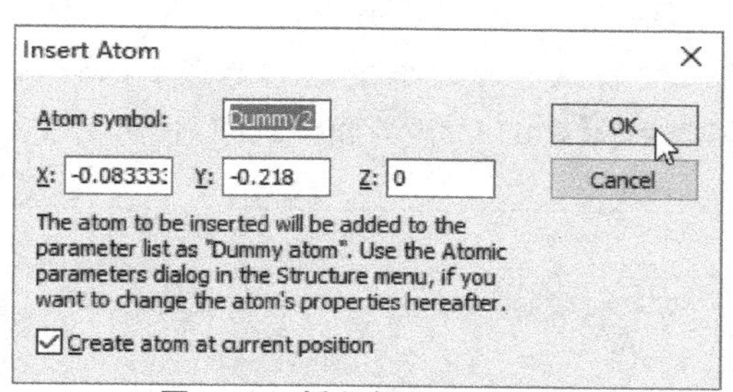

图 6-81　插入假原子对话框

在没有任何碳原子的前提下，用鼠标单击 Picture 工具栏中的显示连接按钮 ，在弹出的对话框中作出如下修改：

将假原子“?”与碳原子 C 的距离范围也修改为 1.0～1.5 埃。

将假原子“?”与五边形中的假原子“Ac”的距离范围修改为 1.0～1.5 埃。

将假原子“?”与上次六边形中的假原子“Ag”的距离范围修改为 1.0～1.5 埃。

将假原子“?”与假原子“?”的距离范围也修改为 1.0～1.5 埃。

在没有任何碳原子的前提下，再点击 Picture 工具栏中的填充原子按钮 ，可以看到 C60 当中 12 个六边形中的中心位置都出现了一个假原子，并且都与其周围的碳原子相连接。再执行“Build/Polyhedra/Add polyhedra”命令为 12 个六边形创建一个与另外 8 个六边形多面体颜色相同的多面体(图 6-82)。

图 6-82　建立五边形和六边形的多面体效果

(h)执行“Picture/Atom Designs”命令，在弹出的对话框中切换至“Model and Radii”选项卡中，将操作过程中插入的三种假原子的大小变成一个很小的数，如 0.0001(图 6-83)。点击确定以后就可以在场景中观察到最终的 C60 多面体效果(图 6-84)。

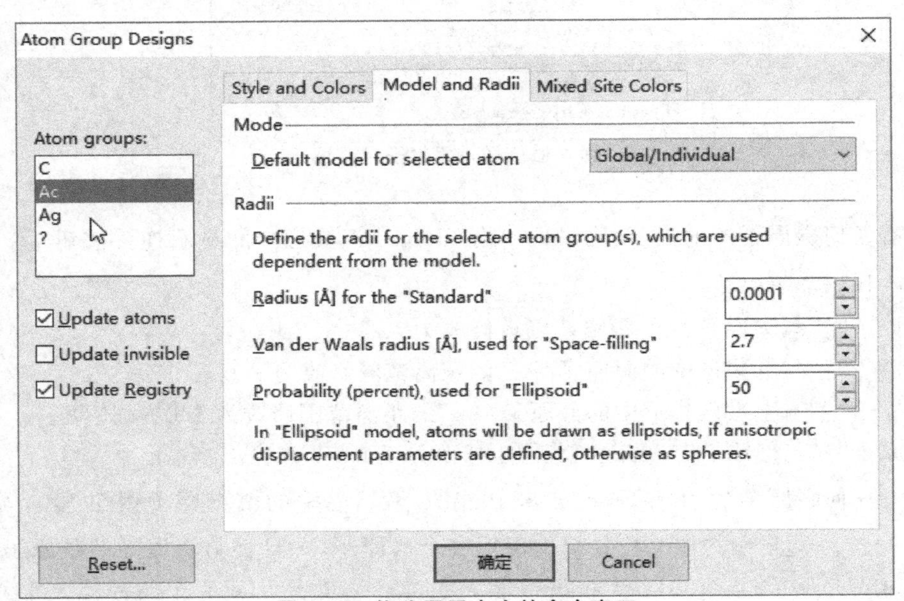

图 6-83　修改原子大小的命令窗口

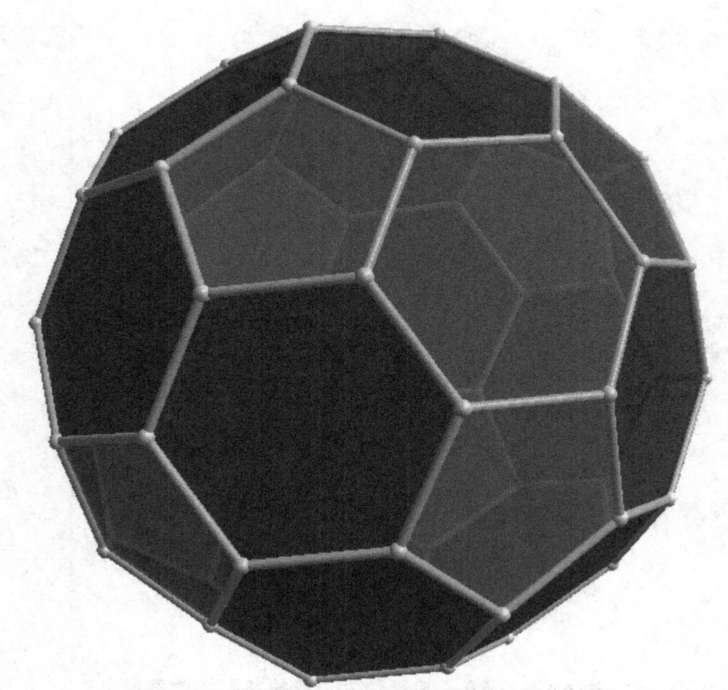

图 6-84　最终的五边形和六边形的多面体效果

6.7 Diamond 中物质模型的输出方法

6.7.1 方法1:生成图片文件

执行“Picture/Layout”命令,在弹出的对话框中“Resolution in dots per inch”选项内可以设置图片的分辨率(图6-85),数值越高图片的清晰度越高。然后执行“File/Save As/Save Graphics As”命令即可将模型保存为不同格式的图片(图6-86)。

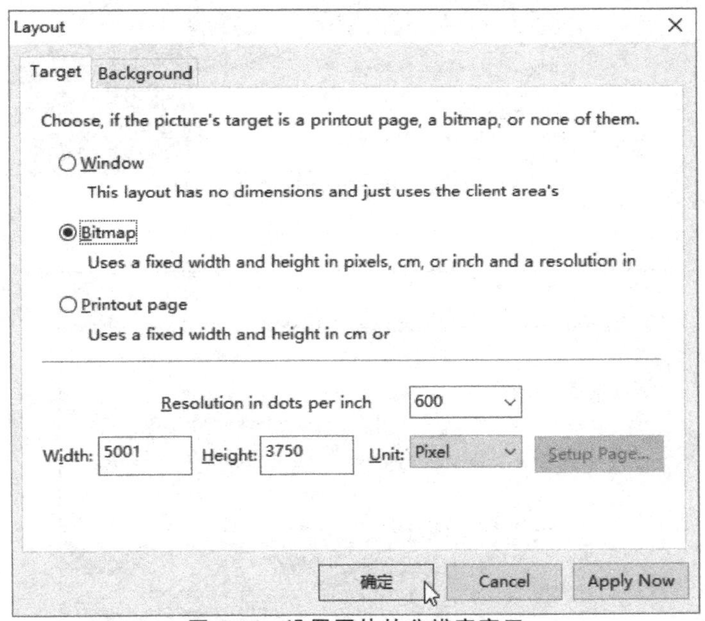

图6-85 设置图片的分辨率窗口

6.7.2 方法2:生成视频文件

将上面制作完成的C60的多面体模型文件打开,使用者可以使用旋转、平移、缩放、透视、前后移动等工具查看其结构。

打开Move工具栏中的自动按钮 和 Video Sequence 工具栏中的开启视频记录 后,再使用旋转工具即能记录模型自动连续旋转的过程,当演示结束时点击停止视频记录按钮 后,会弹出将文件保存为视频文件的对话框(图6-87)。

图 6-86　将模型保存为不同格式的图片

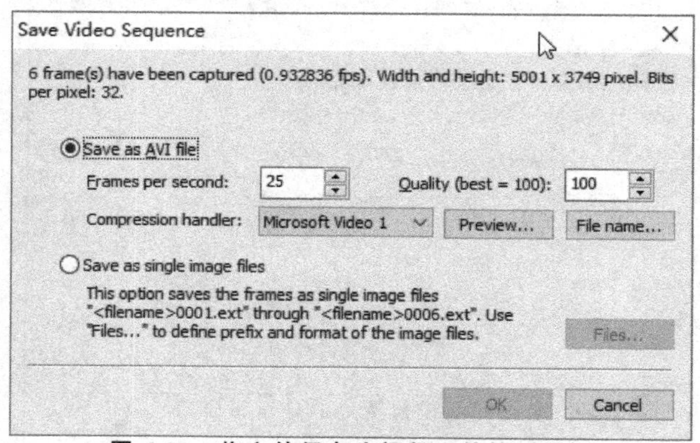

图 6-87　将文件保存为视频文件的对话框

选择其中的 Save as AVI file 则将文件保存为 avi 文件，下面的 Frames per second 选项可以设置生成视频时每秒的帧数，Quality 选项可以设置生成视频文件的质量，还可以通过 Compression handler 选项来设置视频文件的压缩方式。点击 File name 后可以设置文件生成的名称和保存位置。

对话框中的 Save as single image files 选项则能将模型旋转过程保存为图片序列。使用者可以自己尝试使用。

利用这种方法生成的视频或图片就可以应用到其他软件当中，但是所生成的视频文件或图片文件没有交互功能，这个问题可以通过下面的方法得到解决。

6.7.3　方法 3：利用 CS Chem3D Control 12.0 控件的方法

打开前面制作的 NaCl 模型的文件，执行 File/Save As/Save Document As 命令，将文件另存为 NaCl.mol（图 6-88，注意文件格式的转变），并在弹出的对话框中选择“否”（图 6-89）。

mol 格式的文件是用于其他一些在 Windows、Unix 等环境下的化学数据库和绘画应用软件。保存为 mol 格式的文件是 ASCII 文本文件，可以用于一般的文字处理软件来建立和编辑原子和键的特性，并将其存储在 mol 文件中。

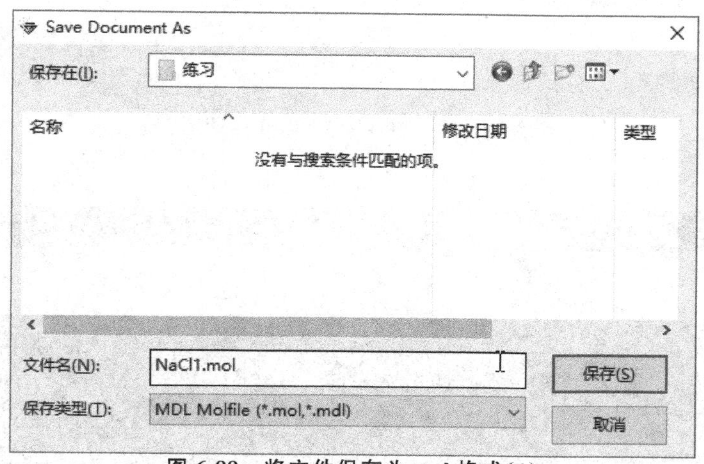

图 6-88　将文件保存为 mol 格式(1)

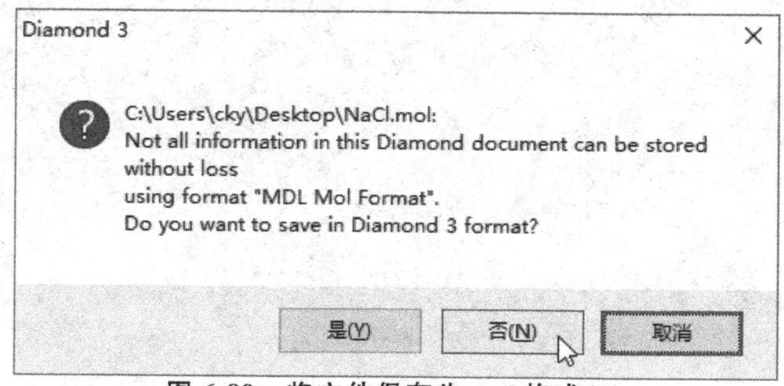

图 6-89　将文件保存为 mol 格式(2)

将 NaCl.mol 和目标演示文稿 ppt 同一个目录当中，打开目标演示文稿 ppt 后，用鼠标右击 ppt 任一选项卡的空白处，选择其中的“自定义功能区”命令，会弹出“PowerPoint 选项”窗口，选中“开发工具”选项卡。

点击开发工具—控件—其他控件，在调出的对话框中选择“CS Chem3D Control 12.0 控件”后点击确定（图 6-90），然后在幻灯片中按住鼠标左键不放拖放出一个矩形区域（图 6-91）。

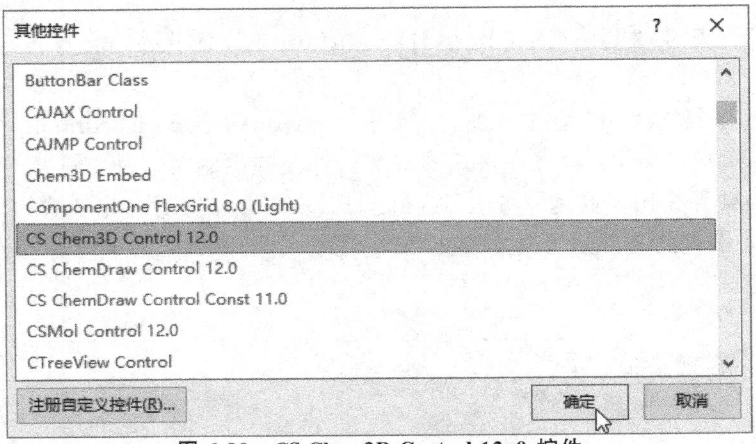

图 6-90　CS Chem3D Control 12.0 控件

图 6-91　PowerPoint 中插入 CS Chem3D Control 12.0 控件的方法

在用鼠标选择“CS Chem3D Control 12.0 控件”的条件下，执行“开发工具/属性”命令，在弹出的控件属性窗口的“DataURL”栏中输入文件的相对路径和名称“NaCl.mol”(图 6-92)。这样在幻灯片播放到此页幻灯片时就可以察看 NaCl 的三维模型，并且还能对模型进行放大与缩小、平移、旋转等相关操作，具有较强的交互性(图 6-93)。

属性

Chem3DCtl1 Chem3DCtl

按字母序 | 按分类序

(名称)	Chem3DCtl1
AutoRedraw	True
DataURL	NaCl.mol
DemoAxis	1 - AxisY
DemoMode	0 - DemoStatic
DemoSpeed	1
EncodeData	True

图 6-92　CS Chem3D Control 12.0 控件的属性

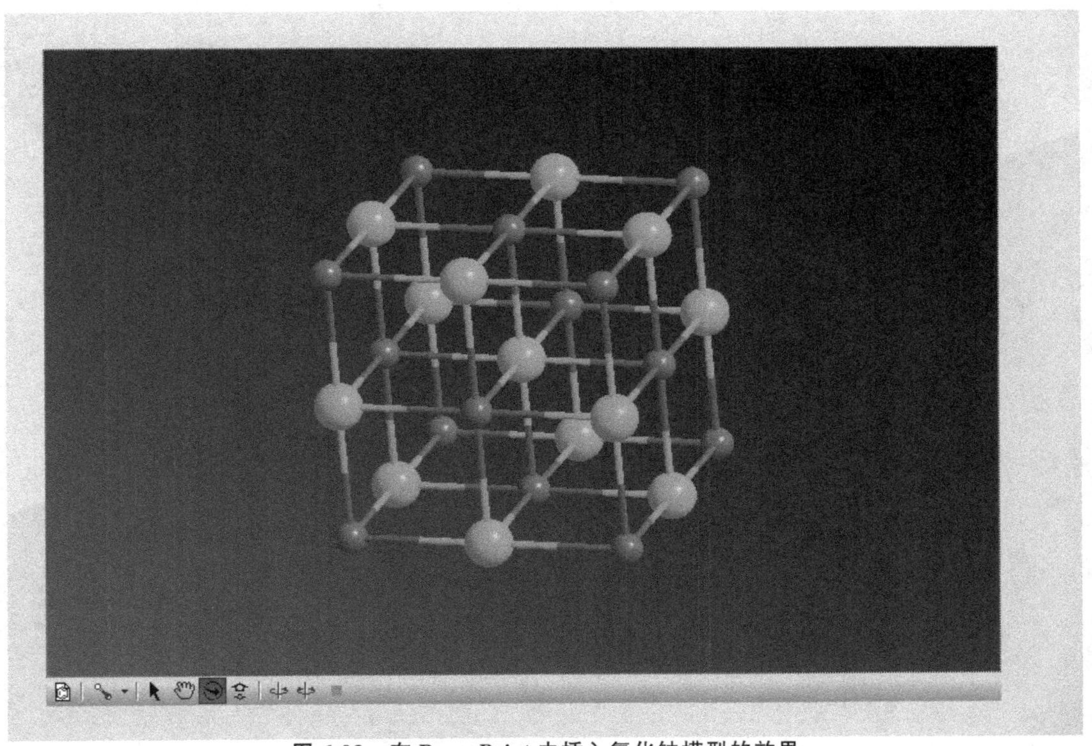

图 6-93　在 PowerPoint 中插入氯化钠模型的效果

但是采用这种方法时目标计算机当中需要安装 ChemBio3D 程序才能保证演示文稿 ppt 的正常播放。

第 3 篇

化学多媒体课件实例介绍

第 7 章 《高中化学——乙烯》课件的设计与制作

前面几章内容已经介绍了如何制作化学专业中涉及的专业符号、图形、三维结构模型等内容，本章中将以《高中化学——乙烯》和《无机化学》自主学习系统两个课件为例，向大家介绍如何在课件应用到上述素材，由于这两个课件中综合应用了 PowerPoint、Flash、Authorware、思维导图等软件，这要求使用者对这些软件有所掌握。本章及第 8 章将介绍这两个课件制作的主要过程。

在高中化学的教学内容中，乙烯是一节非常有代表性的内容。教学内容较多，包含了乙烯的物理性质、分子结构、实验室制取、化学性质等较多内容。在教学过程中可以播放乙烯的分子模型的动画、Flash 模拟的实验室制取的动画和乙烯的各种化学性质的动画。

本课件主要是采用 Authorware 制作完成的(图 7-1)，由于本书的篇幅有限，关于多媒体课件工具 Authorware 的使用方法读者可以自行查找资料并学习其使用方法。本节中将介绍该课件的主要制作过程。

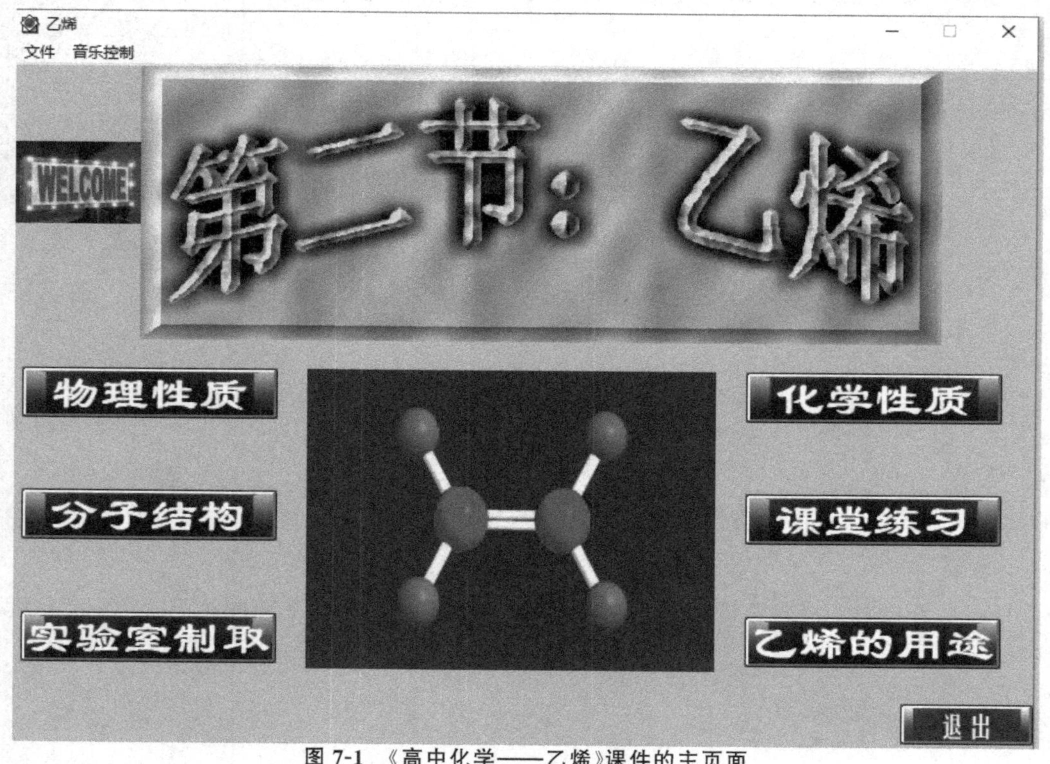

图 7-1 《高中化学——乙烯》课件的主页面

主要源程序如下(图 7-2)。

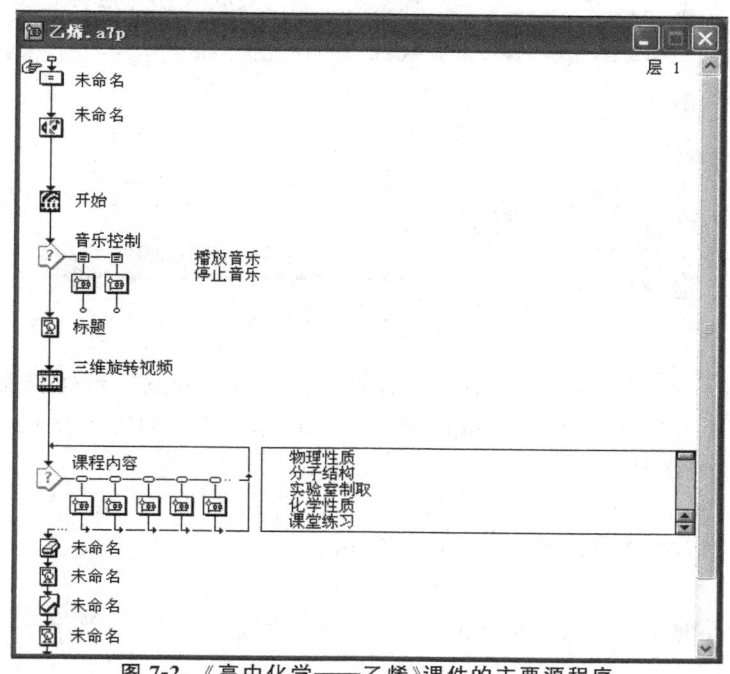

图 7-2 《高中化学——乙烯》课件的主要源程序

7.1 背景音乐的控制

该课件可以通过菜单来控制背景音乐的播放与停止,可以让使用者根据个人情况自由地对程序进行控制(图 7-3)。

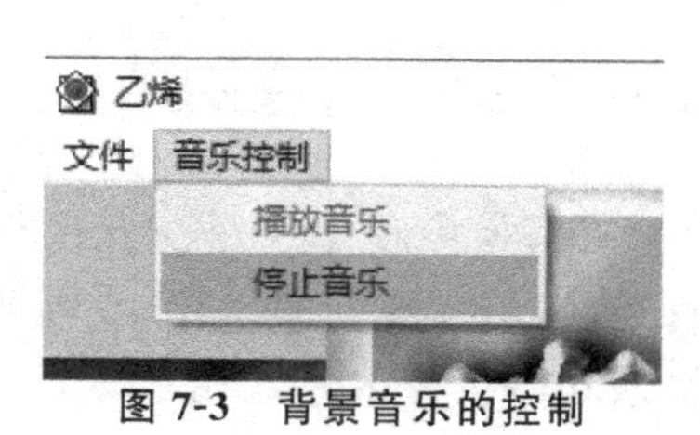

图 7-3 背景音乐的控制

在 Authorware 程序中的工具栏中拖动一个计算图标到程序的流程线上,程序会自动将其命名为“未命名”,双击此图标后在其窗口中输入 mu:=1(图 7-4),其含义是新建一个数值型变量 mu,并对其赋值为 1。需要注意的是千万不能输入 mu=1,在 Authorware 程序中“:=”是赋值命令,而“=”是一个逻辑运算符,如果输入 mu=1,则是判断 mu 这个变量的值是否与 1 相等,如果相等则返回值为 true,如果不相等则返回值为 false。

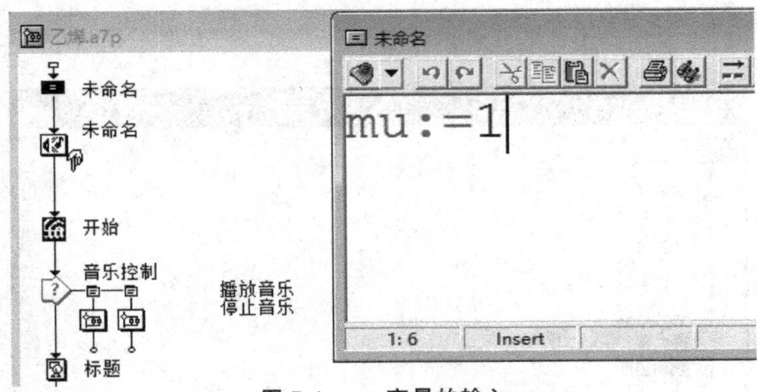

图 7-4　mu 变量的输入

之后在 Authorware 程序中的工具栏中拖动一个声音图标到程序的流程线上，并在其属性工具栏中点击导入按钮，选择一个 mp3 或 wav 文件作为程序的背景音乐，并在其属性工具栏中进行如下的调整（图 7-5）。

执行方式：永久

播放：直到为真，并在下面的输入框中输入 mu=0

开始：mu=1

这几项的内容的含义是当变量 mu=1 时，则会永久播放该音乐，当 mu=0 时则会停止该音乐的播放。

很明显前面刚设置 mu：=1，所以在程序最开始是满足音乐播放条件的，如果此时测试一下程序是可以听到背景音乐的。

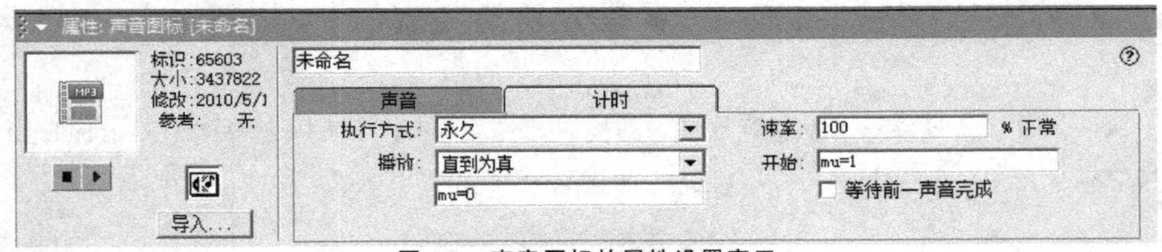

图 7-5　声音图标的属性设置窗口

接着在 Authorware 程序中的工具栏中拖动一个交互图标到程序的流程线上，并命令为音乐控制，然后拖动两个群组图标到该交互图标的右侧，交换类型选择为下拉菜单交互，并将两个群组图标分别命令为播放音乐和停止音乐（图 7-6）。

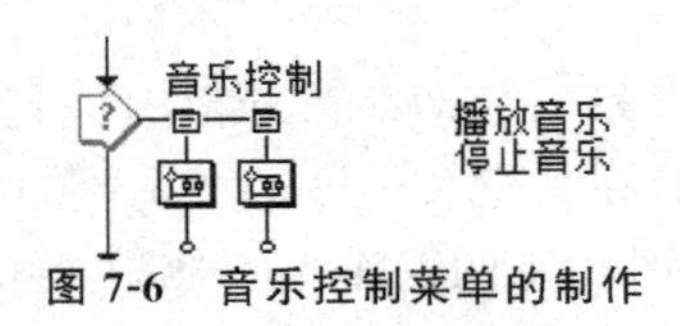

图 7-6　音乐控制菜单的制作

用鼠标单击播放音乐的交换类型按钮，并在其属性工具栏中进行如下设置（图 7-7）。

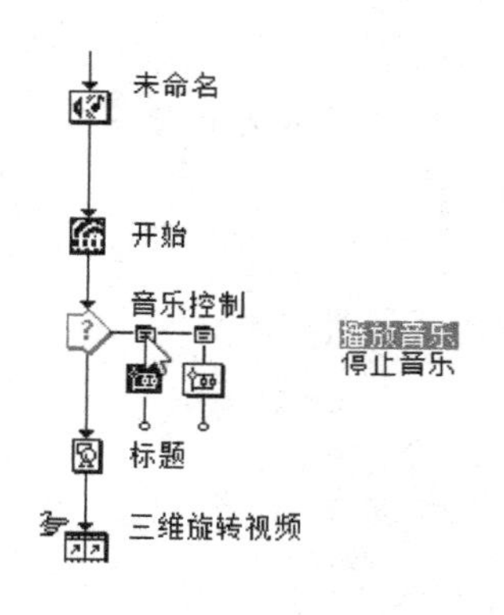

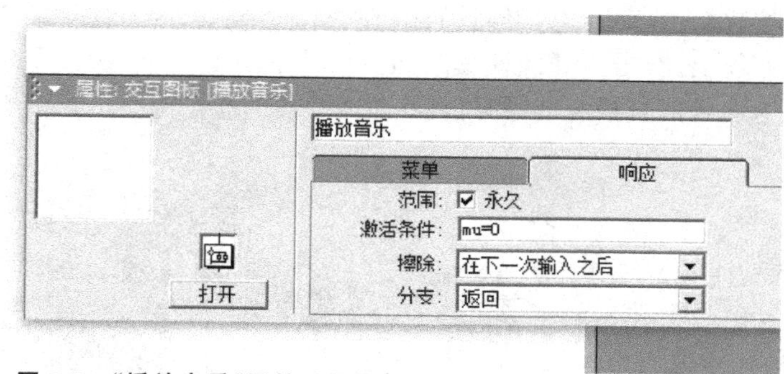

图 7-7 “播放音乐”属性设置窗口

其中激活条件中输入 mu=0 的含义是:只有当 mu=0(即音乐已停止)时,此播放音乐菜单才是激活的,即只有音乐已停止播放时,此菜单才是可用的。否则此菜单是灰色的不可用状态。

接着双击播放音乐群组图标,在 Authorware 程序中的工具栏中拖动一个计算图标到程序的流程线上,双击打开此计算图标后在其中输入 mu:=1。即为了实现音乐的播放将 mu 变量赋值为音乐可以播放的条件(图 7-8)。

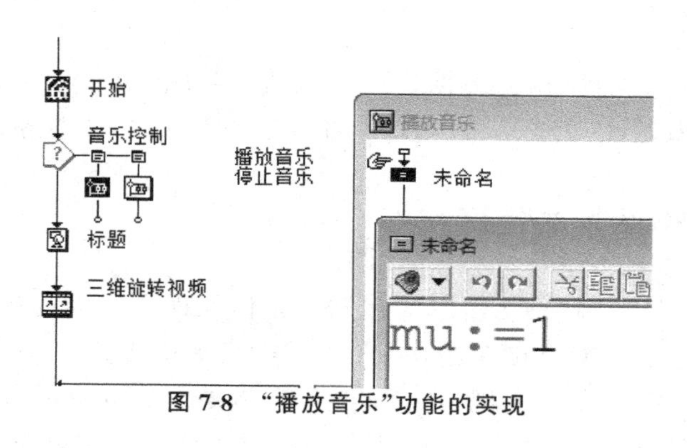

图 7-8 “播放音乐”功能的实现

可以使用类似的方法对停止音乐菜单作出相类似的设置。其中激活条件中输入 mu=1 的含义是(图 7-9):只有当 mu=1 (即音乐正在播放)时,此停止音乐菜单才是激活的,即只有音乐正在播放时,此菜单是可用的。否则此菜单是灰色的不可用状态。

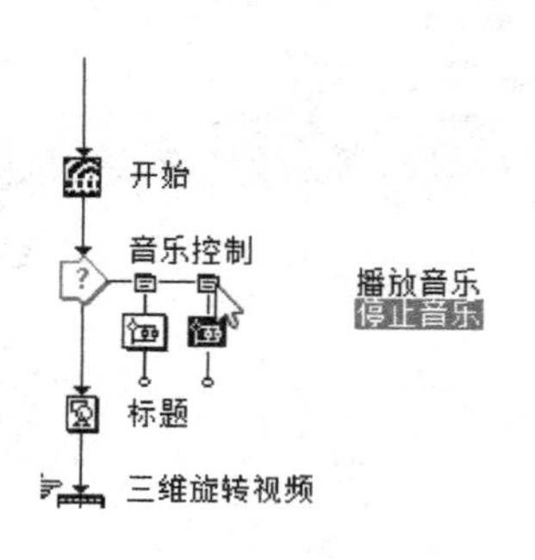

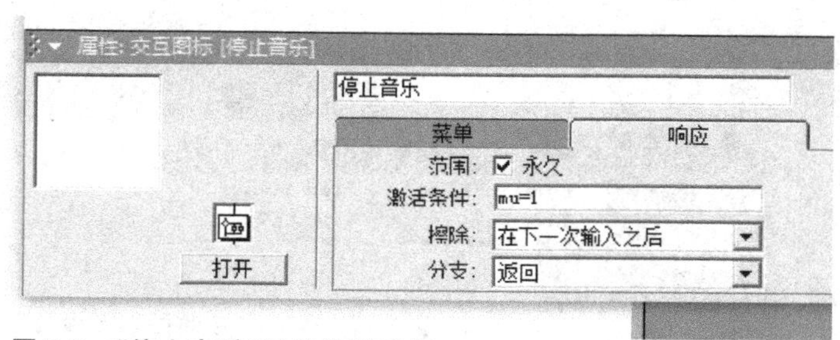

图 7-9 “停止音乐”属性设置窗口

接着双击停止音乐群组图标，在 Authorware 程序的工具栏中拖动一个计算图标到程序的流程线上，双击打开此计算图标后在其中输入 mu：=0。即为了实现音乐的停止将 mu 变量赋值为音乐停止播放的条件(图 7-10)。

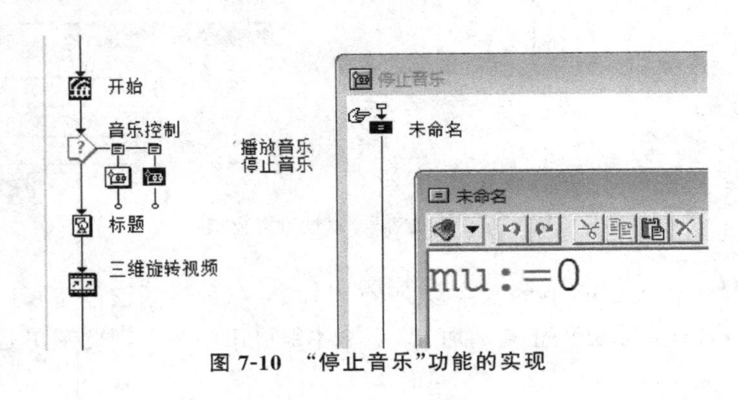

图 7-10 “停止音乐”功能的实现

7.2 程序主界面的组建

本程序的主界面包括一个 gif 动态图片、一个标题、一个乙烯分子三维旋转动画以及物理性质、分子结构、实验室制取、化学性质、课堂练习和乙烯的用途 6 个按钮。

7.2.1 gif 动态图片的使用

gif 是一种最简单的动画形式，将其应用到多媒体课件会达到一种非常好的效果。但是在 Authorware 程序中不能直接使用显示图标将 gif 动画插入到程序中。可以执行“插入/媒体/Animated GIF”命令来实现(图 7-11)。在弹出的 Animated GIF Asset Properties 窗口中点击 Browse 按钮找到相对应的 GIF 文件(图 7-12)。文件导入以后将其命名为“开始”。

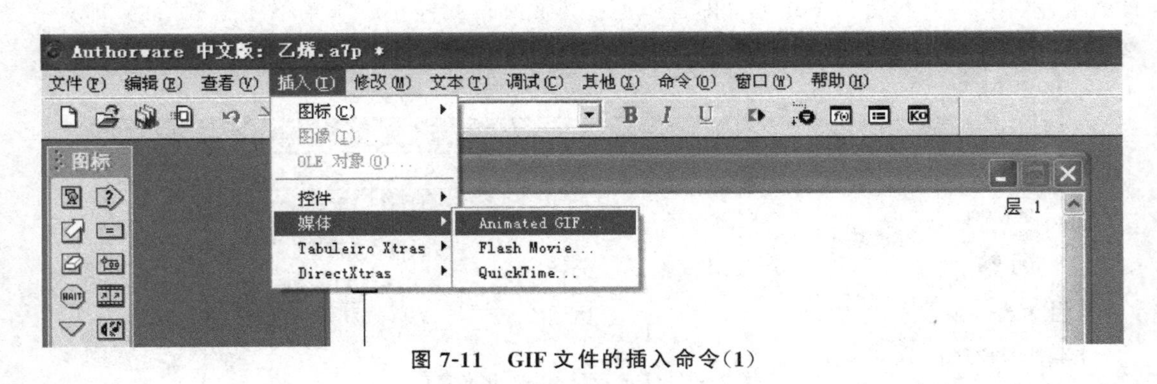

图 7-11 GIF 文件的插入命令(1)

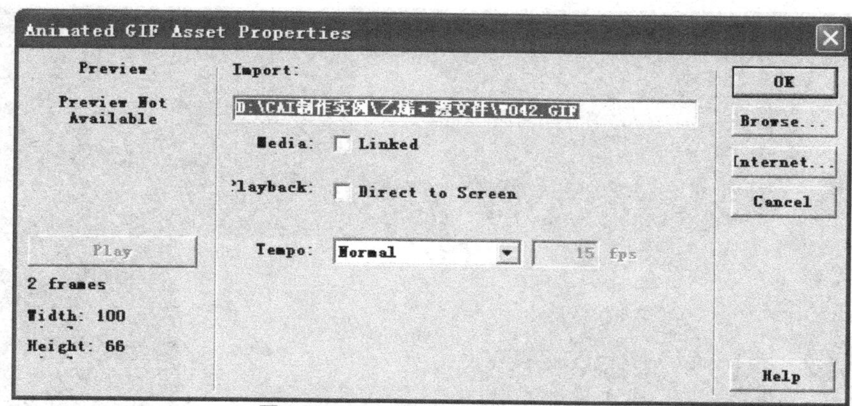

图 7-12 GIF 文件的插入命令(2)

7.2.2 标题的制作

读者可以使用 PhotoShop 等图像处理软件制作出一个“第二节：乙烯”的标题文字(图 7-13),当然也可以使用 PowerPoint 中的艺术字进行简单制作。

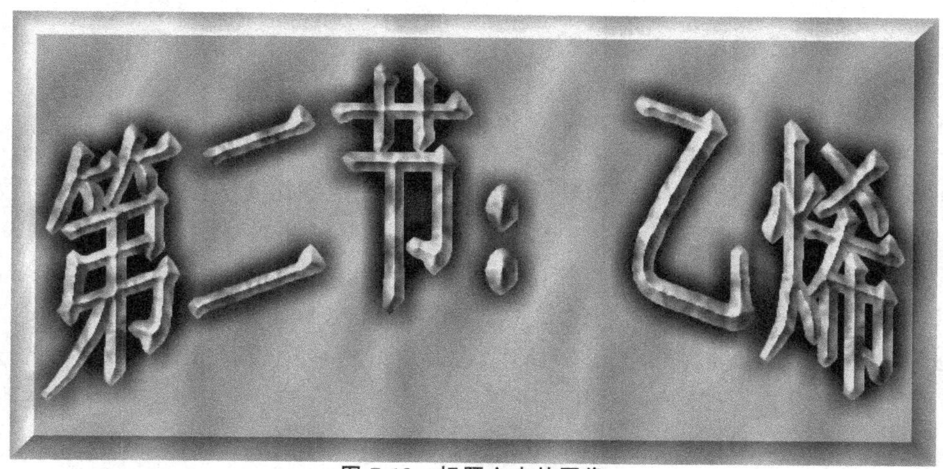

图 7-13 标题文本的图像

7.2.3 乙烯分子三维旋转动画的制作

首先在 ChemBio3D 程序中使用双键工具绘制出乙烯分子的模型,但是由于默认的原子颜色不够明显。可以将两个碳原子选择后右击鼠标,执行“Color/Select Color”命令,将两个碳原子改为红色,类似地可以将四个氢原子改为蓝色(图 7-14)。

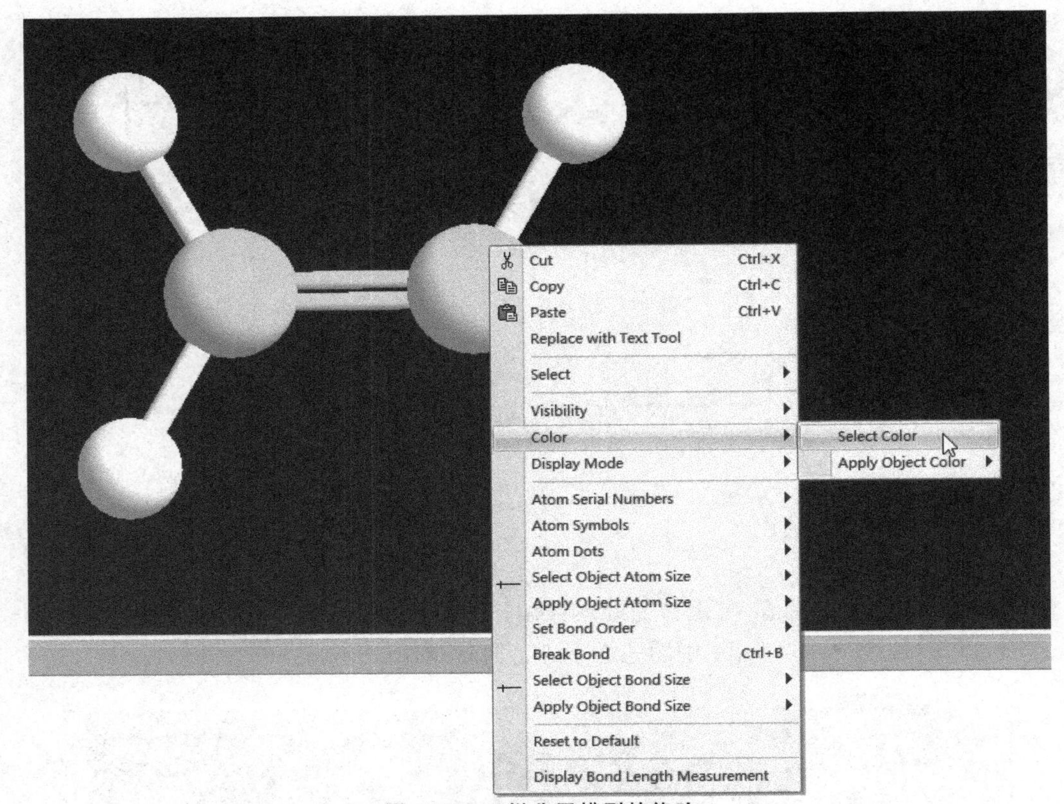

图 7-14 乙烯分子模型的修改

在前面的章节"5.7 ChemBio3D 中创建的三维模型的输出方式"中已经介绍了如何将 ChemBio3D 模型保存为 avi 视频，在 ChemBio3D 中创建好三维模型以后，执行 File/Save As 命令将文件保存为 avi 格式(图 7-15)，在对话框设置动画文件的平滑度 Smoothness、动画文件的时间长度 Length(seconds)、设置模型每秒旋转的角度 Speed(20°/sec)和选择模型围绕着哪个坐标轴进行旋转 Rotation Axis 等属性，在设置好这些选项以后点击保存按钮会弹出一个视频压缩的对话框，这里可以选择某种压缩方式将视频进行压缩以减小动画文件的体积(图 7-16)。

例如选择了 Microsoft Video 1 的压缩方式以后，在弹出的对话框中还可以设置视频文件的压缩质量，可以通过拖动滑动改变压缩质量的百分比。点击确定以后视频文件便开始进行压缩直至完成。

由于课件中要分别展示乙烯模型围绕着 X、Y 和 Z 轴旋转的动画，所以要分别进行得到三个 avi 文件，为了方便区分可以将其分别命令为：xx.avi、yy.avi 和 zz.avi。

另外在程序的主界面的乙烯模型是连续在 X、Y 和 Z 轴进行旋转的，所以还需要将刚才生成的三个文件合并生成一个新的文件。

运行格式工厂软件后，将程序界面左侧的分类切换至"高级"，选择其中的"视频合并"命令(图 7-17)，在弹出的视频合并对话框中选择添加文件命令，在弹出的对话框中选择 xx.avi、yy.

avi 和 zz.avi 这三个视频(图 7-18)。

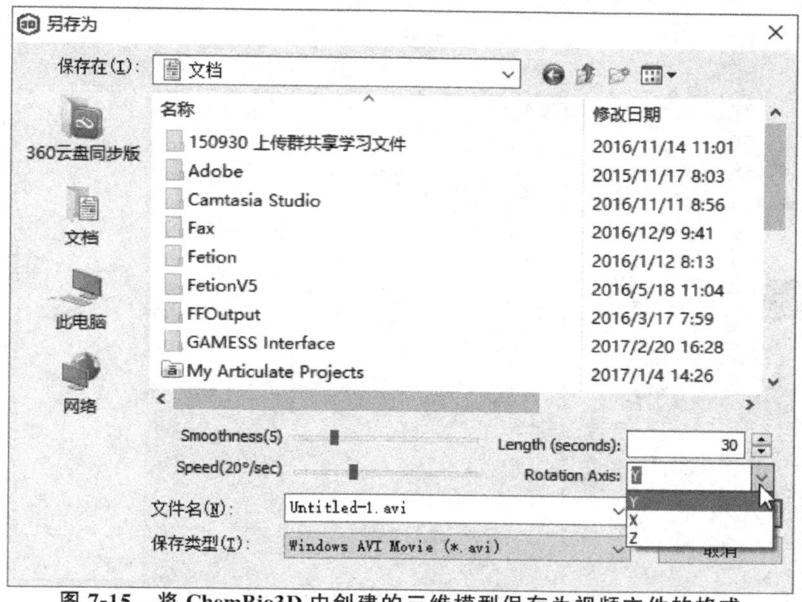

图 7-15 将 ChemBio3D 中创建的三维模型保存为视频文件的格式

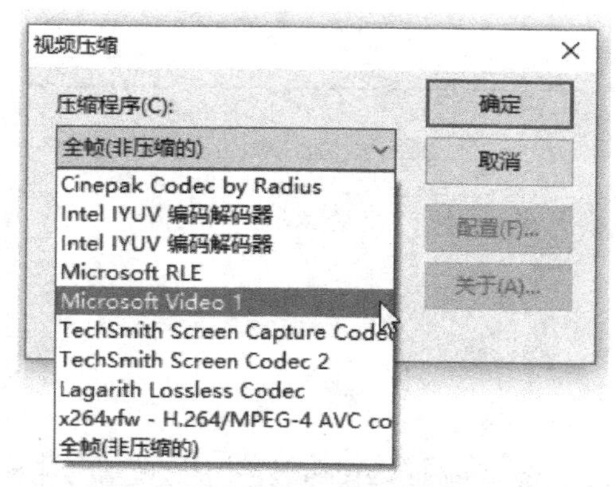

图 7-16 视频压缩程序的选择

并且使用者可以用左下角的 Move Up 和 Move Down 两个按钮调整 xx.avi、yy.avi 和 zz.avi 这三个视频的顺序,以满足使用者的需求。同时还可以在输出配置中选择视频合并后生成的文件类型(图 7-19),可以生成 avi、mp4 和 rmvb 等格式。点击确定以后即可返回格式工厂的主界面,执行“开始”命令(图 7-20),即可完成这三个视频文件的合并。视频合并完成以后将其命名为“三维旋转视频 xyz.avi”以便使用。

图 7-17 使用格式工厂进行视频合并步骤(1)

视频合并
输出配置
AVI
高质量和大小
确定
源文件列表
选项
添加文件

文件名	文件夹	大小	持续时间	屏幕大小	截取片断
xx.avi	C:\Users\cky\D...	1.37M	00:00:08	956x588	
yy.avi	C:\Users\cky\D...	1.36M	00:00:08	956x588	
zz.avi	C:\Users\cky\D...	1.39M	00:00:08	956x588	

Move Up
添加文件夹

图 7-18 使用格式工厂进行视频合并步骤(2)

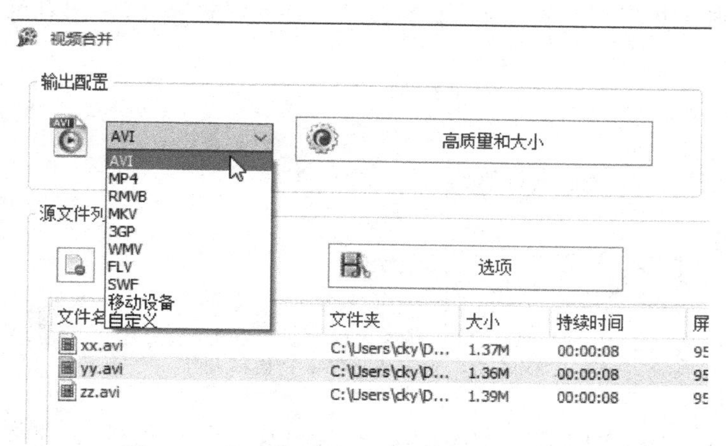

图 7-19 使用格式工厂进行视频合并步骤(3)

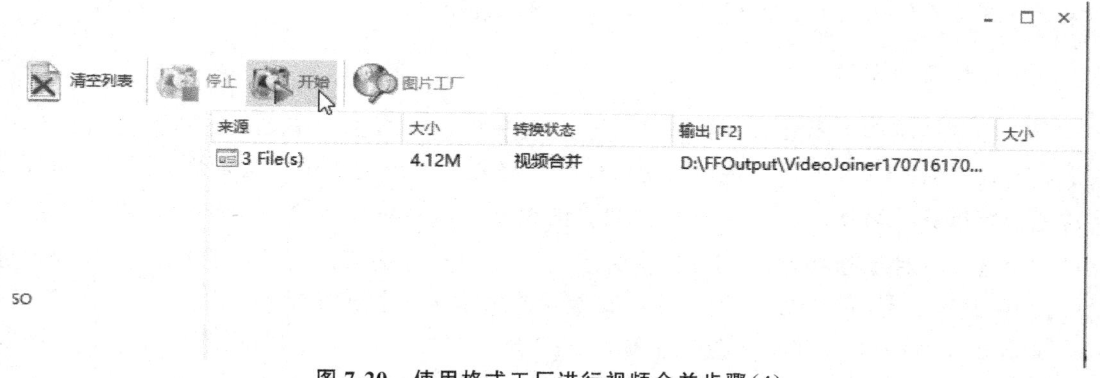

图 7-20 使用格式工厂进行视频合并步骤(4)

7.2.4 乙烯分子三维旋转动画的使用

在 Authorware 程序中的工具栏中拖动一个数字电影图标,并点击其属性工具栏中选择导入按钮,导入“三维旋转视频 xyz.avi”文件(图 7-21),由于此视频文件是需要在程序的主界面中一直重复播放的,可以在其属性工具栏中的“计时”选项卡中的执行方式改为“同时”,播放

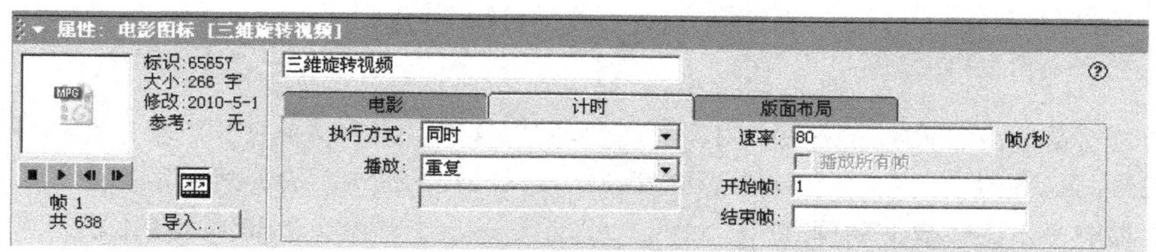

图 7-21 视频文件的导入

改为“重复”。另外还可以在速率选项中调整视频文件的播放速度，使用者可以再次调整视频的属性。

1.按钮制作

主要介绍物理性质等 6 个按钮制作(图 7-22)。

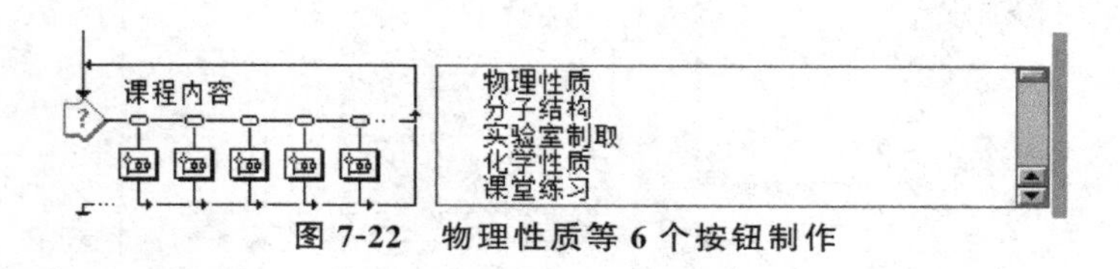

图 7-22　物理性质等 6 个按钮制作

在 Authorware 程序中的工具栏中拖动一个交互图标到流程线上，并将其命名为课程内容，然后拖动 6 个群组图标到这个交互图标右侧，并选择下拉菜单的交互方式。并将分别命令为物理性质、分子结构、实验室制取、化学性质、课堂练习和乙烯的用途。Authorware 程序中如果交互图标右侧的交互分支超过 5 个时就会出现滚动条。

2.物理性质的制作

双击物理性质群组图标后，在 Authorware 程序中的工具栏中拖动一个擦除图标到流程线上，点击工具栏中的“运行”按钮后，用鼠标将不需要在物理性质中保留的内容选中，即可以将这些内容擦除。另外还可以点击擦除图标的属性工具栏的特效选项后的 [...]，在弹出的擦除模式中选择一种擦除特效(图 7-23)。为了后面的操作方便可以将这个擦除图标复制到分子结构、实验室制取、化学性质、课堂练习和乙烯的用途这 5 个群组图标之内。

在 Authorware 程序中的工具栏中拖动一个显示图标到流程线上，双击打开此显示图标后使用工具栏中的文本工具输入乙烯的物理性质，并调整好其字体、字号等(图 7-24)。

在 Authorware 程序中的工具栏中拖动一个显示图标到流程线上引入一个交互图标后，再从工具栏中拖动一个群组图标到其右侧，并选择交互方式为按钮，并将该群组图标命令为返回(图 7-25)。双击打开此群组图标后再向其中拖动一个计算图标，并双击打开此计算图标在其中输入函数：GoTo(IconID@"开始")，当使用者点击此返回按钮可以实现由当前位置跳转到程序最开始的“开始”图标。为了后面的操作方便可以将这个交互图标和群组图标一起复制到分子结构、实验室制取、化学性质、课堂练习和乙烯的用途这 5 个群组图标之内。

3.分子结构制作

由于这部分内容大部分是一个内容的展示，所以这部分内容多是使用了显示图标、等待图标和擦除图标等，其中的三个数字电影图标 xx，yy 和 zz 分别导入了前面采用 ChemBio3D 制作的乙烯的三维旋转模型动画文件 xx.avi、yy.avi 和 zz.avi。由于这部分内容比较简单，使用者可以自己尝试练习(图 7-26)。

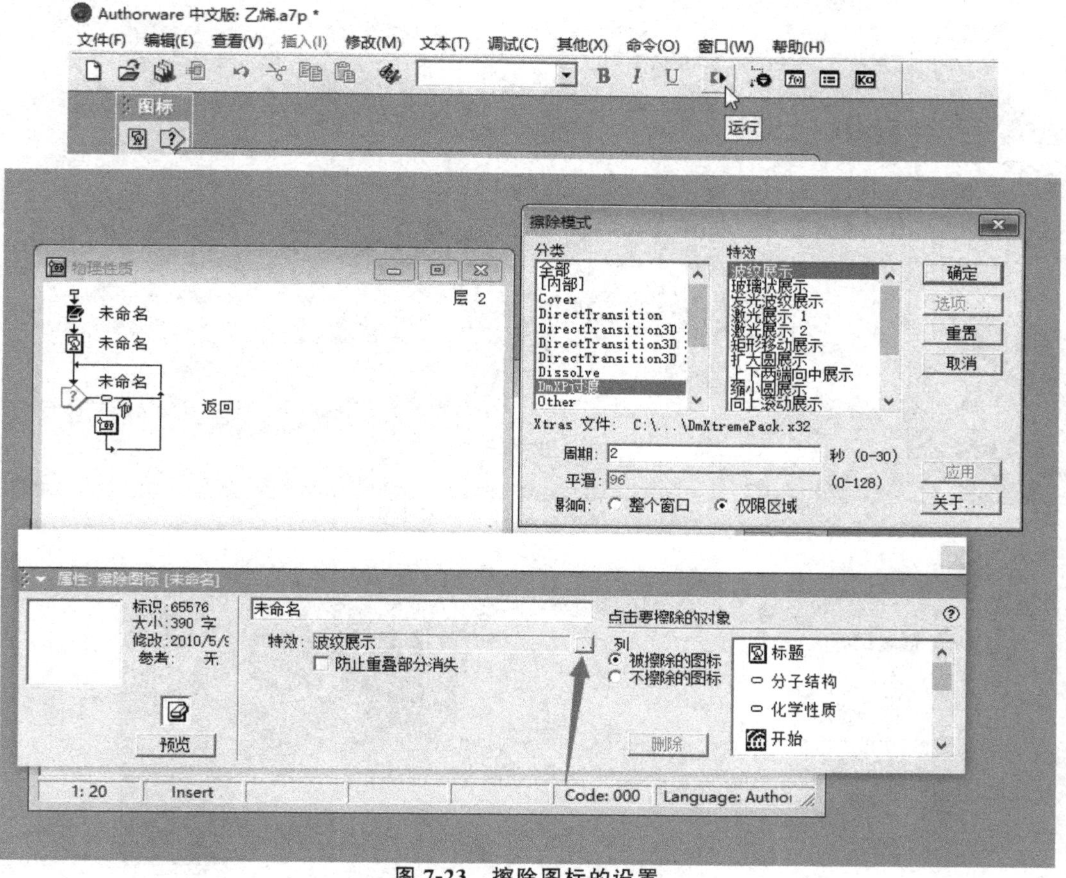

图 7-23 擦除图标的设置

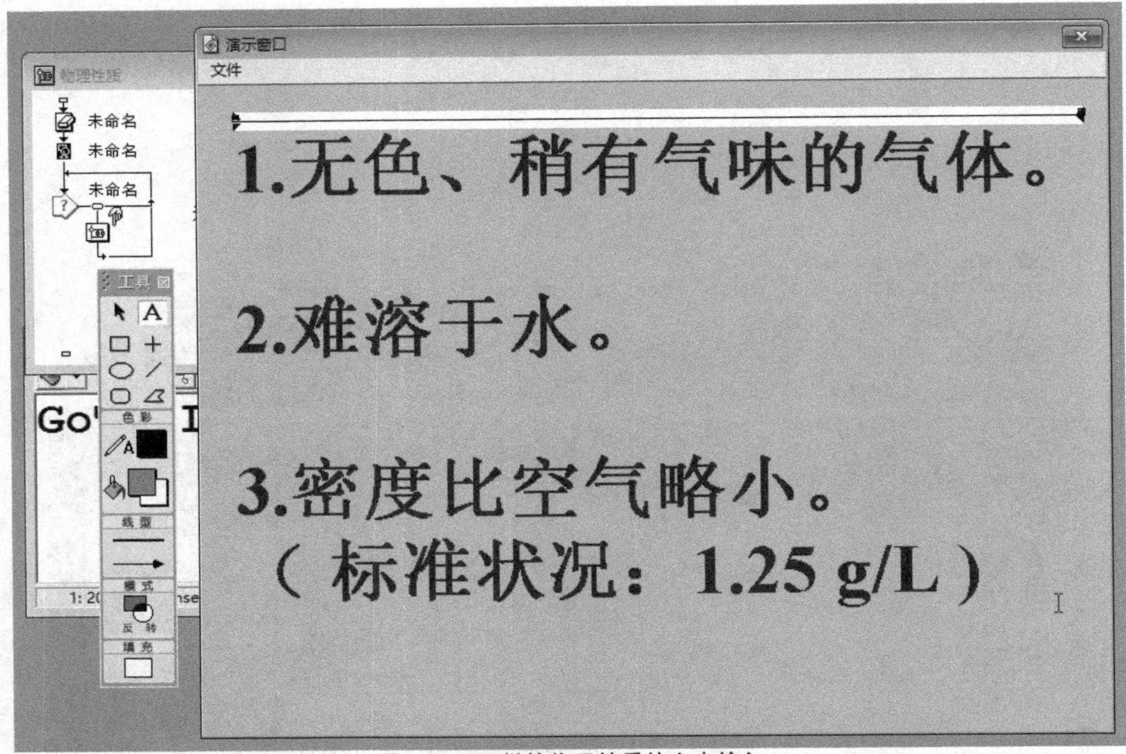

图 7-24　乙烯的物理性质的文本输入

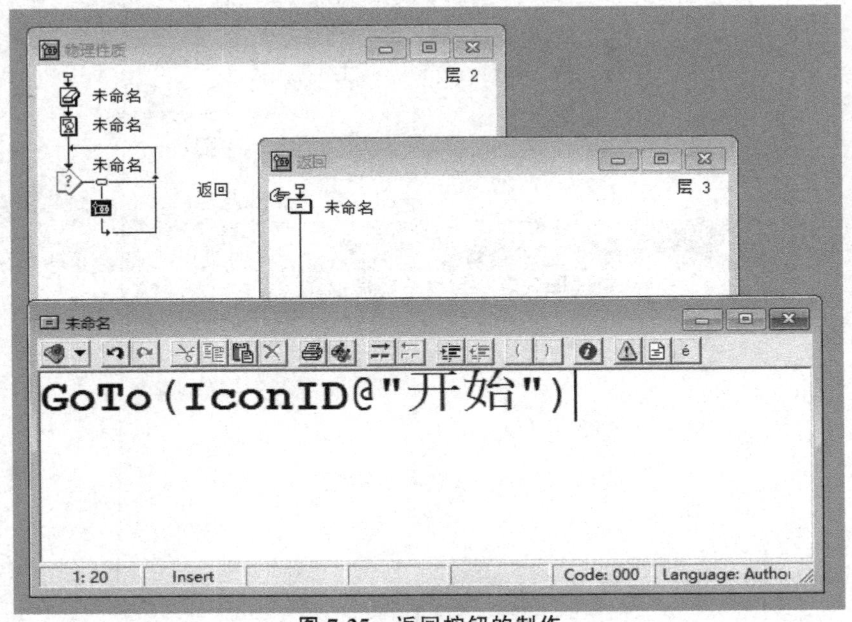

图 7-25　返回按钮的制作

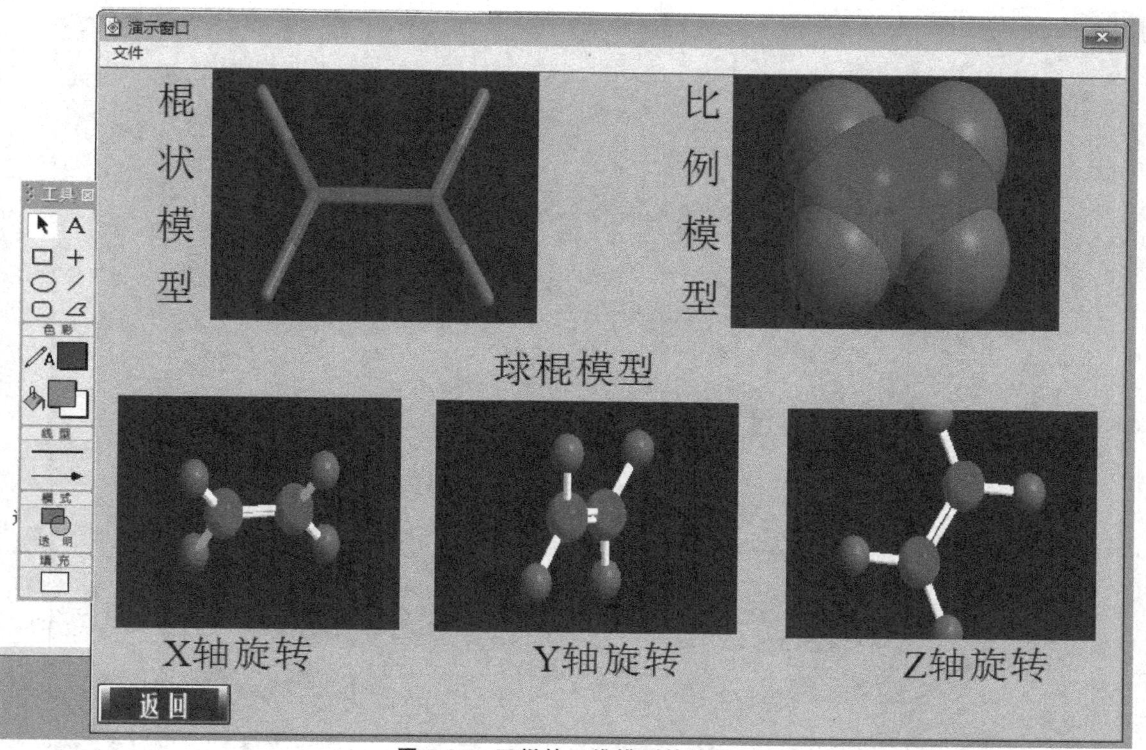

图 7-26 乙烯的三维模型的使用

4.实验室制取的制作

这部分内容主要是介绍乙烯的实验室制法(图 7-27)和乙烯生成的微观机理,主要是通过引入两个 Flash 动画来介绍的(图 7-28)。

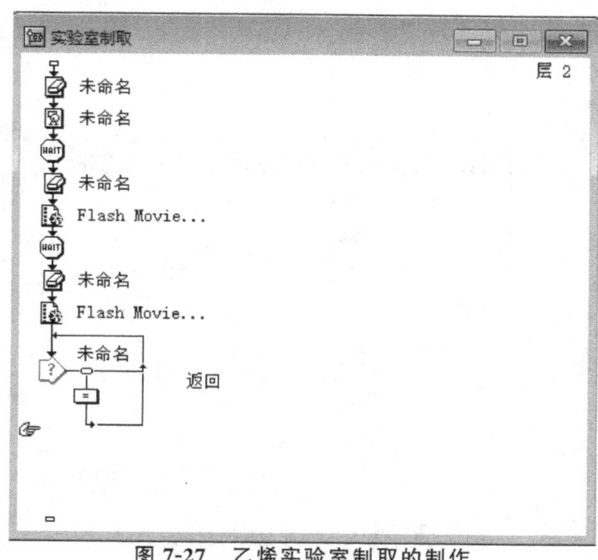

图 7-27 乙烯实验室制取的制作

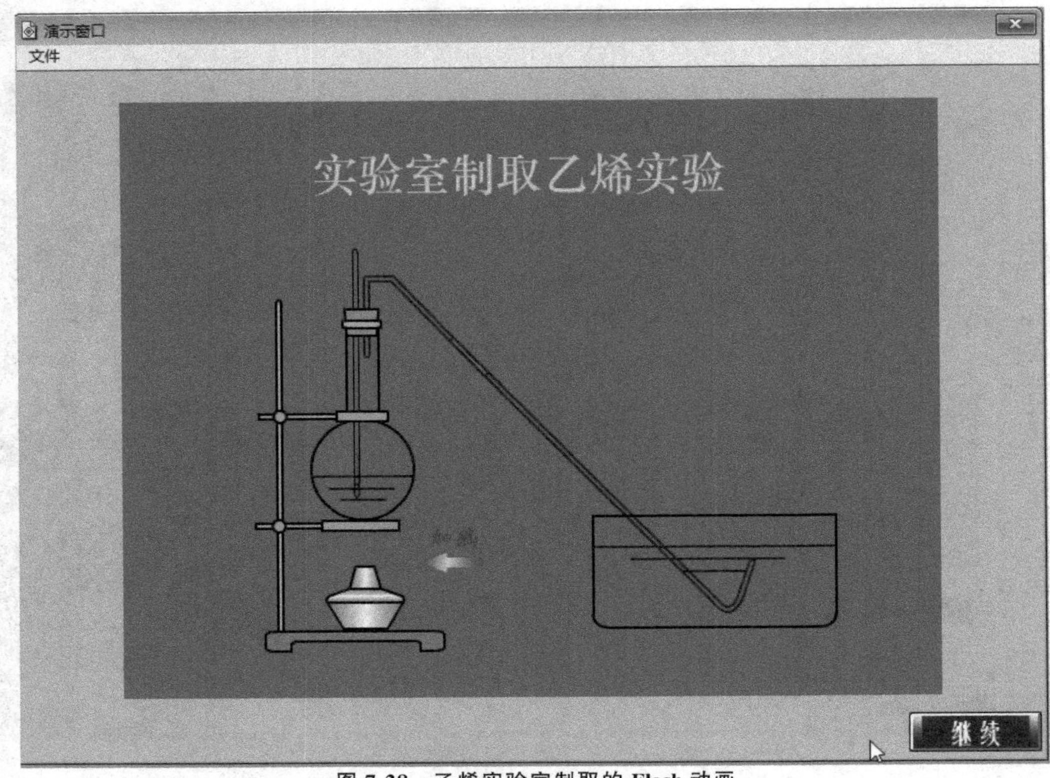

图 7-28　乙烯实验室制取的 Flash 动画

5.插入 Flash 动画文件的方法

将鼠标定位于需要插入 Flash 动画文件的位置后，执行“插入/媒体/Flash Movie”命令，在弹出的 Flash Asset Properties 对话框中点击“Browse”按钮，找到相应的“实验室制取乙烯.swf”文件后点击“OK”按钮即可（图 7-29）。

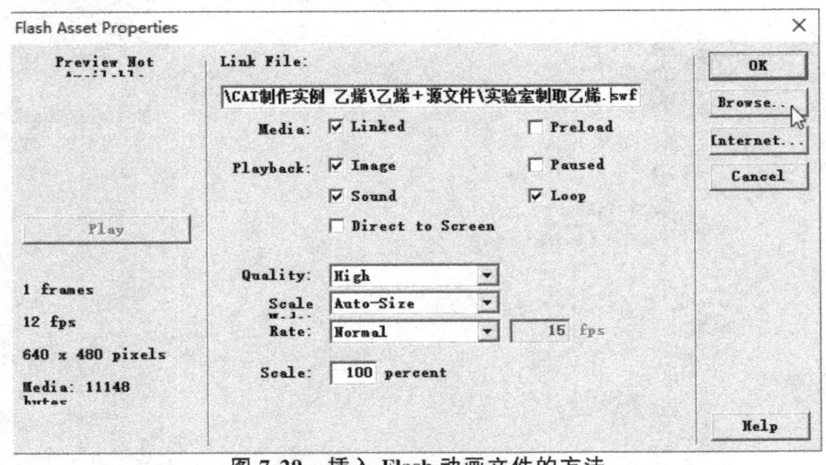

图 7-29　插入 Flash 动画文件的方法

点击工具栏中的“运行”按钮后，即可以看到Flash动画文件已经被插入到程序中了。此时使用者可以按“Ctrl＋p”快捷键将程序暂停；单击演示窗口中的Flash动画文件后，用鼠标拖动Flash动画文件周围的控制点就可以改变Flash动画文件的大小，单击Flash动画文件并按住鼠标左键不放可以移动Flash动画文件的位置(图7-30)。

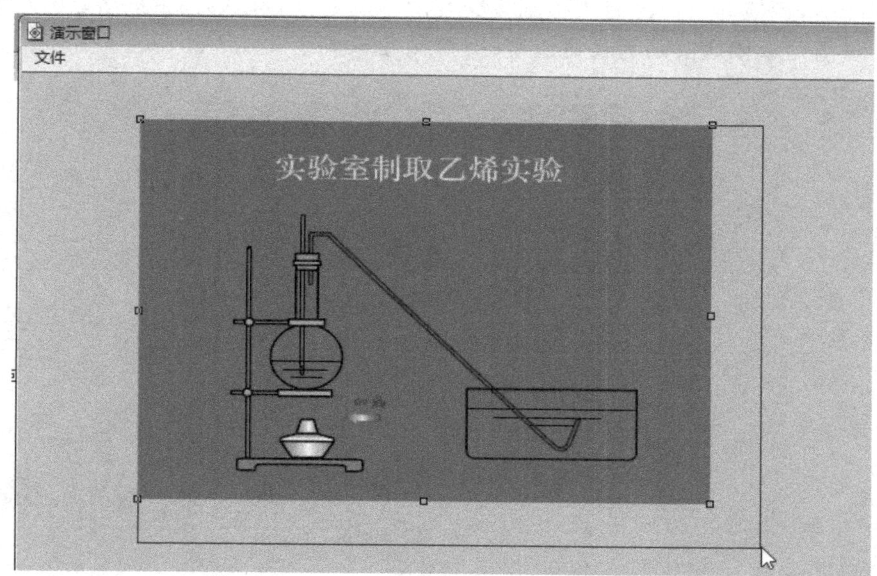

图7-30 Flash动画文件的大小和位置的调节

6.化学性质的制作

此部分主是介绍乙烯的燃烧性质、乙烯与高锰酸钾的反应和溴水的反应，主要也是通过引入三个Flash动画来介绍的。使用者可以按照上面的方法进行自己尝试(图7-31)。

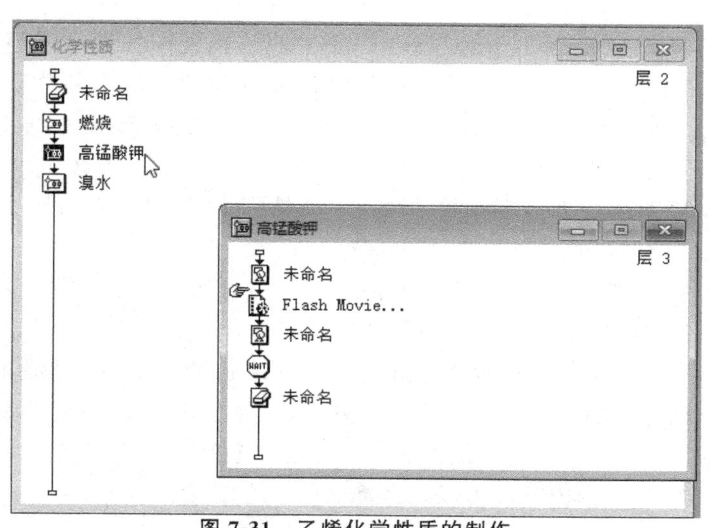

图7-31 乙烯化学性质的制作

7.课堂练习的制作

此部分通过仪器组装题、选择题和填空题来检验学生对本节课内容的掌握程序，并且这三种习题都能够对学生的测试进行自动判断。在 Authorware 程序中的工具栏中拖动一个交互图标到流程线上，再拖动三个群组图标到该交互图标的右侧，都选择按钮的交互类型，然后分别将这三个群组图标依次命名为仪器组装、选择题和填空题(图 7-32)。

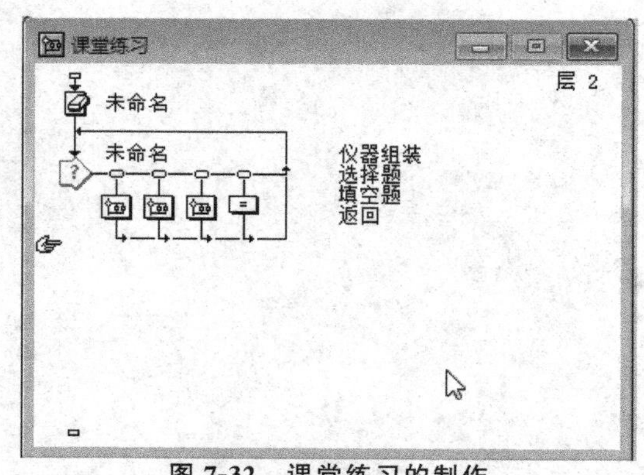

图 7-32　课堂练习的制作

8.仪器组装题的制作

此部分内容是要求使用者将给出的烧瓶、酒精灯、水槽和导管组装成实验室制备乙烯的实验装置，其中图中的铁架台是为了安装这些仪器定位使用的，是不可以移动的。软件可以实现当仪器被放置到正确的位置上时则不可以再次被移动，当仪器被放置到了错误位置时，该仪器则会自动返回到起始位置，当四个仪器全部被放置到正确位置以后，系统则自动完成这部分测试(图 7-33)。

双击仪器组装群组图标，在 Authorware 程序中的工具栏中拖动 5 个显示图标到流程线上(图 7-34)，分别命名为“参照 2”“导管”“烧瓶”“酒精灯”和“水槽”，并分别双击这些显示图标，在其中分别引入相对应的仪器装置图。再拖动一个交互图标到流程线上，并拖动两个群组图标到该交互图标的右侧，交互类型选择目标区(图 7-35)，并将这两个群组图标分别命名为“酒精灯 11”和“酒精灯 22”，注意图中的“＋酒精灯 11”和“－酒精灯 22”中的加减号不要输入。

点击工具栏中的“运行”按钮后可以看到演示窗口中出现了一个“酒精灯 11”的目标区，此时用鼠标单击窗口的酒精灯图片，“酒精灯 11”的目标区则会自动跳到酒精灯图片上(图 7-36)，接下来用鼠标拖动酒精灯图片到酒精灯的正确位置上，并用鼠标将“酒精灯 11”的目标区的大小调整到比酒精灯的图片稍大一些即可。另外，还要在其交互图标[酒精灯 11]的属性工具栏中的放下选项调整为“在中心定位”(图 7-37)，这个选项可以实现只要将酒精灯图片移动到“酒精灯 11”的目标区范围内时即可以在目标区的中心定位。

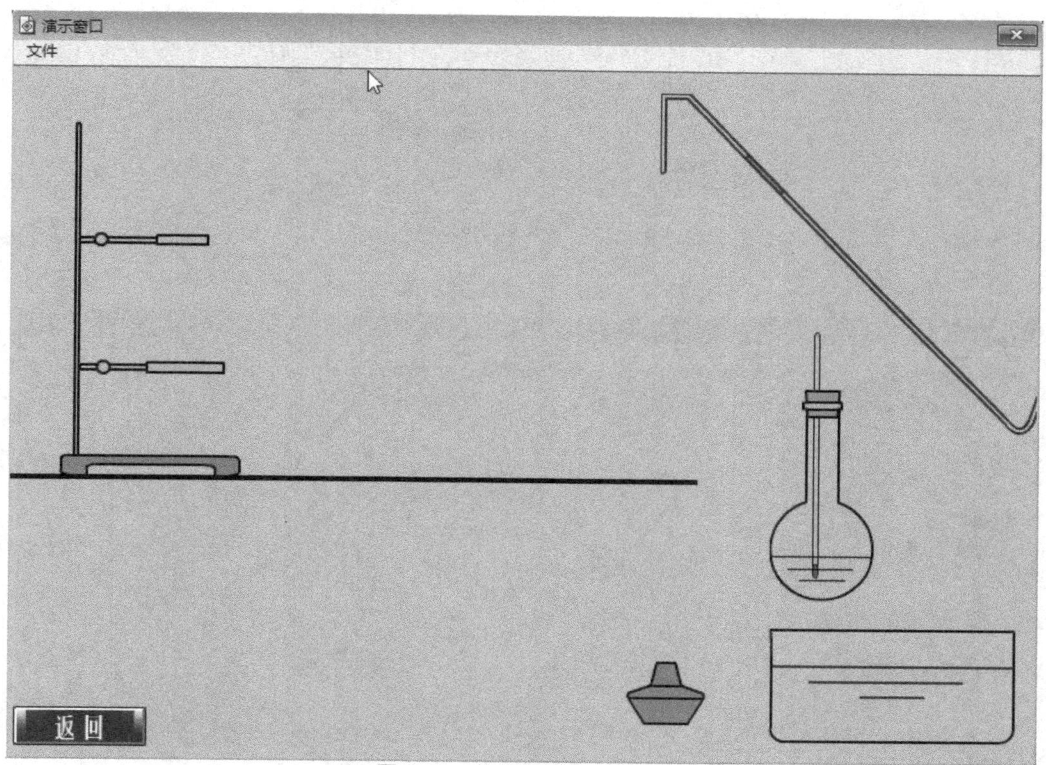

图 7-33 仪器组装题的效果

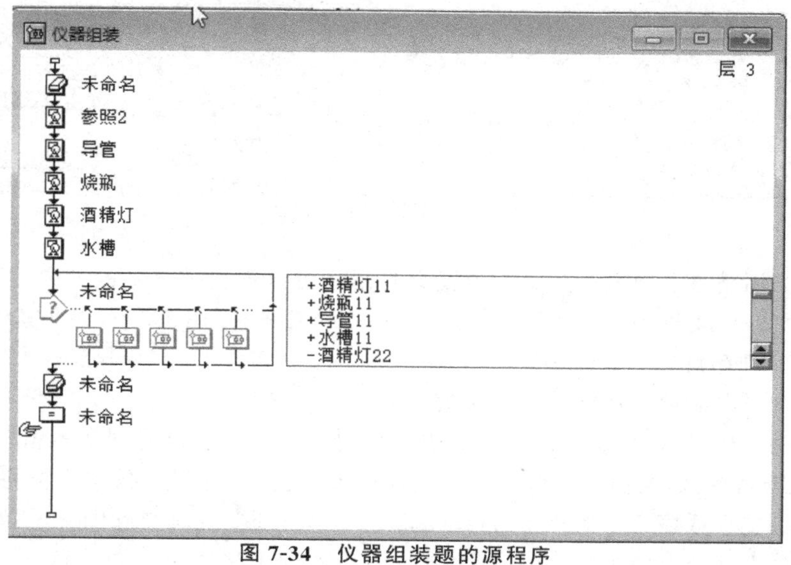

图 7-34 仪器组装题的源程序

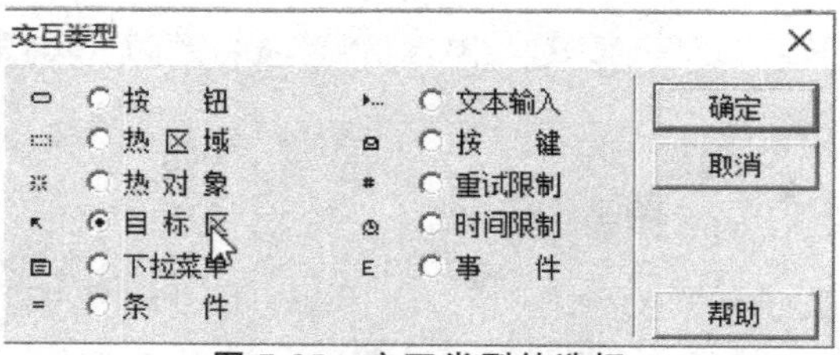

交互类型
按钮 热区域 热对象 目标区 下拉菜单 条件
文本输入 按键 重试限制 时间限制 事件
确定 取消 帮助

图 7-35 交互类型的选择

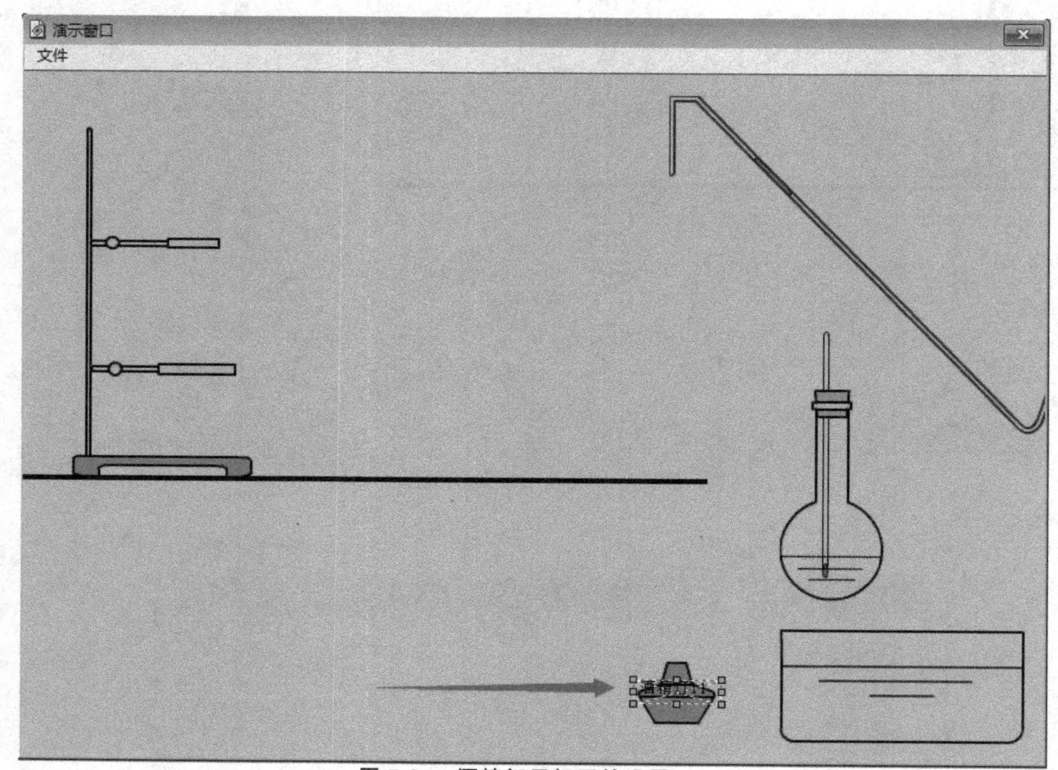

图 7-36 酒精灯目标区的设置(1)

为了实验当酒精灯被放置到正确的位置上时则不可以再次被移动的效果,可以进行如下的操作:双击酒精灯 11 群组图标,并在其中引入一个计算图标(图 7-38),并在其中输入:

Movable@"酒精灯":=FALSE

这条命令则可以实现不让酒精灯再次被移动。

上面的步骤完成以后,再次点击工具栏中的“运行”按钮后可以看到演示窗口中出现了一个“酒精灯 22”的目标区,与前面类似可以用鼠标单击酒精灯的图片,再用鼠标将“酒精灯 22”的目标区调整到整个程序窗口大小即可(图 7-39)。另外,还要在其交互图标[酒精灯 22]的属性工具栏中的放下选项调整为“返回”,这个选项可以实现未将酒精灯图片移动正确区域时酒精灯图片可以自动返回到起始位置。

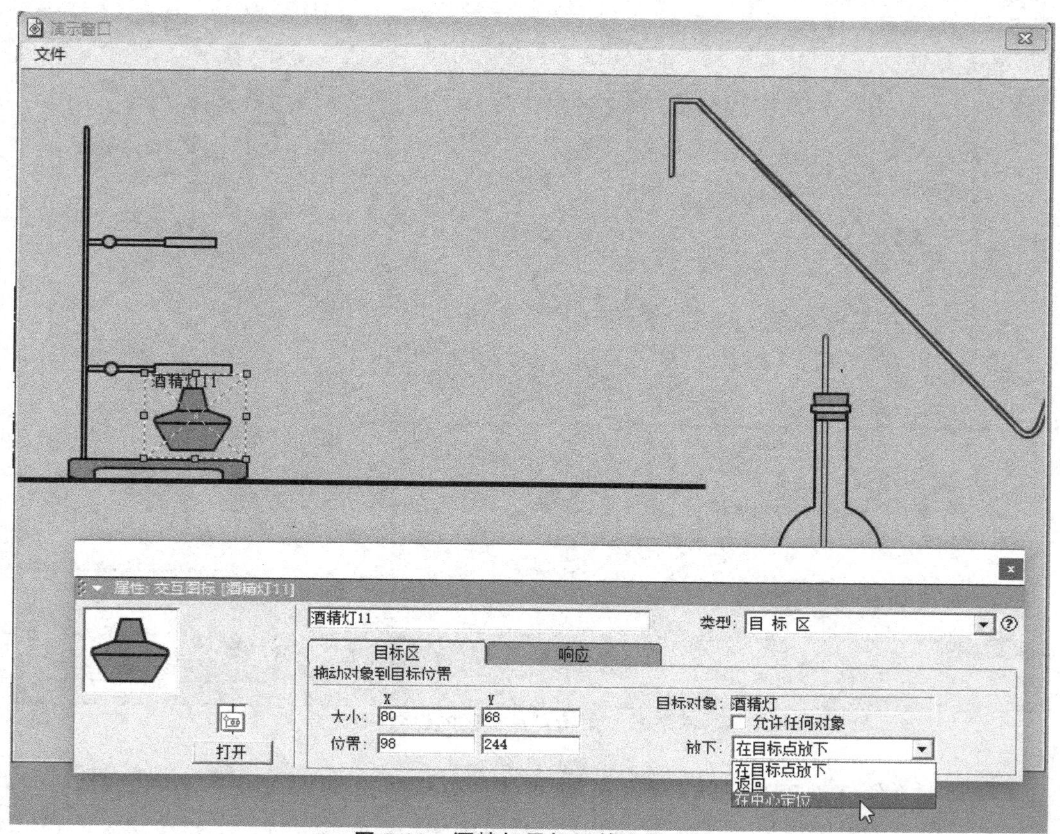

图 7-37　酒精灯目标区的设置(2)

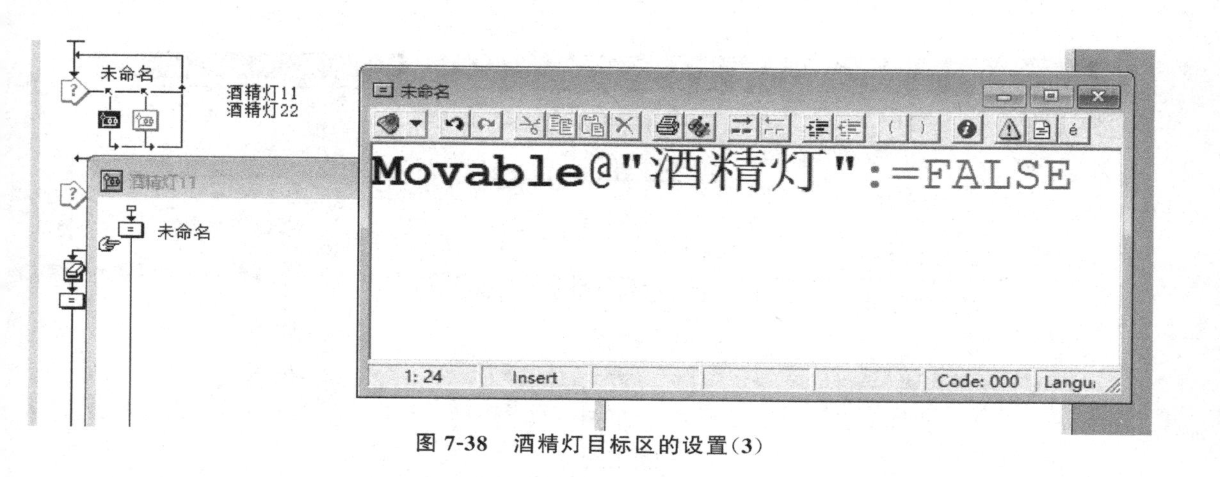

图 7-38　酒精灯目标区的设置(3)

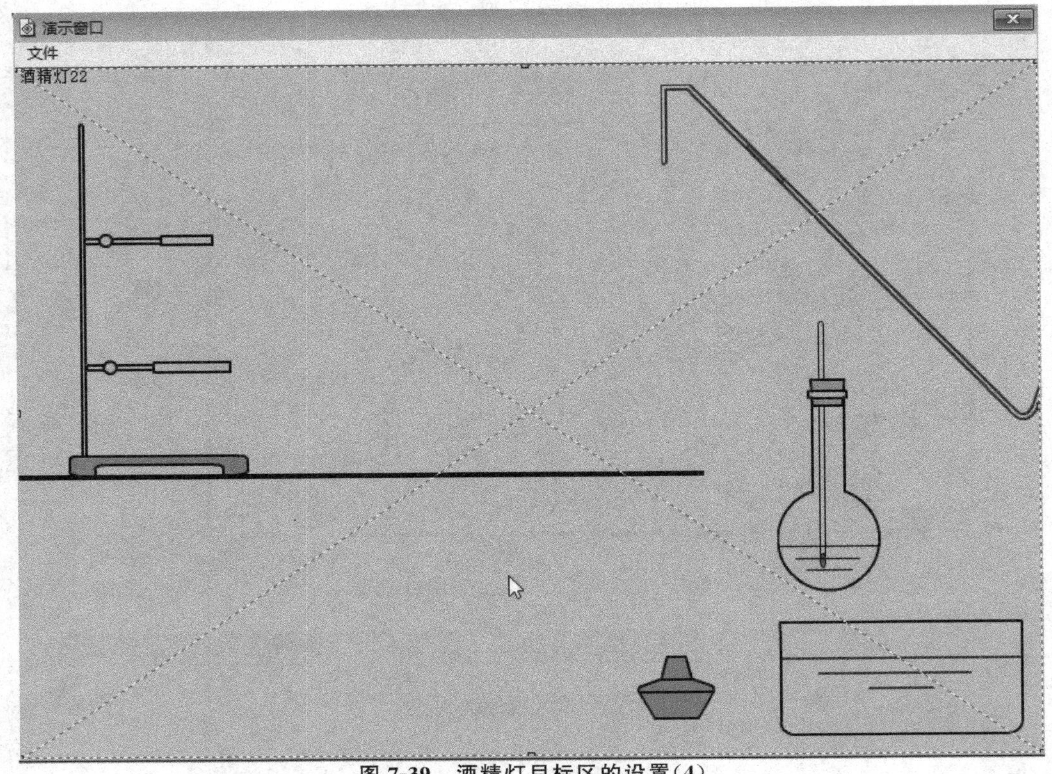

图 7-39 酒精灯目标区的设置(4)

同时为了方便后继程序判断是所有正确的交互是否完成,可以在交互图标[酒精灯 11]的属性工具栏中的“响应”选项卡中的状态项改为“正确响应”(图 7-40)。还要在交互图标[酒精灯 22]的属性工具栏中的“响应”选项卡中的状态项改为“错误响应”。此时可以看到“酒精灯 11”和“酒精灯 22”两个群组图标已经自动改名为“+酒精灯 11”和“-酒精灯 22”(图 7-41)。

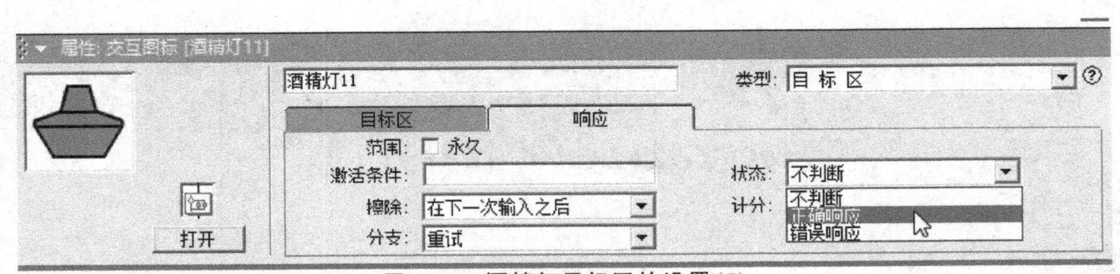

图 7-40 酒精灯目标区的设置(5)

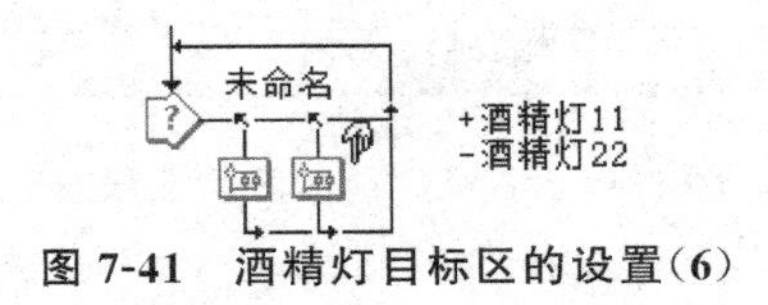

图 7-41 酒精灯目标区的设置(6)

使用者可以采用上面类似的方法，将另外的“导管”“烧瓶”和“水槽”的正确交互和错误交互都制作完成。

为了可以实现当四个仪器全部被放置到正确位置以后，系统则自动完成这部分测试，可以再拖动一个群组图标到交互图标的右侧，并选择交互类型为条件，并将该群组图标命名为 AllCorrectMatched，并在其属性工具栏中将自动选项改成“为真”(图 7-42)。

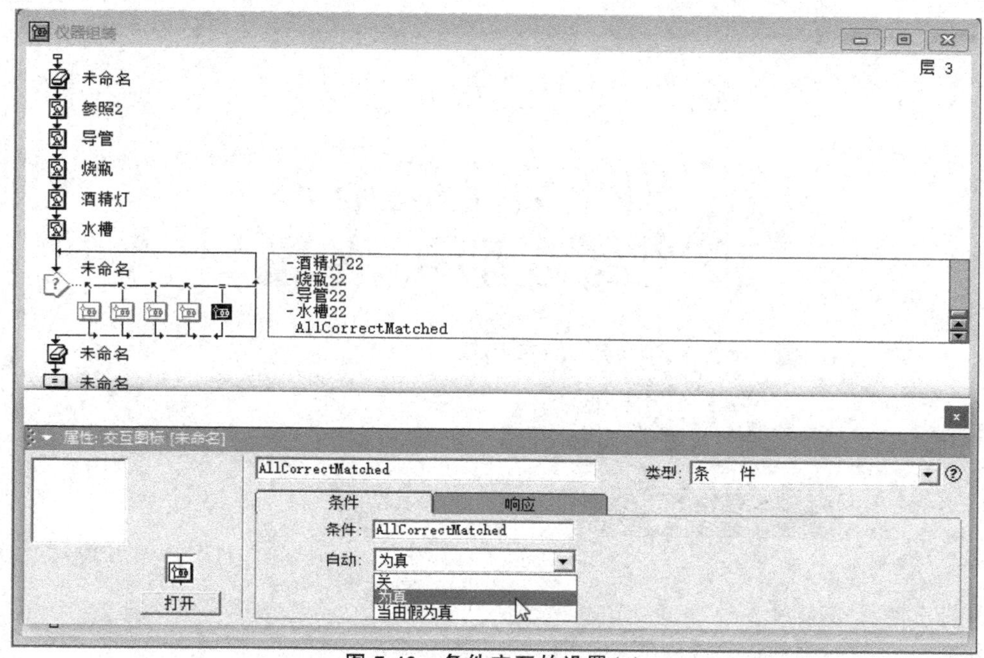

图 7-42 条件交互的设置(1)

接下来双击 AllCorrectMatched 群组图标，在其中引入一个显示图标和一个等待图标(图 7-43)，并在显示图标中输入一些提示语，如“你已经完成了仪器组装!”，这些内容则会在四个仪器全部被放到正确区域中时自动显示出来。

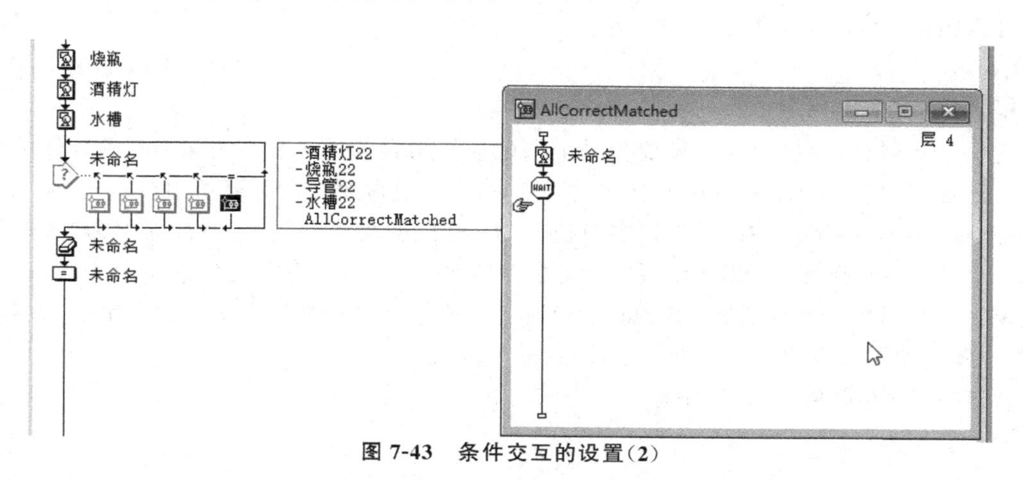

图 7-43 条件交互的设置(2)

9.选择题的制作

使用者在此可以通过一道单选题来检验本节课的学习效果(图 7-44),当选择了正确 C 时,则会给出正确的反馈信息,如果选择了其他答案则会出现错误的反馈信息。

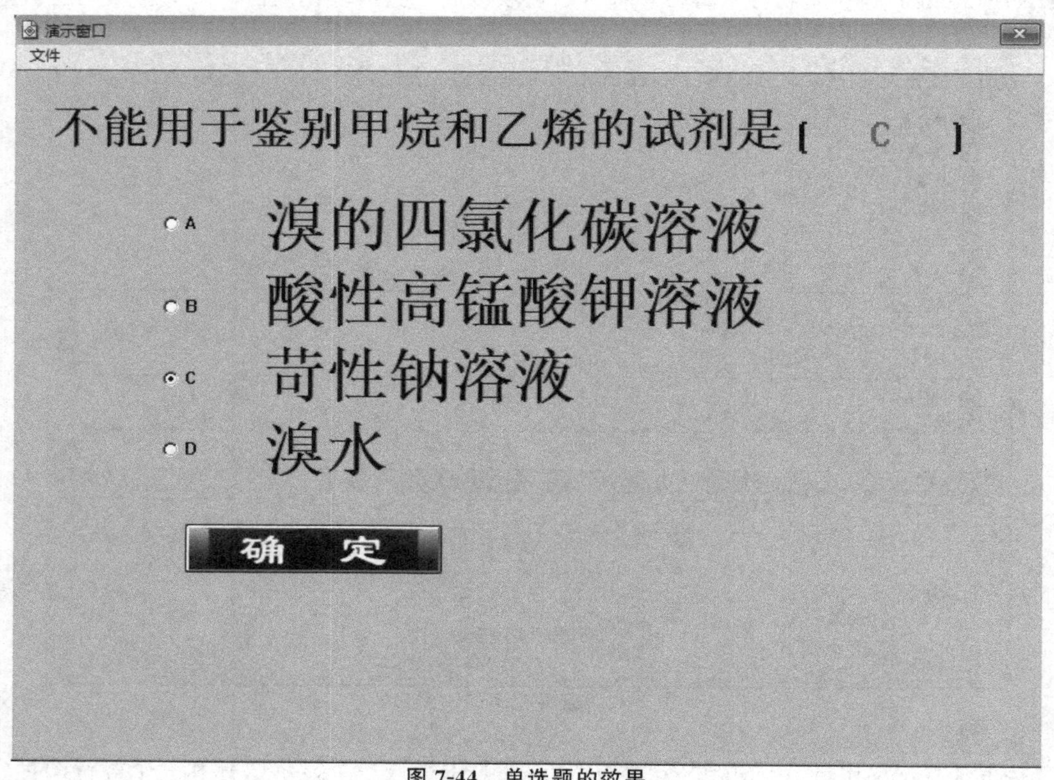

图 7-44 单选题的效果

在 Authorware 程序中的工具栏中拖动一个计算图标到流程线上,并将其命令为变量,双击此计算图标,并在其中输入如下的内容:

```
da:=""
hc:=""
```

这里是新创建了两个变量,da 变量是用来记录使用者选择了哪个答案,hc 变量是用来给使用者的反馈信息。由于此时还没有开始答题,所以将这两个变量都赋值为空。

在 Authorware 程序中的工具栏中拖动一个交互图标到流程线上,将其命名为“答题”,再拖动 5 个计算图标到该交互图标的右侧,交互类型均为按钮,并将它们分别命令为 A、B、C、D 和确定。用鼠标单击计算图标 A 的交互类型按钮(图 7-45),在其属性工具栏中单击“按钮…”按钮,在弹出的对话框中选择一种单选按钮(图 7-46)。

双击“A”计算图标,并在其中输入如下的内容:

```
da:="A"
Checked@"A":=TRUE
```

```
Checked@"B":=FALSE
Checked@"C":=FALSE
Checked@"D":=FALSE
```

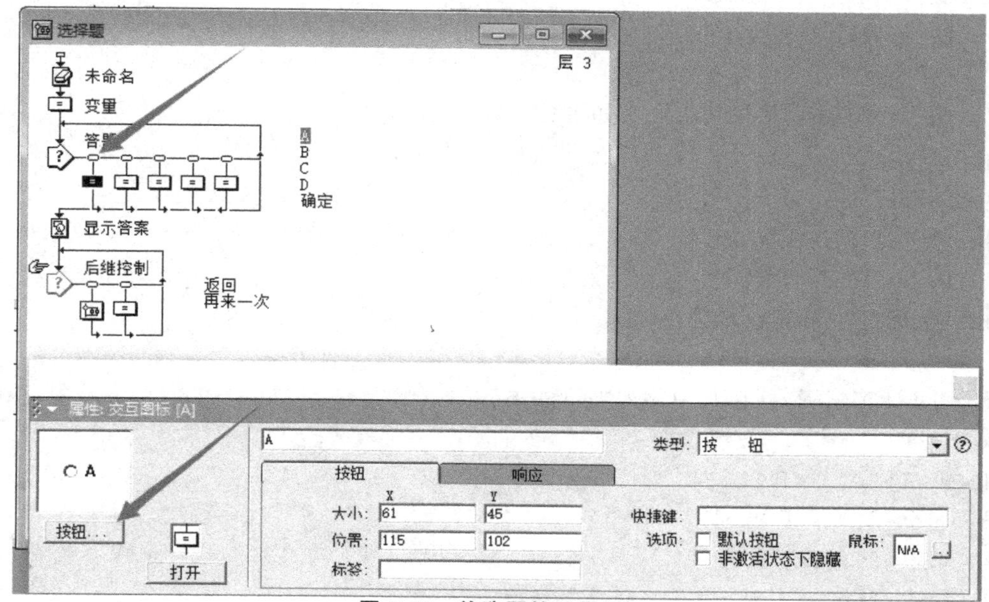

图 7-45 单选题的设置(1)

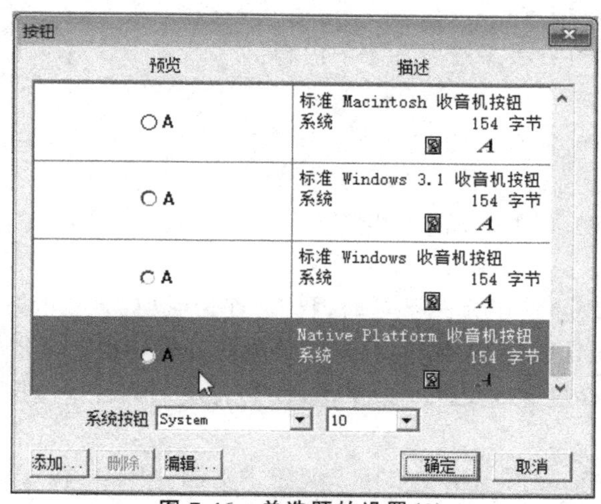

图 7-46 单选题的设置(2)

第一行命令是当使用者单击"A"按钮时，将 da 变量赋值为"A"，第 2～5 行是当使用者单击"A"按钮时要保持按钮 A 一直被选中，而"B"、"C"和"D"按钮保持未选中的状态。

双击"B"计算图标，并在其中输入如下的内容：

```
da:="B"
Checked@"A":=FALSE
Checked@"B":=TRUE
Checked@"C":=FALSE
Checked@"D":=FALSE
```

双击“C”计算图标,并在其中输入如下的内容:

```
da:="C"
Checked@"A":=FALSE
Checked@"B":=FALSE
Checked@"C":=TRUE
Checked@"D":=FALSE
```

双击“D”计算图标,并在其中输入如下的内容:

```
da:="D"
Checked@"A":=FALSE
Checked@"B":=FALSE
Checked@"C":=FALSE
Checked@"D":=TRUE
```

B、C和D计算图标中的内容与A计算图标中的作用类似。

双击确定计算图标,并在其中输入如下的内容:

```
if da="C" then
hc:="你的答案正确,你真棒!"
else
hc:="你的答案错误,请再好好想一想吧!"
end if
```

这几行的命令是实现当使用者选择C时,将hc变量赋值为“你的答案正确,你真棒!”,而选择其他选项时将hc变量赋值“你的答案错误,请再好好想一想吧!”。

用鼠标单击计算图标确定的交互类型按钮,在其属性工具栏中响应选项卡中的分支更改为“退出交互”(图7-47)。

双击“答题”交互图标,在其演示窗口中本题的正文部分(图7-48),其中:

题干部分“不能用于鉴别甲烷和乙烯的试剂是(　{da}　)”中的{da}的作用是在此外显示变量da的值。同时为了实现当使用者选择不同选项时da变量的值也保持相应的变化,要在“答题”交互图标的属性工具栏中选中“更新显示变量”(图7-49)。

在Authorware程序中的工具栏中拖动一个显示图标到“答题”交互图标的下方,将其命名为显示答案,双击打开该显示图标并在里面输入{hc},这可以实现在此显示图标中显示变量hc的量(图7-50)。

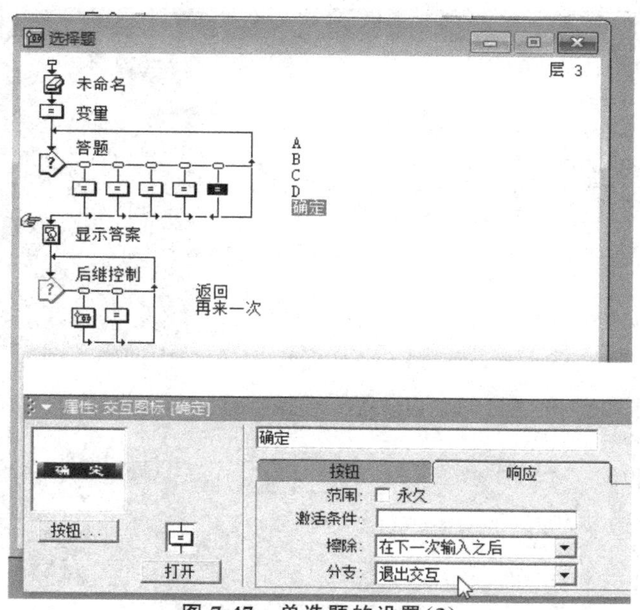

图 7-47 单选题的设置(3)

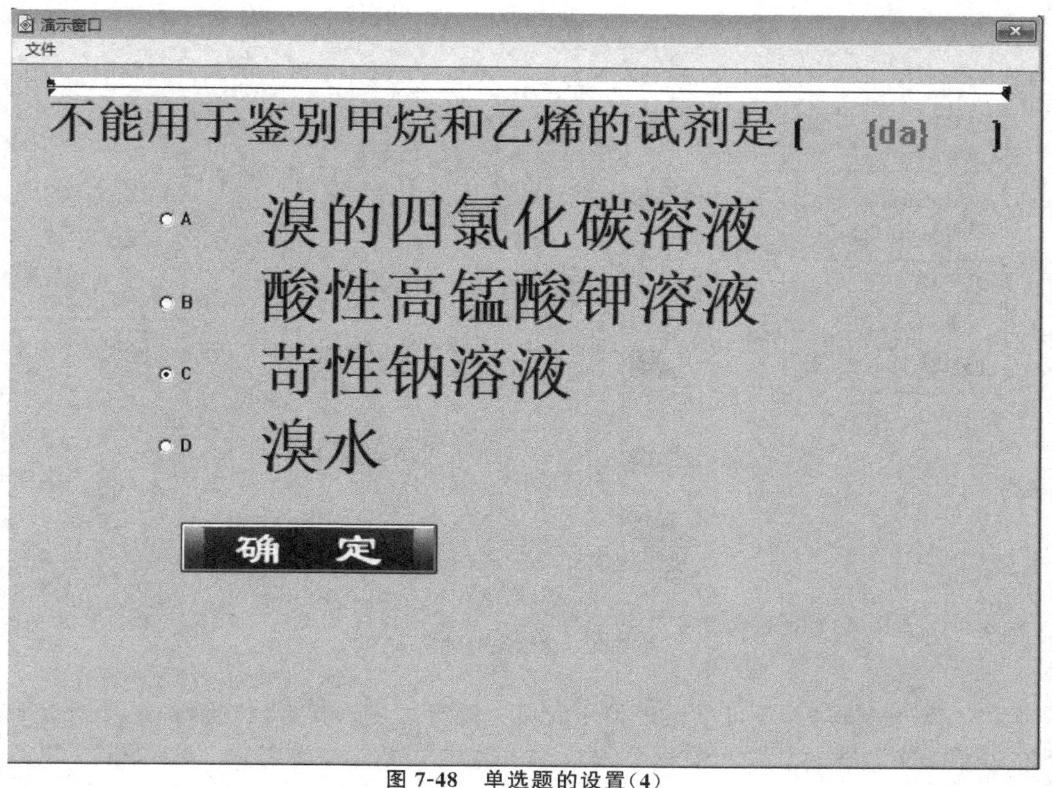

图 7-48 单选题的设置(4)

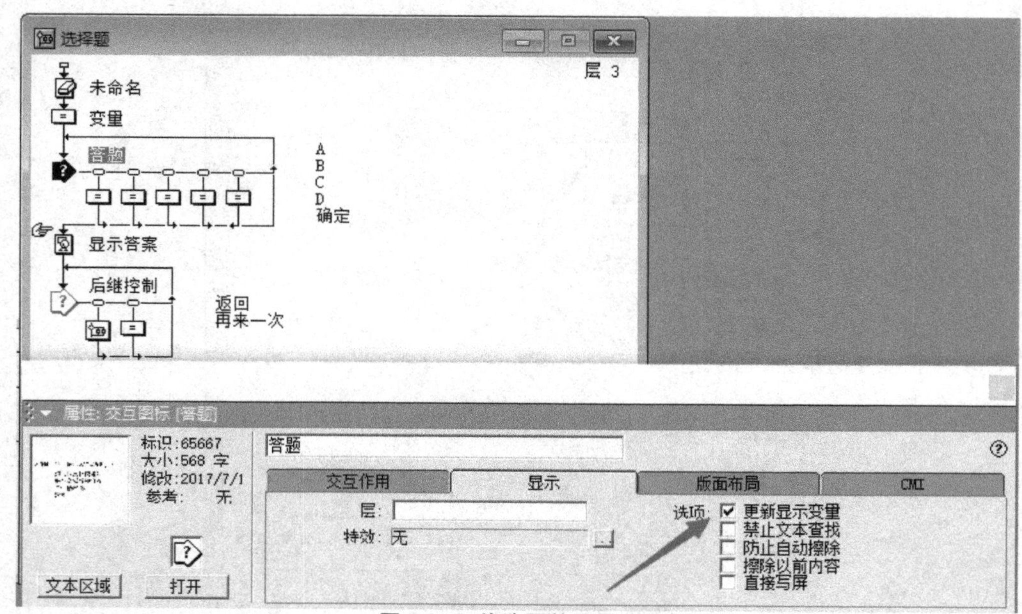

图 7-49 单选题的设置(5)

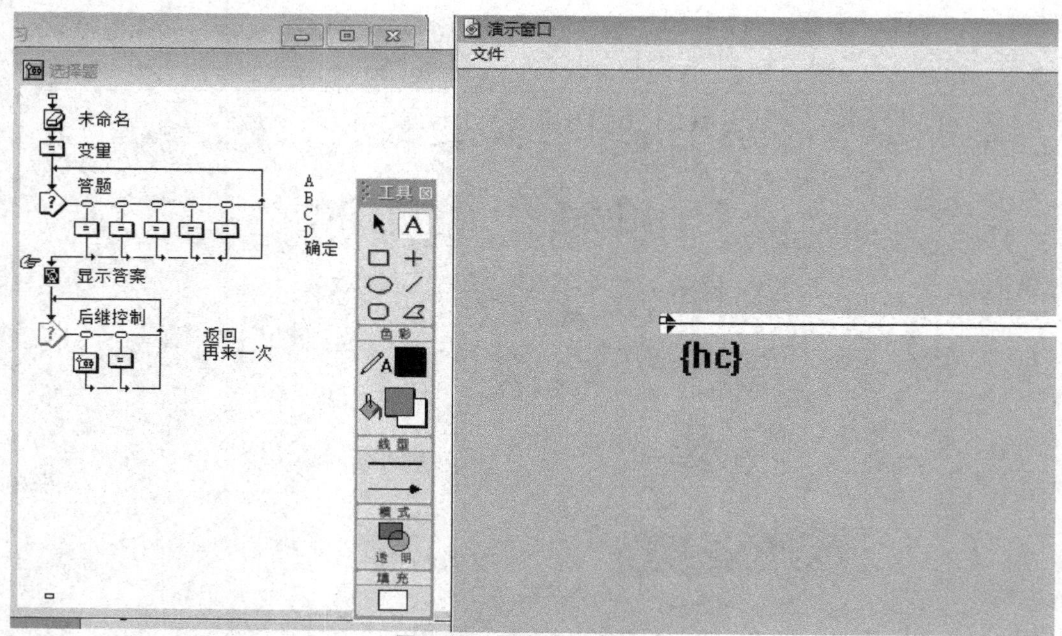

图 7-50 单选题的设置(6)

后继控制的制作:这里可以实现使用者答完题目之后选择返回到测试题类型页面(图 7-51),或者是重新答一次选择题(图 7-52)。做法也比较简单,主要用 GoTo 函数就可以实现。

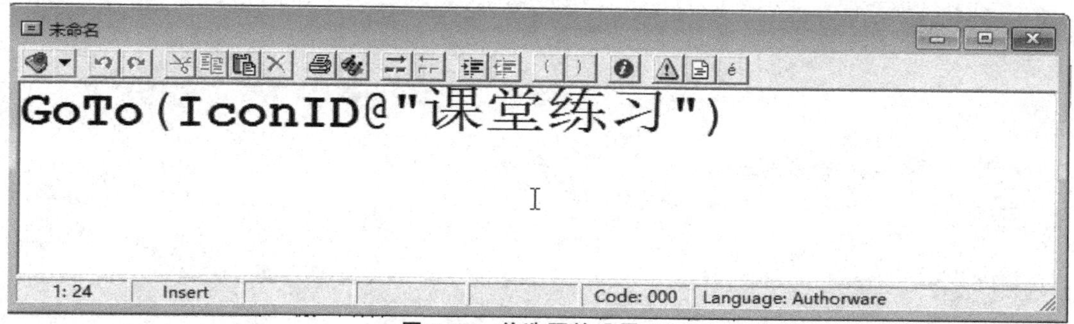

图 7-51 单选题的设置(7)

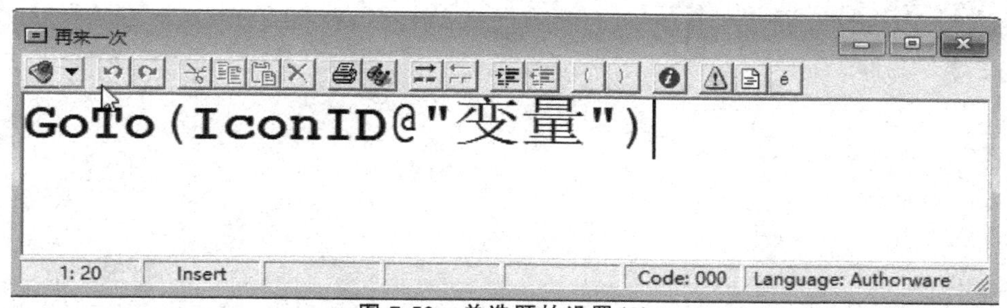

图 7-52 单选题的设置(8)

10.填空题的制作

使用者在此可以通过两道填空题来检验本节课的学习效果(图 7-53),程序不仅可以检测使用者所输入的是否正确,还能统计出使用者答对题的个数。当答案完成以后使用者可以单击显示答案按钮以显示这两道题的正确答案以供参考。

这两个填空题的源程序如下(图 7-54),在 Authorware 程序中的工具栏中拖动一个计算图标到流程线上,双击打开以后在其中输入:k:=0,这个变量 k 是下面用来记录使用者答对题的个数的,这里赋值为 0。接着在流程上引入一个显示图标,双击打开以后在里面输入这两道填空题的题目内容,并注意要为需要填空的地方留下一定空间。

在 Authorware 程序中的工具栏中拖动一个交互图标到流程线上并命名为第 1 题,接着再拖动两个群组图标到交互图标的右侧,并选择交互类型为文本输入,并将第 1 个群组图标命名为"加成",这也是第 1 道填空题的正确答案,将第 2 个群组图标命名为"*",需要提醒使用者注意的是这个 * 是一个通配符,是可以代表任何答案的,并且要注意两个群组图标的命名顺序不能更改,一定要将正确答案放在交互图标是第一个分支。

双击打开加成群组图标,在里面引入一个计算图标并在其中输入:k:=k+1,这条命令表示当使用者输入了正确答案"加成"以后,变量的值递加 1,而"*"群组图标内保持为空即可,因为此题除了"加成"以外的答案都是错误的,变量 k 是不进行递加的(图 7-55)。同时将"加成"和"*"两个群组图标的交互类型属性窗口中的分支均改为退出交互(图 7-56)。

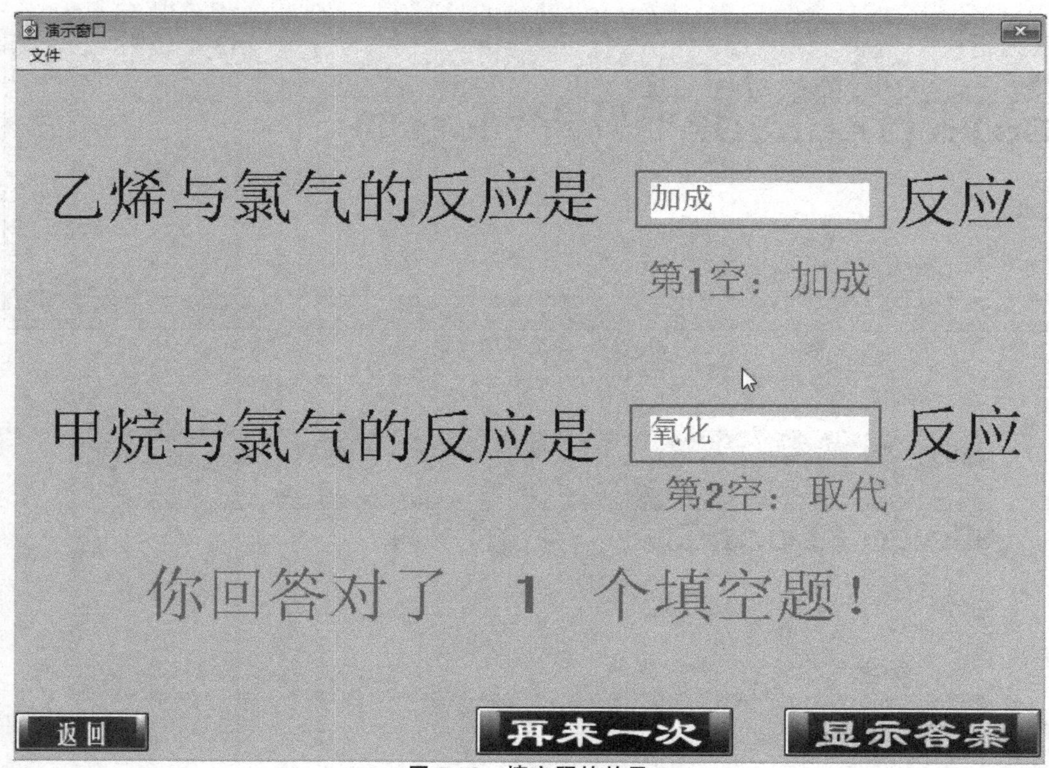

图 7-53　填空题的效果

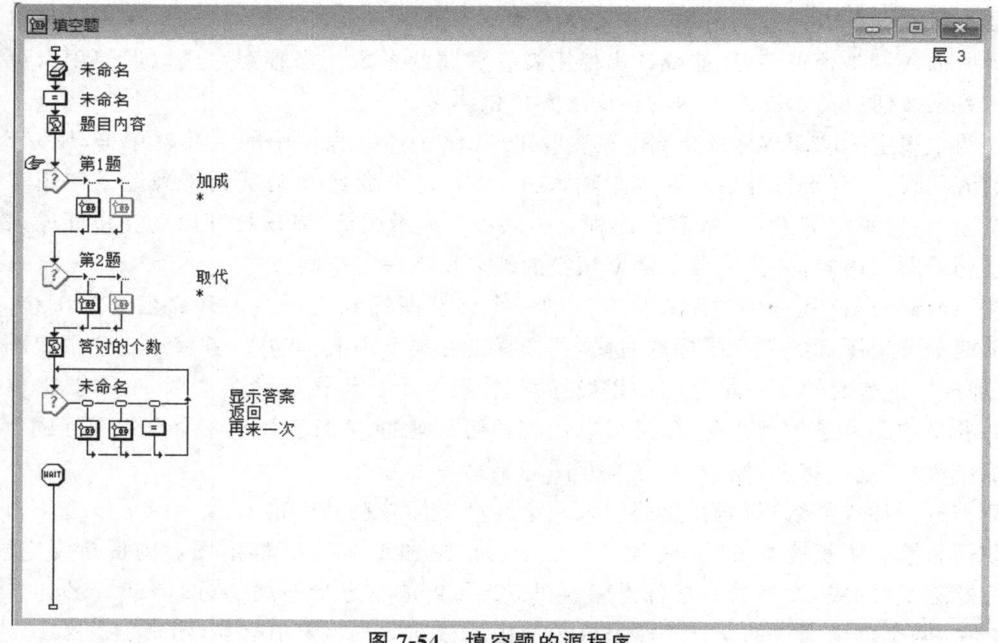

图 7-54　填空题的源程序

类似的第 2 题也可以采用相似的制作方法。之后在程序流程线上引入一个显示图标并在其中输入:你回答对了 {k} 个填空题!。

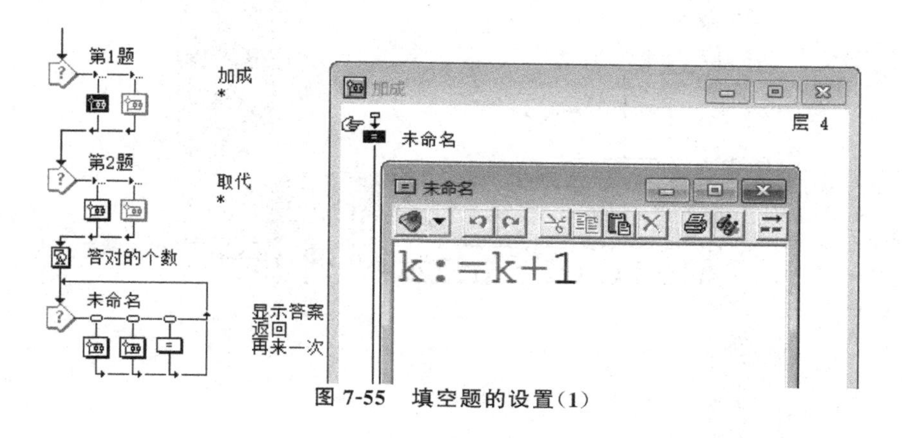

图 7-55 填空题的设置(1)

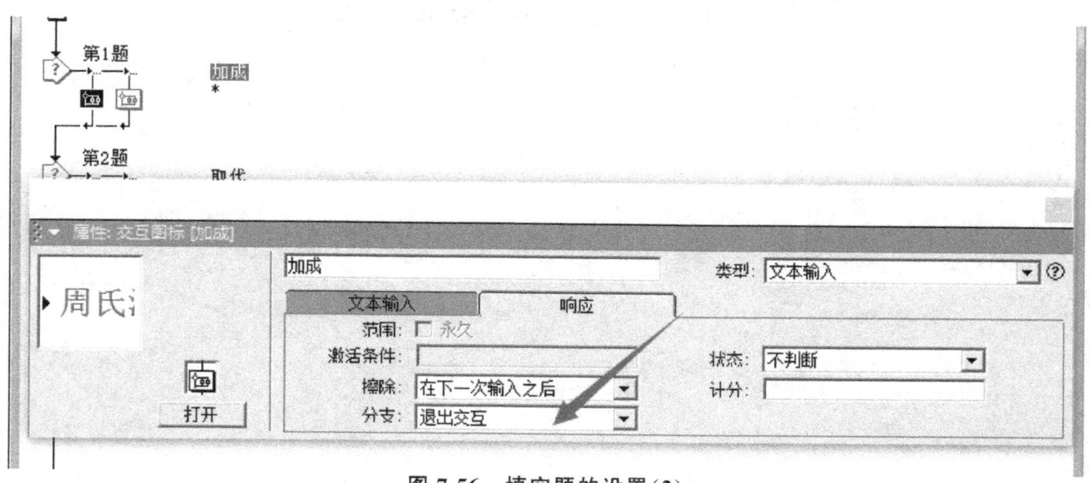

图 7-56 填空题的设置(2)

返回和再来一次的制作:

这两个按钮比较简单,只要在计算图标中写入如下的命令即可:

返回:GoTo(IconID@"课堂练习")

再来一次:GoTo(IconID@"填空题")

11.乙烯的用途的制作

此项内容比较简单,使用者可以自己尝试制作(图 7-57)。

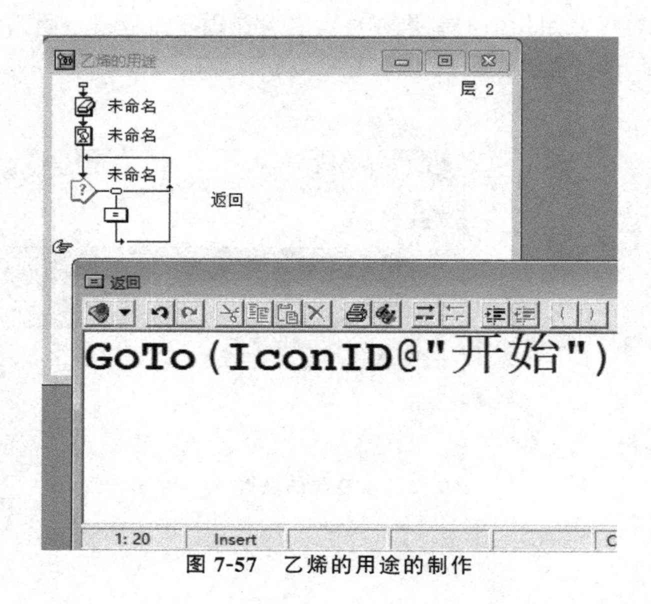

图 7-57　乙烯的用途的制作

第 8 章 《无机化学实验教学系统》的设计与制作

《无机化学》课程是化学专业本科生的一门基础必修课，由于它的知识点繁多，特别元素化学部分的内容庞杂枯燥，使学生在学习过程中往往感到抽象，困难，产生一看就懂、一听就烦、一放就忘、一用就不会的感觉，这门课程学生学习起来的难度较大，为了增强学生的学习兴趣，提高学生的自主学习能力，我们制作了《无机化学》自主学习系统，该课件获得了 2014 年吉林省高等教育教学技术成果多媒体课件类三等奖，下面将介绍该软件的主要功能和制作过程。

8.1 学习系统的概述

本学习系统主要采用了 Flash、Authorware、PowerPoint 和思维导图等多种多媒体软件制作完成（图 8-1），充分发挥了各种软件优点，最后将文件发布为可执行文件，使本学习系统运行时无须其他软件支持。

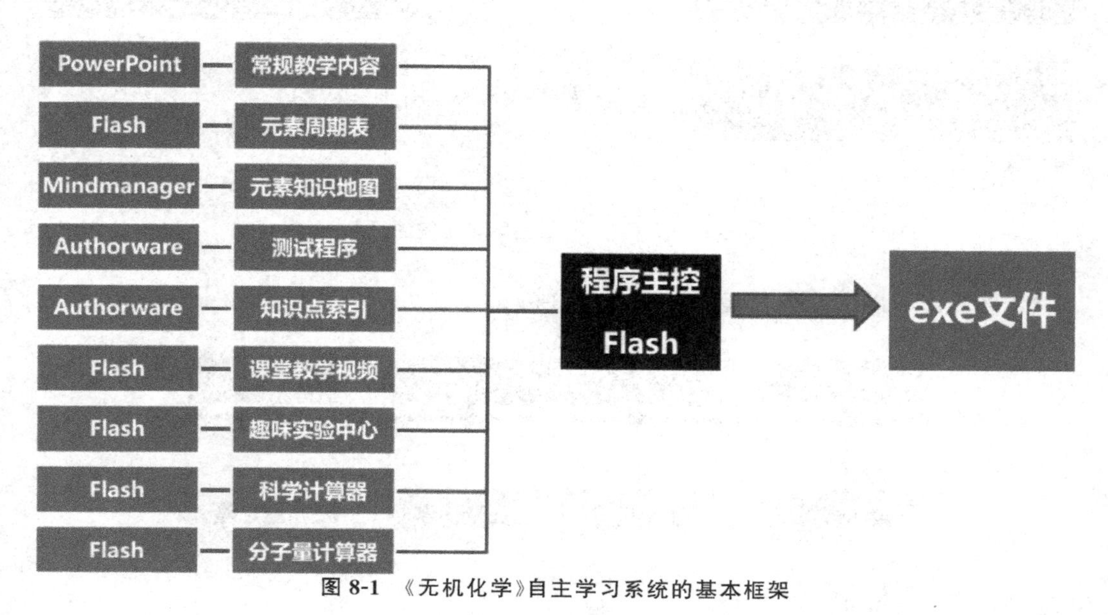

图 8-1 《无机化学》自主学习系统的基本框架

程序包含了参考书目、学习中心、练习中心、考试中心、趣味实验中心等功能（图 8-2）。

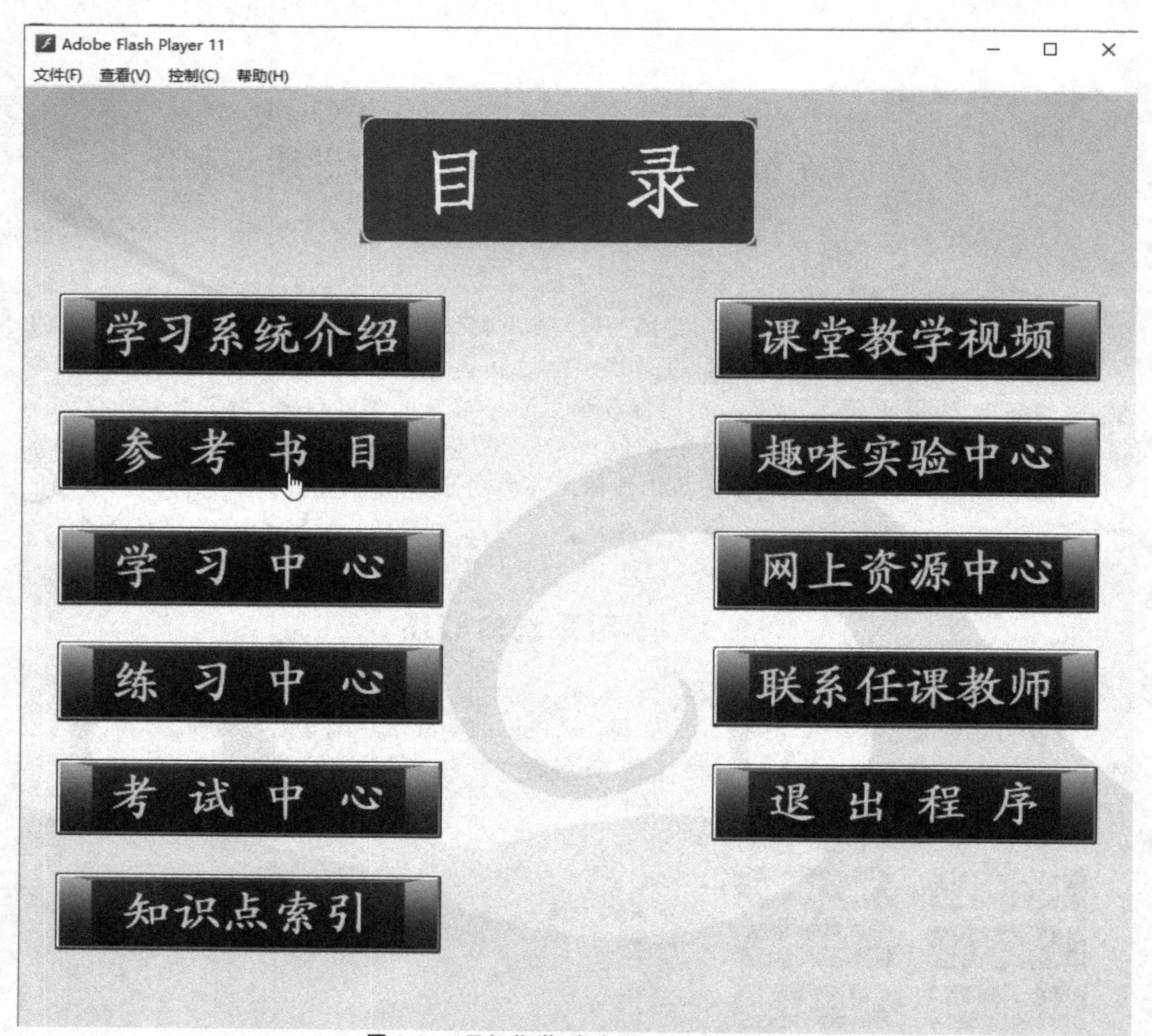

图 8-2 《无机化学》自主学习系统的目录

其主要功能有以下几个方面(图 8-3 至图 8-6)。

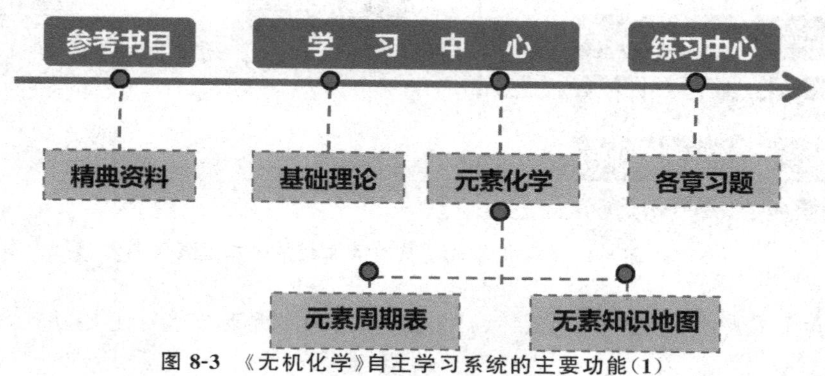

图 8-3 《无机化学》自主学习系统的主要功能(1)

该部分内容可以系统地学习各章教学内容，并包括了较多的视频、Flash 动画和高清图像，并且采用 Flash 和思维导图软件制作了“动态元素周期表”，不仅可以查看元素的各种信息，还可以查看元素及其化合物的转化关系。

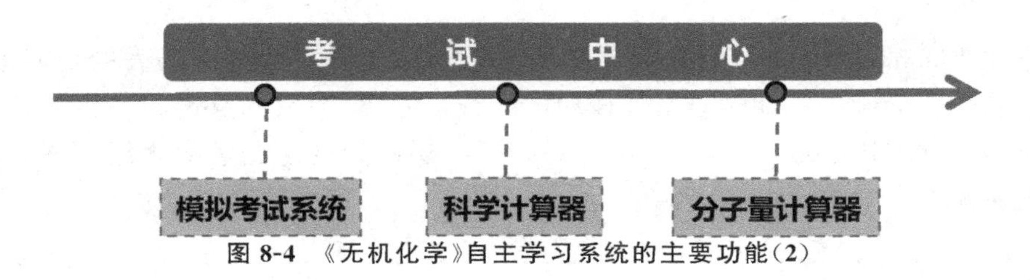

图 8-4 《无机化学》自主学习系统的主要功能(2)

该部分内容采用了 Authorware 制作的“测试程序”模块实现了无纸化考试，并提供了“科学计算器”和“分子量计算器”外部程序。还为每位使用者提供了成绩分析，具有较强的交互功能。

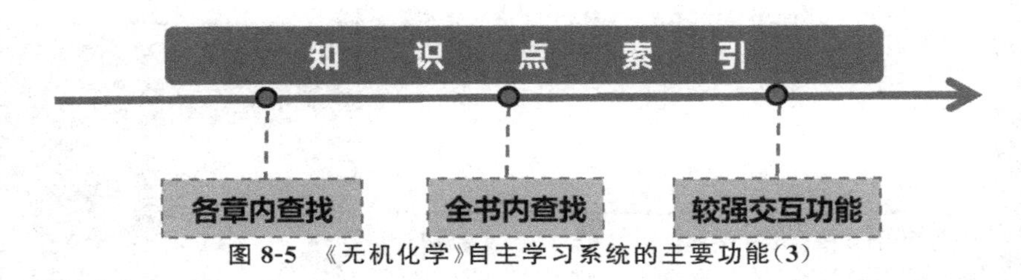

图 8-5 《无机化学》自主学习系统的主要功能(3)

该部分内容采用了 Authorware 制作的“知识点索引”模块对知识点用文字、图形、视频和 Flash 动画进行全面的解释说明，并可以设置不同的查找范围，具有较强的交互功能。极大地方便了学生复习，并增强学生的学习兴趣。

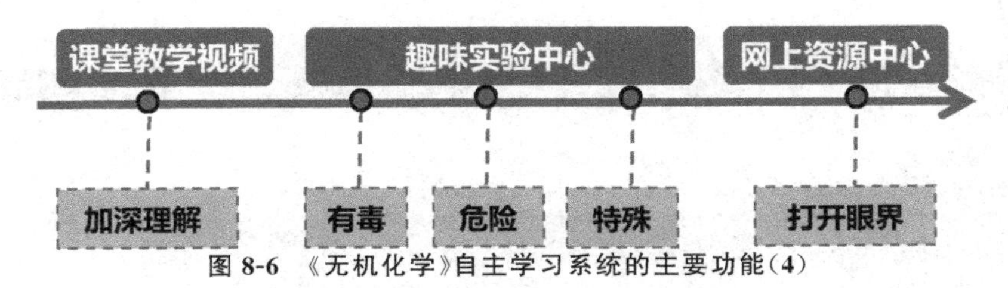

图 8-6 《无机化学》自主学习系统的主要功能(4)

该部分内容学生可以将上课时未听懂的知识反复学习，并通过观看一些趣味实验和网上资源提高学习兴趣，对于培养学生的学习主动性有很大帮助作用。

下面将着重介绍一下学习中心、考试中心和知识点索引三部分内容的制作的主要过程以及查找功能的简单实现。

8.2 学习中心的制作

这里采用 Flash 制作了一张动态元素周期表(图 8-7),并且这张周期表的功能十分强大,当使用者将鼠标指向某一周期时会出现该周期的特点介绍,当鼠标点击某一族元素时可以打开相应的 ppt 文件进行学习,当鼠标点击某一元素时还能看到该元素的介绍和该元素及其化合物的转化关系图。

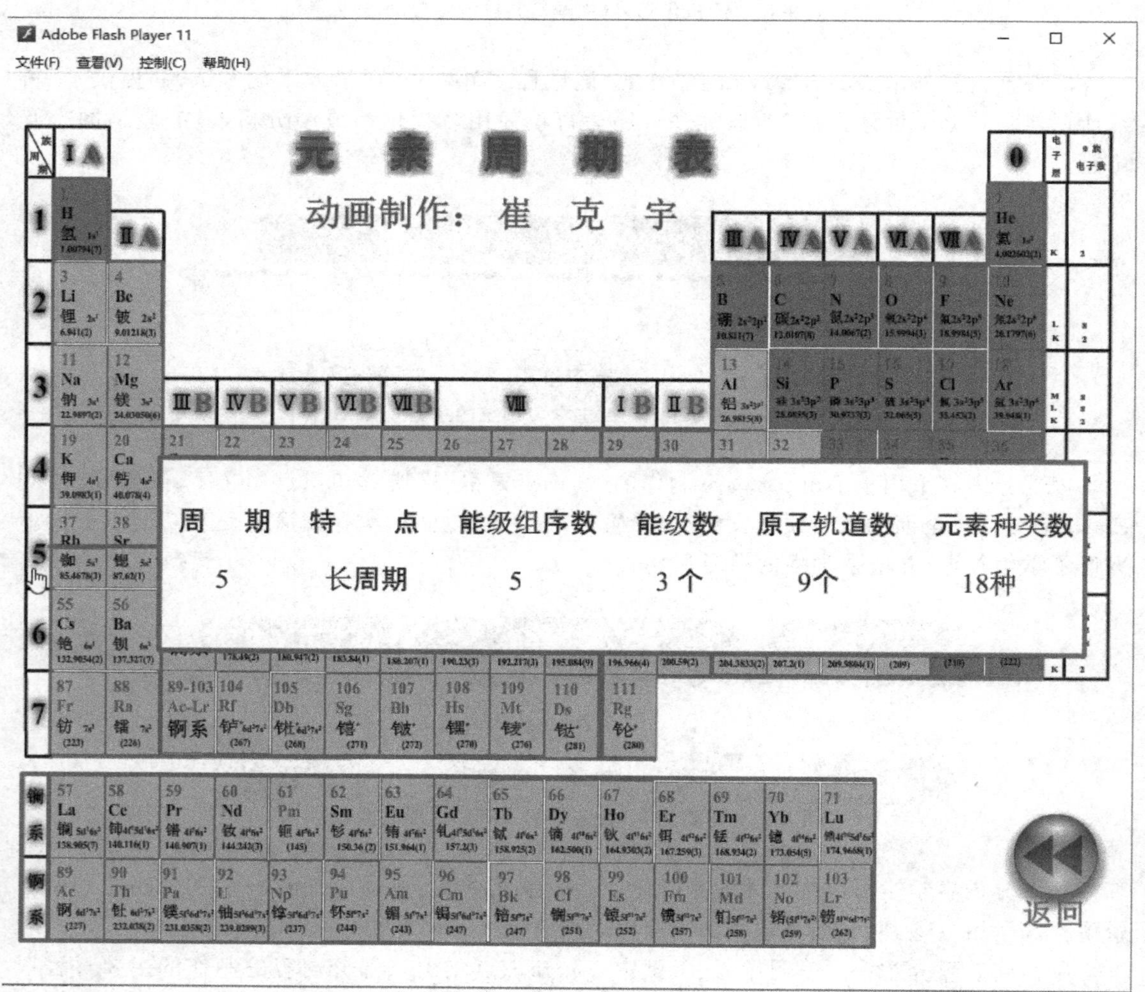

图 8-7 动态元素周期表

并且每一个元素都是 Flash 程序中的一个独立按钮原件(图 8-8),为了增强元素周期表的动态效果,每种元素的按钮原件都设计不同的状态,当鼠标经过该元素时都有出现一个发光的效果。

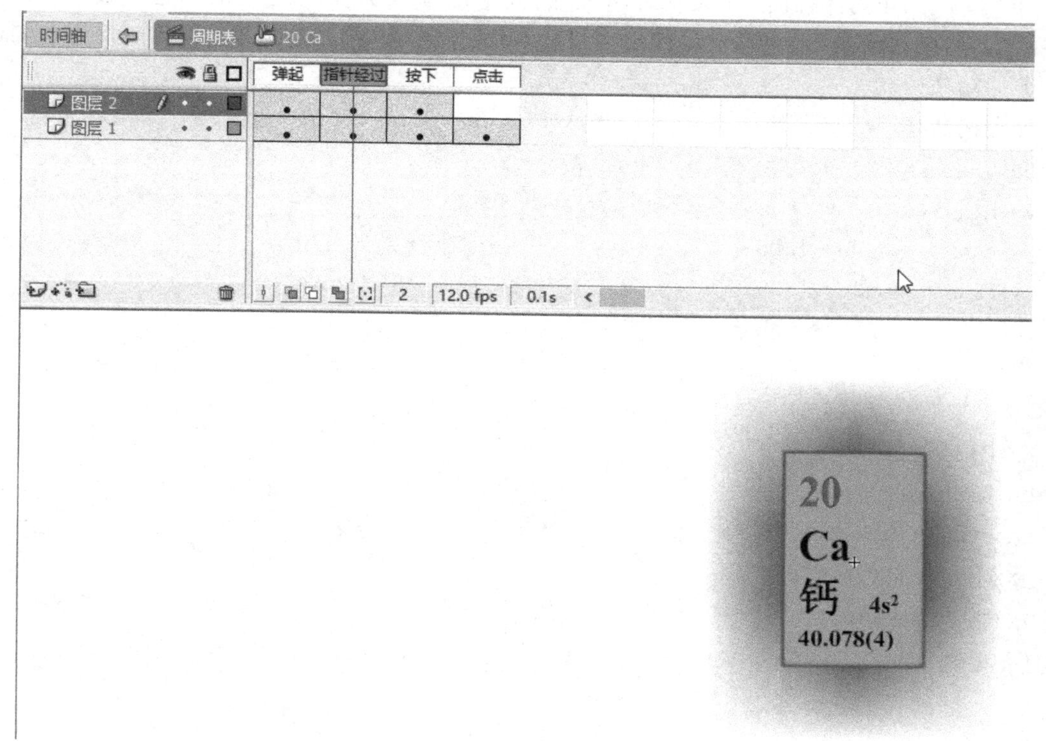

图 8-8 Ca 元素的按钮原件

当鼠标点击某一族元素时可以打开相应的 ppt 文件进行学习功能的实现：

这张元素周期表中的族号也是一个按钮原件，并且为其增加如下的动作语句(以Ⅷ族元素为例)：

```
on (release) {
fscommand("exec","playkc22.bat");
}
```

而文件 playkc22.bat 是一个批处理文件，在其中加入如下的命令：

```
@PowerPoint2010Viewer /L"playkc22.txt"
```

PowerPoint2010Viewer 是前面“2.1.6 ppt 文件播放器的使用”节中讲到的 ppt 文件播放器程序。

而文件 playkc22.txt 中的内容为：

第 22 章 铁系和铂系.ppt

通过这样的处理就可以在 Flash 中通过 PowerPoint2010Viewer 程序打开“第 22 章 铁系和铂系.ppt”，而且不用打开 PowerPoint 程序，实现了在 Flash 程序中打开 ppt 文件。

另外，当使用者打开某一个元素时还可以进一步查看该元素及其化合物的转化关系图，其制作的主要过程如下：

在 Flash 中导入用思维导图制作的高清图片(以 P 元素为例)，并将该图片转化为原件(图

8-9)，并将场景中的实例命名为“aa”，并将 aa 的宽度设为 800，高度设为 586，位置设为 x=0，y=92.0。然后在场景中制作放大、缩小、左移、右移、上移、下移和复原 7 个按钮，并为它们添加如下的动作语句：

放大按钮：

```
on (release) {
with(aa){
_xscale=_xscale * 1.05;
_yscale=_yscale * 1.05;
}
}
```

缩小按钮：

```
on (release) {
with(aa){
_xscale=_xscale * 0.95;
_yscale=_yscale * 0.95;
}
}
```

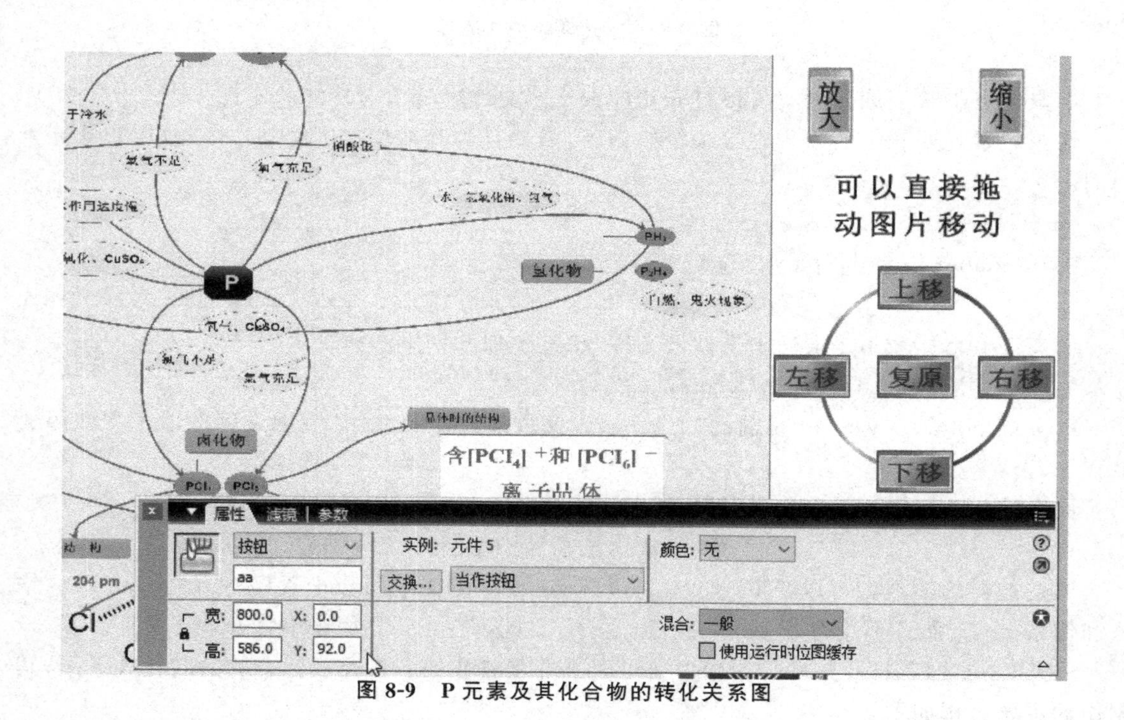

图 8-9　P 元素及其化合物的转化关系图

左移按钮：

```
on (release) {
with (aa) {
_x=_x-30;
}
}
```

右移按钮：

```
on (release) {
with (aa) {
_x=_x+30;
}
}
```

上移按钮：

```
on (release) {
with (aa) {
_y=_y-30;
}
}
```

下移按钮：

```
on (release) {
with (aa) {
_y=_y+30;
}
}
```

复原按钮：

```
on (release) {
with(aa) {
_x=0;
_y=92;
_width=800;
_height=586;
}
}
```

在Flash程序中将P元素及其化合物的转化关系图制作完成，发布为exe格式，并命令为ptuo.exe。

之后在P元素的介绍页中创建一个“元素知识地图”按钮(图8-10)，并在其中加入如下的命令即可。

```
on (release) {
fscommand("exec","ptuo.exe");
}
```

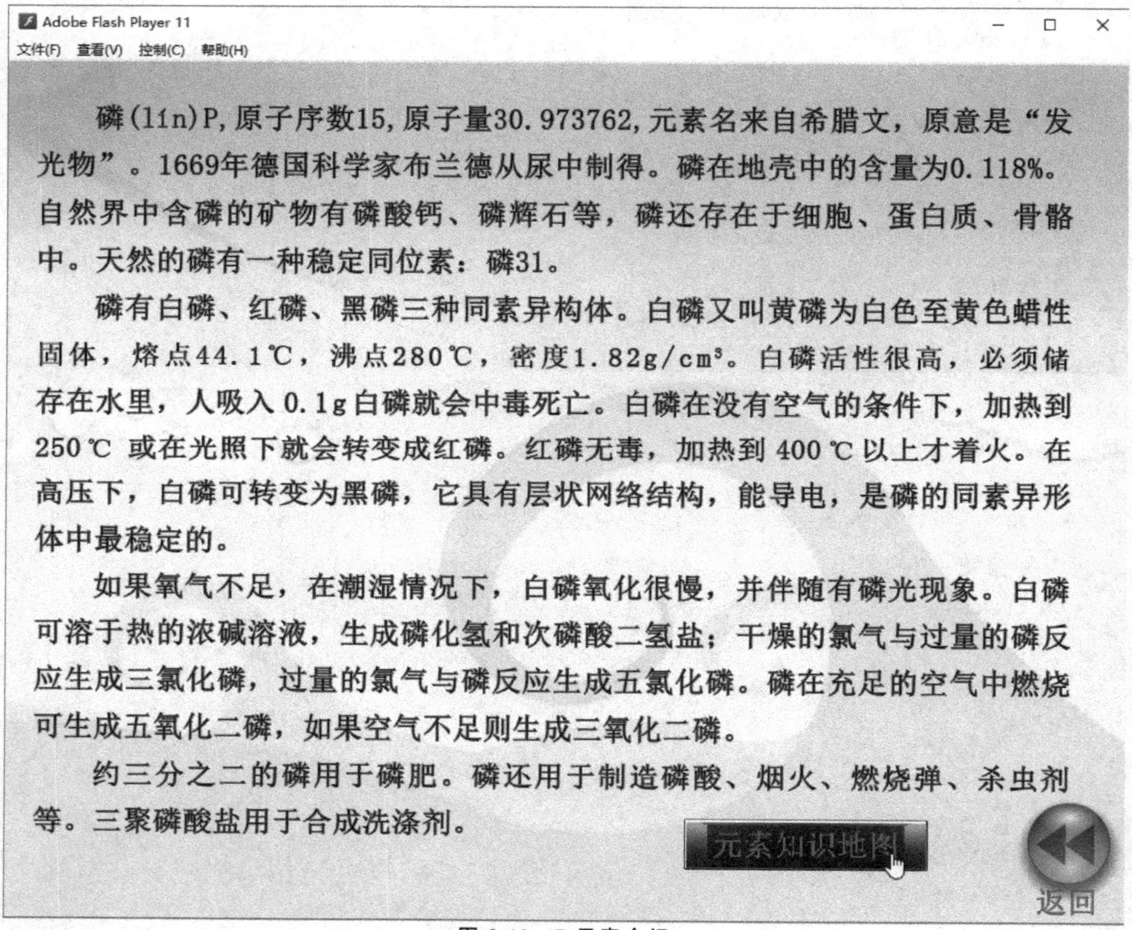

Adobe Flash Player 11

文件(F) 查看(V) 控制(C) 帮助(H)

磷(lín)P，原子序数15，原子量30.973762，元素名来自希腊文，原意是“发光物”。1669年德国科学家布兰德从尿中制得。磷在地壳中的含量为0.118%。自然界中含磷的矿物有磷酸钙、磷辉石等，磷还存在于细胞、蛋白质、骨骼中。天然的磷有一种稳定同位素：磷31。

磷有白磷、红磷、黑磷三种同素异构体。白磷又叫黄磷为白色至黄色蜡性固体，熔点44.1℃，沸点280℃，密度1.82g/cm^3。白磷活性很高，必须储存在水里，人吸入0.1g白磷就会中毒死亡。白磷在没有空气的条件下，加热到250℃或在光照下就会转变成红磷。红磷无毒，加热到400℃以上才着火。在高压下，白磷可转变为黑磷，它具有层状网络结构，能导电，是磷的同素异形体中最稳定的。

如果氧气不足，在潮湿情况下，白磷氧化很慢，并伴随有磷光现象。白磷可溶于热的浓碱溶液，生成磷化氢和次磷酸二氢盐；干燥的氯气与过量的磷反应生成三氯化磷，过量的氯气与磷反应生成五氯化磷。磷在充足的空气中燃烧可生成五氧化二磷，如果空气不足则生成三氧化二磷。

约三分之二的磷用于磷肥。磷还用于制造磷酸、烟火、燃烧弹、杀虫剂等。三聚磷酸盐用于合成洗涤剂。

元素知识地图

返回

图8-10　P元素介绍

8.3　考试中心的制作

在此部分内容中使用者可以调用由Authorware程序制作完成的“无机化学模拟考试系统”(图8-11)，该系统包括选择题、判断题和填空题，并且还可以实现自动评分的功能(图8-

12)，并且为了方便考试还为使用者提供了外部链接程序“分子量计算器”(图 8-13)和“科学计算器”(图 8-14)。

其中“无机化学模拟考试系统”是 Authorware 程序制作完成并发布的 exe 文件，而“分子量计算器”和“科学计算器”这三个都是两个绿色免安装的 exe 程序文件，这些文件均可以在 Flash 中进行调用，方法与前面调用 P 元素及其化合物的转化关系图是类似的，使用者可以尝试自己制作。

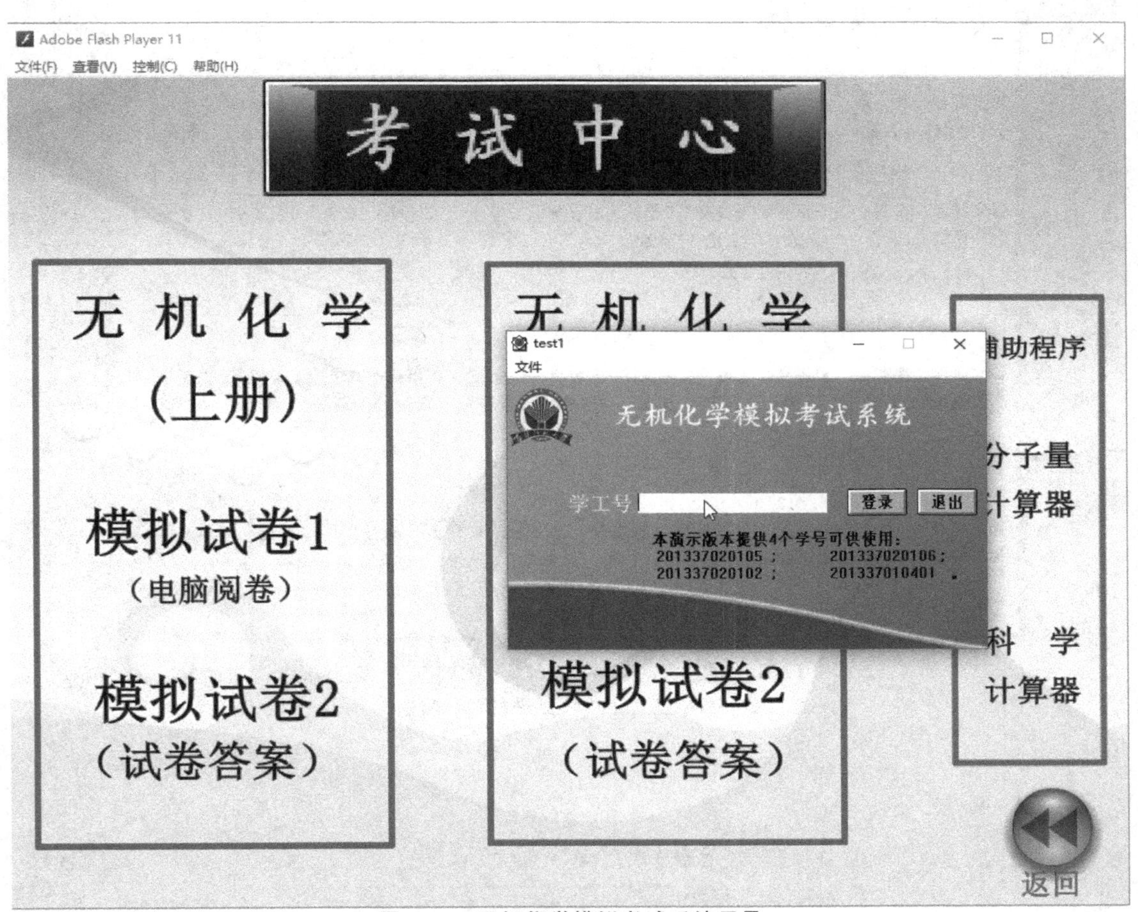

图 8-11 无机化学模拟考试系统目录

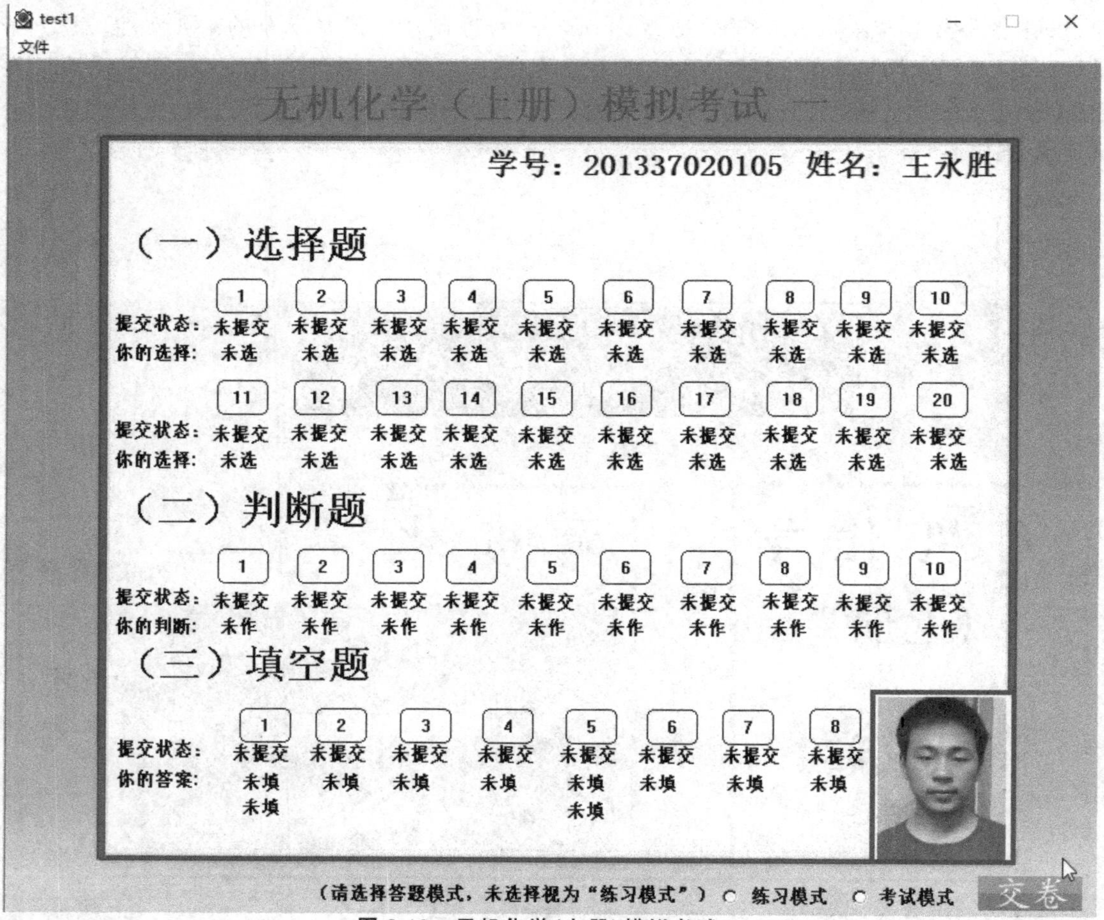

test1

文件

无机化学（上册）模拟考试 一

学号：201337020105　姓名：王永胜

（一）选择题

	1	2	3	4	5	6	7	8	9	10
提交状态：	未提交	未提交	未提交	未提交	未提交	未提交	未提交	未提交	未提交	未提交
你的选择：	未选	未选	未选	未选	未选	未选	未选	未选	未选	未选

	11	12	13	14	15	16	17	18	19	20
提交状态：	未提交	未提交	未提交	未提交	未提交	未提交	未提交	未提交	未提交	未提交
你的选择：	未选	未选	未选	未选	未选	未选	未选	未选	未选	未选

（二）判断题

	1	2	3	4	5	6	7	8	9	10
提交状态：	未提交	未提交	未提交	未提交	未提交	未提交	未提交	未提交	未提交	未提交
你的判断：	未作	未作	未作	未作	未作	未作	未作	未作	未作	未作

（三）填空题

	1	2	3	4	5	6	7	8
提交状态：	未提交	未提交	未提交	未提交	未提交	未提交	未提交	未提交
你的答案：	未填 未填	未填	未填	未填	未填 未填	未填	未填	未填

（请选择答题模式，未选择视为“练习模式”）○ 练习模式　○ 考试模式　交卷

图 8-12　无机化学(上册)模拟考试一

SoftShell Molecular Mass Ca...

Formula: H2O

Mass: 18.02

◉ Molecular Mass　Help　Calculate

○ Exact Mass

☐ Mass Percent　☑ Translate Lower to Upper Case

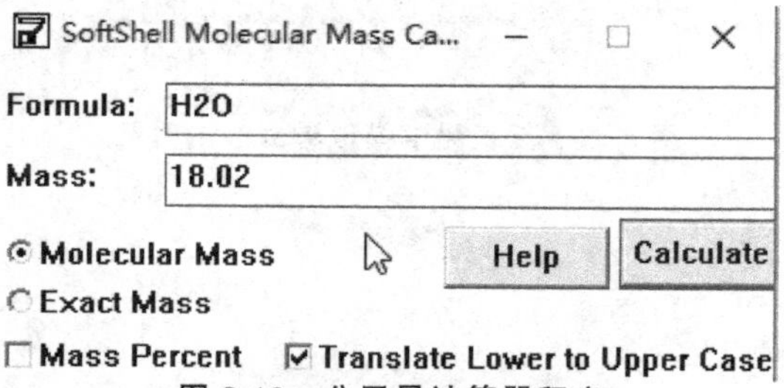

图 8-13　分子量计算器程序

图 8-14　科学计算器程序

8.4　学习中心的制作

由于《无机化学》内容多,信息量大,特别是元素知识丰富多彩,浩如烟海,对初学者来说,常有庞杂、零乱、琐碎、难记之感。在此学生可以浏览各章的知识点,并可以通过"查询"功能找到特定的知识点(图 8-15),这样可以突出学习重点和难点,使知识系统化、结构化,便于记忆及应用。

其主要源程序如图 8-16 所示。

这里主要应用了 Authorware 程序中的交互图标和框架图标,使用者可以在流程线上引入几个显示图标分别显示程序的背景、标题和说明,再引入一个交互图标将其命令名"各章知识点",并在其右侧引入多个群组图标(以各章为标题)。

例如,双击原子结构与元素周期律群组图标(图 8-17),在其中引入一个框架图标,并在其右侧引入多个群组图标(以各知识为标题),例如,双击打开电子衍射群组图标(图 8-18),并在其中引入一个显示图标写入标题,再引入一个电子衍射 Flash 动画文件。

无机化学知识点索引中心还具有知识查找的功能,例如图 8-15 中的全书查找按钮,在弹出的查找窗口中输入"轨道"后回车,可以看到程序找到了"原子轨道""杂化轨道"和"分子轨道"3 个知识点,使用者用鼠标双击相应的知识点就可以转点哪个知识点,非常有利于使用者的复习使用(图 8-19)。

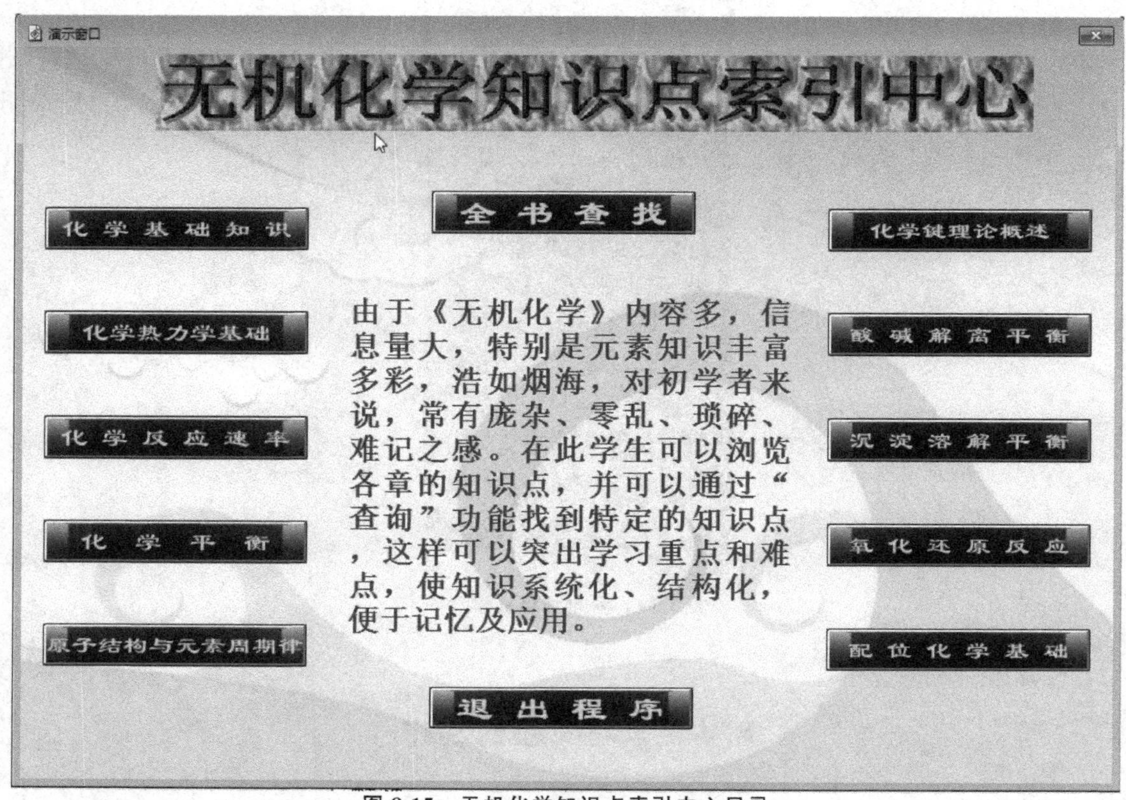

图 8-15　无机化学知识点索引中心目录

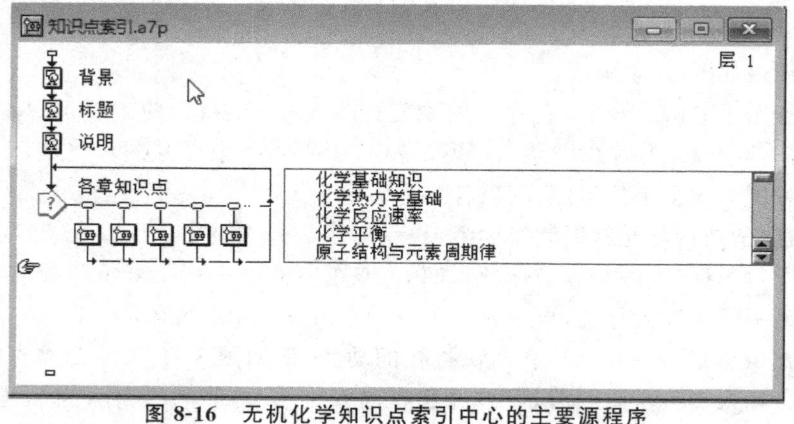

图 8-16　无机化学知识点索引中心的主要源程序

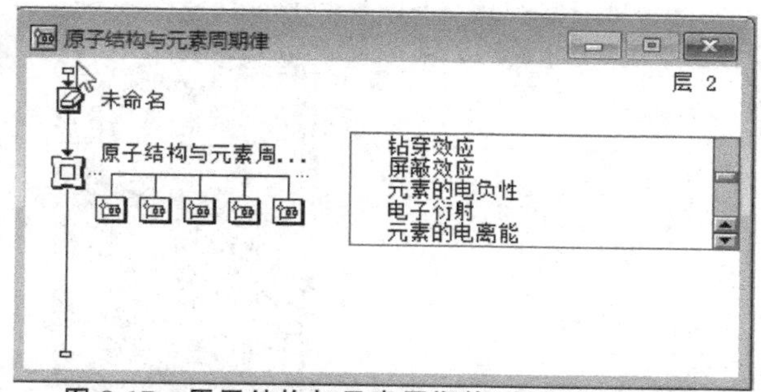

图 8-17 原子结构与元素周期律群组图标的内容

图 8-18 电子衍射群组图标

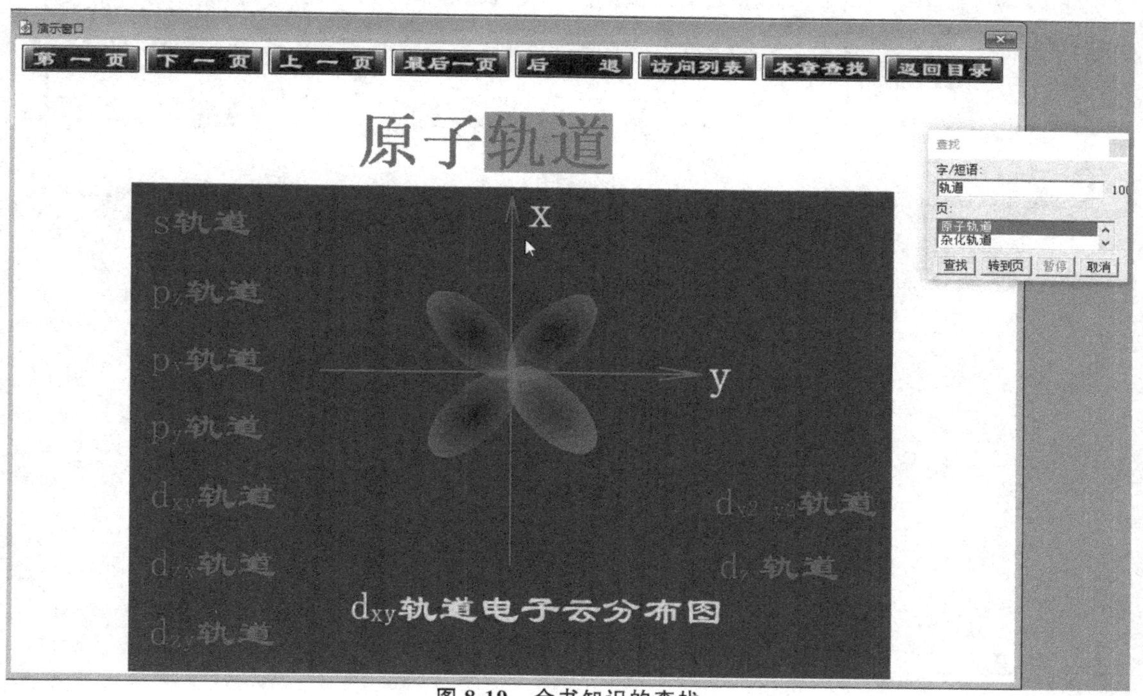

图 8-19 全书知识的查找

8.5 全书查找功能的实现

在无机化学知识点索引中心程序的流程线中引入一个群组图标到“各章知识点”交互图标的右侧并将其命名为“全出查找”，交互类型选择按钮，双击打开该群组图标，在里面引入一个“导航”图标，并在其属性设置窗口中将搜索更改为“整个文件”(图 8-20)，这样就可以在整个文件中查找所有框架图标的分支内容了。

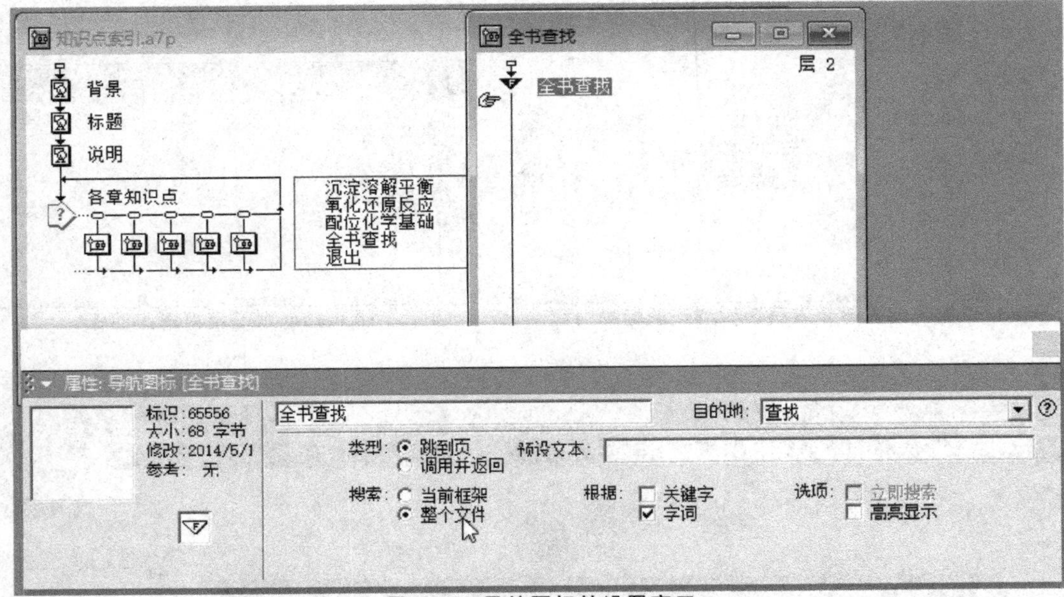

图 8-20　导航图标的设置窗口

参考文献

[1]李谦，毛立群，房晓敏.计算机在化学化工中的应用[M].北京：化学工业出版社，2012.
[2]彭智，陈悦.化学化工常用软件实例教程[M].北京：化学工业出版社，2012.
[3]冉鸣.化学教育工具软件[M].北京：化学工业出版社，2006.
[4]方其桂.中学化学课件制作实例[M].北京：人民邮电出版社，2002.
[5]黄紫洋.化学多媒体课件制作[M].北京：化学工业出版社，2009.
[6]冉鸣，娄珀瑜.化学 CAI 设计[M].北京：化学工业出版社，2010.